KB073260

위 · 중요한 수분 매개자인 땀벌은 약간 아픈 침을 쏜다. 통증 지수 1. © Jillian Cowles

아래 · 애검은나나니는 거미를 쏘아 마비시킨 뒤 유충에게 먹이로 준다. 녀석들은 거미를 잡을 때 말고는 거의 침을 쏘지 않는다. 통증 지수 1. © Margarethe Brummermann

위 · 포고노미르멕스 수확개미의 서식지. 한때 수확개미가 씨앗을 너무 많이 채집해서 목초지를 파괴한다는 오해를 산 적이 있으나, 실제로는 식물의 성장을 촉진하고 환경의 다양성을 높이는 고마운 존재다.

아래 · 태평양매미나나니가 짝짓기하는 모습. 수컷(오른쪽)이 암컷(왼쪽)과 짝짓기를 하고 있는데, 암컷 위에 더 작은 수컷이 올라타 경쟁 구도를 형성했다. 이 말벌은 거칠게 다루지 않는 한 쏘지 않는다. 통증 지수 1. © Chuck Holliday

굼벵이벌과에 속하는 수컷 말벌이 저자의 손가락에 가짜 침을 찌르고 있다. 침은 암컷의 전유물이지만, 일부 종의 수컷은 날카로운 가짜 침으로 포획자를 찌를 수 있다. 놀란 포획자는 대개 그 수컷을 놓아주게 된다. 통증 지수 0.

1975년, 루이지애나주 에이미트에서 플로리다수확개미 군집을 발굴하고 있는 저자. 통증 지수 3. © Debbie Schmidt

위 · 붉은불개미의 침 쏘는 기관. 가늘고 뾰족한 침이 커다란 독주머니와 작은 두포어샘에 붙어 있는 모습이다. 날카로운 침과 거대한 독주머니는 침입자에게 독액을 주입하는 이상적인 구조다. 통증 지수 1.

아래 · 피해자의 살갗에 침을 남기는 꿀벌.

위 · 타란툴라대모벌이 박주가릿과 식물의 꽃에서 꿀을 채집하는 모습. 화려한 색깔로 눈에 띄는 이 단독성 말벌은 딱히 사람을 공격하지 않으나, 맨손으로는 잡을 수 없다. 통증 지수 4. © Jillian Cowles

아래 · 타란툴라대모벌과 녀석의 먹잇감인 타란툴라. 둘의 전투에서 타란툴라는 언제나, 반드시, 진다. © Nic Perkins(US National Park Service)

위 · 화려한 색깔을 뽐내는 암컷 개미벌. 날개 없는 단독성 말벌로, 흔히 여름에 탁 트인 장소에서 볼 수 있다. 크기가 작은 것은 6mm 정도, 소잡이벌처럼 큰 것은 25mm에 이른다. 통증 지수 1~3(크기에 따라 다르다). © Jillian Cowles

아래 · 총알개미는 어느 지역이든 나타나기만 하면 공포와 경외의 대상이 된다. 통증 지수 4. © Graham Wise

코스타리카에서 아프리카화꿀벌의 유전학을 연구하기 위해 샘플을 채집하는 저자. 사진은 의도적으로 벌들을 도발한 장면으로, 벌을 잘 모르는 사람들은 절대로 따라 하면 안 된다.
© Hayward Spangler

STING

STING

스팅, 자연의 따끔한 맛

독침의 비밀을 파헤친 곤충학자 S의 헌신

저스틴 슈미트 지음 | 정현창 옮김

초사흘달

일러두기

1. 이 책에 등장하는 곤충의 이름은 학명이 국가생물종지식정보시스템(www.nature.go.kr)의 국가표준곤충목록에 등록된 경우 해당 명칭을 우선으로 표기했습니다. 국가표준곤충목록이나 사전에 등록된 공식 명칭이 없는 경우 학명을 라틴어 발음대로 표기했습니다.
2. 일반명은 국가표준곤충목록이나 사전에 올라 있는 경우 그 명칭을 사용했고, 공식 명칭을 찾지 못한 경우에는 여러 자료를 참조하여 원어의 뜻을 살리는 방향으로 이름을 번역했습니다.
3. 영어 'hornet'와 'wasp'는 일반적으로 둘 다 '말벌'을 가리키지만, hornet는 분류학상 말벌속 벌만 가리키는 단어이고, wasp는 말벌속, 땅벌속, 중땅벌속 벌들과 그 밖의 사회성 말벌을 두루 일컫는 단어입니다. 이 책에서는 두 단어를 혼동하지 않기 위해 hornet는 '왕벌'로 표기하고, wasp는 '말벌'로 표기했습니다.
4. 본문의 주석 중 번호를 붙인 미주는 저자의 것이고, *표를 붙인 각주는 옮긴이의 것입니다.

들어가는 글

채비를 하고 모험을 나서 보자. 이 모험은 땀 흘리고 모기에 물려 가며 가시덤불을 헤치고 나아가야 하는 실제 세계가 아니라 우리 마음속에서 펼쳐질 것이다. 속임수라고? 그럴지도. 무릇 모험이란 상상 속에서도 자주 일어나는 일이 아닌가. 자, 150만 년 전 아프리카의 열대 초원으로 떠나 보자. 우리 일행은 25명이고, 평지에 툭 튀어나온 커다란 바위 언덕 아래서 쉬고 있다. 노련한 몇몇은 혹시 있을지 모를 위험이나 기회를 살피느라 바위 꼭대기에서 주변 풍경을 훑고 있다. 근처에 사자가 있을지도 모르고, 물웅덩이 쪽 나무에 표범이 숨어 있을지도 모르며, 어쩌면 이웃 무리의 침입자 대여섯이 우리 쪽으로 오고 있을지도 모른다. 다행히 오늘은 이런 위험이 하나도 없는 좋은 날이다.

우리는 이제 막 태어나 걷기도 힘들어 보이는 새끼 기린을 염탐하고 있다. 아이들에게 사냥을 가르치기 좋은 기회다. 다섯 살이 넘은 남자아이들을 모두 데리고 가 경험 많은 어른들 사이에서 사냥을 배우게 한다. 먼저, 가장 힘센 남자 셋이 멀리 있는 새끼 기린을 향해 전력 질주하다가 다시 천천히 달린다. 사자나 하이에나가 눈치챘을 수 있으므로 사냥감을 빼앗기지 않게 주의해야 한다. 아직은 사자도, 하이에나도 나타나지 않았다. 먹다 남은 찌꺼기를 노리는 자칼들만 주변을 맴돌고 있다.

나이 든 어른 둘과 맏형뻘 소년 하나가 열의에 찬 어린 소년들을 이끌면서 앞서 나간 노련한 어른들을 돕는다. 우리는 서둘러 풀숲을 헤치면서 사자나 표범, 하이에나만 위험한 것이 아님을 상기한다. 이봐, 방금 왼쪽에서 구불구불 움직인 게 뭐지? 뱀이다, 조심해! 몇 년 전에 호기심 많던 한 청년이 뱀에 물려 죽었다. 뱀은 위험한 동물이다. 어쩌면 위험하지 않은 뱀도 있을지 모른다. 그러나 이미 알고 있는 뱀만 해도 위험한 것들이 한둘이 아니므로 뒤늦게 후회하기보다는 모든 뱀을 두려워하고 피하는 편이 낫다.

무사히 뱀을 피해 여정을 이어 간다. 바오바브나무 아래를 지나는 찰나, 아야, 뭐에 쏘인 거지? 달아나! 나무에 벌집이 하나 매달려 있다. 벌들이 성난 것 같다. 벌도 조심해야겠다. 벌집의 위치를 기억해 두고 앞으로 나아간다.

선발대는 어미 기린을 향해 돌을 던지고 막대기로 위협해 쫓아 버린 다음, 새끼 기린을 무리로 가져갈 준비를 하고 있다. 우리는 조금 전에 기억해 둔 벌집의 위치를 선발대에게 알려 주고 조심하라고 당부한다.

사냥을 성공적으로 마치고 모두 주거지로 돌아왔다. 소년들이 벌집이 있는 곳으로 어른들을 안내한다. 벌꿀 채집에 익숙한 두 사람이 연기 나는 횃불을 들고 바오바브나무를 올라 벌들을 쫓아 버린 뒤, 꿀과 애벌레가 그득한 벌집을 통째로 훔친다. 우리는 몇 걸음 뒤에서 이 광경을 지켜보며 벌도 뱀과 마찬가지로 무섭고 위험한 존재임을, 다치지 않고 살아남으려면 매사에 주의가 필요함을 다시금 배운다.

이 모험은 상상일 뿐이지만, 여기서 얻는 교훈은 상상에서 그치지 않는다. 우리는 위험한 동물을 두려워해야 하고, 조심스럽게 대하거나 일단 피하고 봐야 한다. 수백만 년 동안 우리 조상들은 위험한 동물과 마주쳐 왔다. 크고 강하며 위험한 동물도 있고,

그리 크지 않은데 치명적인 동물도 있으며, 아주 작지만 해로운 동물도 있다. 이처럼 위험한 조우는 잠재적으로 위험한 동물에 대한 공포심을 인간의 유전자에 아로새겼다. 우리는 오늘날까지도 그 유전자를 몸속에 지니고 있다.

인간뿐 아니라 모든 동물이 자신만의 고유하고 흥미로운 이야기를 품고 있다. 그리고 그 이야기들은 우리가 귀 기울여 들어 주기를 기다린다. 나는 그중에서 가장 아름답고도 매력적인 곤충, 바로 침을 쏘는 몇몇 곤충과 수많은 모험을 함께했다. 모든 동물이 그렇듯 침을 쏘는 곤충 역시 일상적인 생존 위협에 자주 맞닥뜨린다. 그럴 때 녀석들이 대처하는 다양한 해결 방법과 생존 방식은 인간에게도 놀라운 통찰을 보여 준다. 나는 이 책을 통해 자연에 대한 사랑과 모든 형태의 생명이 가진 아름다움을 독자들과 나누고 싶다.

이 책은 크게 두 부분으로 이루어졌다. 1부에는 뒤에 나올 내용을 뒷받침하는 이론과 배경지식을 담았다. 더 많은 분량을 차지하는 2부에서는 특정 곤충 집단을 하나씩 깊이 있게 다루었다.

각 장이 그 자체로 완결되도록 의도했으니 반드시 처음부터 차례대로 읽지 않아도 괜찮다. 책장을 뒤적이다가 호기심이 일거나 좋아하는 부분을 찾아 그곳으로 바로 뛰어들어 보시길.

아, 한 가지 양해를 구할 일이 있다. 이 책에는 주석이 많다. 모두 특별히 호기심을 끄는 내용에 관해 더 찾아볼 수 있게 정보를 제공하는 참고 문헌들이다. 본문 곳곳에 등장하는 주석 번호들이 너무 성가시지 않았으면 좋겠다.

이제 출발하자. 내가 그랬던 것처럼 여러분도 곤충의 세계에서 즐거움을 만끽하길 바란다.

차례

들어가는 글 · 013

1부

1 쏘인다는 것 · 023
2 독침 · 037
3 최초의 독침 · 057
4 고통의 본질 · 079
5 침의 과학 · 095

2부

6 땀벌과 불개미 · 127
7 땅벌과 말벌 · 155
8 수확개미 · 187
9 타란툴라대모벌과 단독성 말벌 · 235
10 총알개미 · 307
11 꿀벌과 인류 · 333

곤충 침 통증 지수 · 373
참고 문헌 · 383

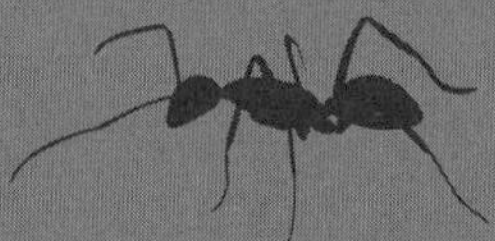

1부

쏘인다는 것

아이들은 타고난 동식물학자다.

타고난 동식물학자인 아이들에게는 자신을 둘러싼 환경을 탐험하는 것이 곧 놀이다. 인간사 대부분에서 '주변 환경'이란 식물과 동물, 풍경과 소리, 냄새로 가득 찬 자연 그 자체였다. 아이들 곁을 기어 다니거나 음식 부스러기를 물고 가는 개미는 자연스럽게 호기심의 대상이 된다. 이 꽃 저 꽃 옮겨 다니며 꿀과 꽃가루를 모으느라 바쁜 벌, 그 꽃의 끝자락에 숨어 먹잇감을 노리는 게거미 역시 관심을 끌 만하다.

한창 성장하는 뇌에 이런 경험은 무엇보다 흥미롭고 값지다. 인생에서 가장 어린 시기, 공포의 감정은 아직 덜 깨어났다. 공포는 대부분 놀이 경험을 통해, 또는 부모와 주변 어른을 통해 학습된다. 어른들은 자라나는 어린 영혼에 놀이와 학습이 꼭 필요하다는 것을 잘 알기에 대여섯 살 무렵까지는 별 제한 없이 놀이를 권장하거나 허용한다. 놀이는 어린 인간을 자각 있고 주의 깊으며, 분석적이면서도 적응력 있는 개인으로 키워, 경험 많고 책임감 있는 어엿한 어른이 되어 세상에 나가도록 돕는다.

그러나 매사에 주의 깊은 어른들에게는 놀이보다 아이들의 안전이 더 중요한 법. 만일 뱀이 나타나면 어른들은 즉각 아이를 보호하고 뱀이 얼마나 무서운 동물인지 거듭 강조하며 주의를 줄 것이다. 여러 학자가 연구로 증명했듯 인간은 수천 세대 동안 뱀과 곤충에 대한 강력한 공포와 혐오를 유전자에 새겨 본능적으로 그것들을 피할 수 있게 되었다.[1] 뱀을 보고도 공포를 느끼지 않거나 제대로 피하지 못한 사람은 뱀에 물려 고생하거나 심하면 목숨을 잃었다. 뱀을 알아보고 두려워하는 일을 관장하는 유전자는 인간에게 이로웠기에 계속해서 후대로 이어졌다. 반대로 강력한 탐색과 회피 능력을 탑재하지 않은 유전자를 물려받은 인간은 후손을 남기는 데 실패할 확률이 높았고, 유전자 공급원에서 서서히 사라졌다.

꼬마 과학자들은 자연에 존재하는 많은 것의 진가를 알아보고 즐기는 법을 스스로 배우는가 하면, 피해야 하는 것도 있음을 배운다. 관찰하고 가설을 세우며, 직접 시험해 보고 결과를 기억하는 과정을 반복함으로써, 아이들은 이미 과학을 배우고 있다. 이 과정은 자연스럽게 일어난다. 부모나 선생이 애써 가르칠 필요도 없다. 사실, 선생은 나중에 필요하다. 애석하게도 아이들이

자라는 동안 이런 자연스러운 재능이 점점 빠져나가기 때문이다. 그러다 철이 들고 호기심도 한풀 꺾인 뒤에는 어릴 적에 지녔던 과학적 사고방식을 다시 심어 주어야 하는 아이러니를 마주하게 되는 것이 현실이다.

다행히 현대의 부모들은 아이들이 자연을 사랑하고 곁에 두고 싶어 한다는 것을 본능적으로 아는 듯하다. 부모들은 뒤영벌이나 꿀벌의 솜털 보송한 무늬를 흉내 낸 옷을 아기에게 입히고, 곰이나 호랑이, 심지어 상어 같은 봉제 인형으로 아이의 침대를 채우곤 한다. 현실 세계에서는 이런 동물들이 위험할 수 있다. 부모들은 이 사실을 잘 알면서도 아이들 세계의 가장 친밀한 영역으로 사나운 동물들을 끌어들인다. 아마도 자연의 마스코트가 아이들에게 즐거움을 주는 동시에 배움과 위안이 된다는 것을 알기 때문이 아닐까?

나는 애팔래치아산맥 북쪽 끝에 자리 잡은 펜실베이니아주에서 자랐다. 내 어린 시절은 그 당시 다른 어린이들의 경험과 별반 다르지 않을 것이다. 어릴 때는 몰랐지만, 부모님은 나를 항상 주시하면서도 내가 자연을 마음껏 탐색하도록 허락하고 또 북돋아 주셨다. 개구리를 잡아 주머니에 넣거나, 진흙을 주물러 파이를 만들고, 반딧불이를 병 안에 넣는 일 따위가 일상적인 놀이였다. 내 생각에 어머니는 이런 행동을 썩 좋아하지는 않으셨다. 그래도 용납하기는 하셨는데, 아마도 내가 자라면 말리지 않아도 그만두게 되리라 기대하셨던 것 같다.

다섯 살쯤 되자, 어머니는 종종 일곱 살인 형과 열 살인 누나 그리고 나보다 나이 많은 아이들 무리에 막내아들의 안위를 맡기곤 하셨다. 무리에서 가장 어렸던 나는 어떻게든 내 존재 가치를 증명하고 싶었다. 어느 화창한 봄날, 우리는 우연히 커다란 개미탑을 발견했다. 이엉으로 지붕을 이듯이 잔가지나 마른 풀잎 등을 차곡차곡 쌓아서 집을 짓는 이엉개미(thatching ant)의 집이었다. 이엉개미는 엄청난 양의 개미산(formic acid)을 만들어 내는데, 이 산은 지방족 유기산 중 부식성과 산성이 가장 강하다. 이엉개미는 복부 끝에서 개미산을 분사하며, 침을 쏘지 않는 대신 문다. 단단히 물어뜯긴 상처에 개미산이 분사되면 침에 쏘인 것 같은 통증이 인다. 몇몇 형들이 나더러 그 개미탑 위에 앉아 보라며 부추겼다. 나의 가치를 증명할 놓칠 수 없는 기회였으므로 주저 없이 도전에 응했다. 순식간에 개미들이 내 반바지 위아래로 몰려들더니 엉덩이를 물기 시작했다. 개미탑에서 올라오고, 바지 아래로 내려오고, 나는 미친 듯이 녀석들을 털어 냈다. 다행히 큰 피해는 없었다. 그날, 나는 곤충도 반격할 수 있다는 중요한 교훈을 얻었다.

이후로도 나는 형들과 모험을 계속하며 조금씩 현명해지고 능숙해졌다. 그렇게 곤충학자의 삶이 시작되었다.

커 가면서 아이들의 놀이는 나중에 필요할지 모를 기술을 연마하는 것으로 변한다. 조상들에게 이런 기술이란 사냥을 하고 자연의 수수께끼를 푸는 것이었다. 사냥 기술을 습득하려면 힘을 기르고, 신체 각 부위의 조정력을 연마해야 하며, 주변 환경을 관찰, 탐험, 시험해야 한다. 그리고 자연의 수수께끼를 탐색해야 한다. 현대 사회에서는 사냥 기술이 별로 중요하지 않지만, 유전자에 남은 그 충동은 여전히 강력하며, 소년의 경우 특히 그러하다.

어린 시절 우리 동네에 흔했던 너른 들판과 울타리 주변에 방치된 땅, 작은 삼림 지대나 개울은 개구쟁이들이 기술을 연마하는 데 최적의 장소였다. 먼지 날리는 야구장 말고는 다른 오락거리가 별로 없던 시절이었다. 나이 차가 4년 정도 나고, 6~8명 정도의 동네 남자아이들로 구성된 우리 패거리는 언제나 새로운 모험거리를 찾아다녔다. 우리는 오르기 어려워 보이는 나무에 기를 쓰고 올랐으며, 겁도 없이 뒤영벌이나 말벌의 집을 탐색했다. 영원한 막내였던 나는 능숙한 '나무 등반가'가 되었는데, 가장 가벼웠던 덕분에 곧 우리 패거리 최고의 나무 등반가가 되었다. 그러나 달리기나 뭔가를 던지는 능력에 관해서라면, 나는 맨 꼴찌였다.

6월 어느 날, 우리는 울타리 길을 따라 걷고 있었다. 풋사과 몇 개가 겨우 열린, 오래 방치된 사과나무 가지 안쪽 깊은 곳에서, 한 형이 흰얼굴왕벌(bald-faced hornet)*의 집을 발견했다. 이런 기회라니! 이런 도전이라니! 우리가 벌집에 돌을 던지면 벌들이 공격할까? 벌들이 공격하면 우리는 빠져나갈 수 있을까? 벌에 쏘이면 아플까? 궁금증을 해결하고, 우리가 무사히 달아날 수 있을 거라는 예측을 사실로 증명하기 위해 가장 나이 많은 형이 돌을 쥐었다. 나머지 일행이 뒤에서 조심스럽게 지켜보는 가운데 그 형이 벌집을 향해 돌을 던졌다. 빗나갔다. 아무 일도 일어나지 않았지만 우리는 누가 먼저랄 것도 없이 멀찍이 달아났다.

잠시 후, 용기의 서열이 생기면서 소년들은 차례차례 돌을 들었다. 돌 하나를 쥐고, 더 가까이 다가가고, 벌집을 향해 돌을 던지고, 모두 달아났다. 돌은 계속 빗나갔다. 말벌 몇 마리가 밖으로 나와 정찰하듯 날아다녔다. 아무도 쏘이지 않았다. 마침내 내 차례가 왔다. 나는 완벽한 돌을 찾았고, 누구보다 더 가까이 다가가 벌집을 향해 온 힘을 다해 돌을 던졌다. 직격탄이었다. 벌집 절반이 땅으로 떨어졌다. 나보다 4~5m 뒤에 몰려 있던 패거리는 먼저 뛰기 시작했고, 이번에는 봐주지 않겠다고 작정한 왕벌

* 이름은 '왕벌(hornet)'이지만, 분류학상으로는 중땅벌속 벌이다. 그러나 미국에서 bald-faced hornet라는 일반명으로 널리 알려진 까닭에 이 책에서는 '왕벌'로 표기했다.

들 앞에 나는 가장 가깝고 가장 느린 주자였다. 그날, 나는 극도로 화가 났을 때 왜 '말벌처럼' 화를 낸다고 표현하는지 알게 되었다.

이후에 내가 기억하는 것은, 왕벌 한 마리가 내 목덜미를 여러 번 쏘았다는 것뿐이다. 정확히 몇 번 쏘였는지는 가물가물하지만 적어도 서너 번은 된 것으로 기억한다. 그때의 느낌은 마치 누군가 뜨거운 낙인 도장으로 내 목덜미를 반복해서 가격하는 것만 같았다. 이것이 수십 년 후에 만들어질 '곤충 침 통증 지수 2'에 해당하게 될 첫 경험이었다.

그즈음 나는 침 쏘는 곤충에 대한 접근 방식을 바꾸었다. 실험 대상자에서 실험 설계자로 거듭난 것이다. 나는 지근거리 대상을 관찰하기에 알맞은 작은 손가락과 날카로운 눈썰미를 지닌 작고 마른 아이였는데, 이런 특성이 훗날 나를 곤충학자로 단련해 완벽히 적응하도록 했다. 나는 야구나 축구에는 소질이 없었고, 그 당시 우리가 가장 좋아하는 놀이였던 구슬치기는 학교에서 막 금지한 참이었다. 그러니 쉬는 시간에 화단에 있는 식물이나 작은 동물을 관찰하는 것 말고는 별달리 할 일이 없었다. 어느 날, 화단을 둘러보다가 민들레꽃에 앉은 꿀벌 한 마리를 보았다. 꿀벌이 침을 쏜다는 것은 알고 있었지만 직접 겪어 보지 않은 터라 그 기회에 알아보기로 했다. 단, 이번에는 피실험자가 되기보다는 운동장을 지켜보고 있던 우리 선생님에게 실험해 보기로 하고, 그 벌을 집어서 선생님의 팔뚝 위에 놓았다. 그날, 나는 꿀벌이 쏠 수 있다는 것을 확실히 배웠고, 우리 선생님은 꿀벌을 맨손으로도 잡을 수 있다는 것을 배웠다.

내 순수한 실험에 악의는 없었지만, 이 일화는 수십 년이 지난 후에도 우리 부모님과 선생님이 만날 때마다 논의하는 주제가 되었다. 쏘이면서 배운 교훈은 오래간다.

곤충 안내 서적마다 단골로 등장하는 소잡이벌(cow killer)은 미국 남부 전역과 중서부 대부분 지역의 주택 뒤뜰이나 공원에서 여름에 흔히 볼 수 있는 손님이다. 몸길이는 2.5cm 정도 되며, 부드럽고 매혹적인 붉은색과 검은색 털로 덮여 있다. 겉으로 보기에는 아주 커다란 개미 같다. 소잡이벌을 포함해 이 녀석이 속한 개미벌과(Mutillidae)의 종족들을 통칭하는 이름인 '개미벌(velvet ant)'은 바로 개미와 닮은 외모에서 온 것인데, 정확히는 날개 없는 암컷 말벌을 가리킨다. 수컷은 날개가 있고 여느 말벌과 비슷하게 생겼다. 다만, 솜털이 더 보송보송하고 털이 많다.

곤충 세계에도 기네스북이 있다면 암컷 소잡이벌은 방어 수단을 가장 많이 가진 곤충으로 등재될지 모른다. 대표적인 것이 침으로, 소잡이벌은 침을 쏘는 곤충 가운데 몸길이 대비 가장 긴 침

을 가졌다. 더불어 침 조준 능력이 매우 뛰어나서 자기 몸길이의 거의 반에 달하는 기다란 침을 자유자재로 다룬다. 사람이나 포식자가 소잡이벌의 머리, 가슴, 배 어느 부분을 붙잡더라도 녀석은 상대를 쏠 수 있다. 소잡이벌에 쏘이면 곧바로 화끈거리는 통증이 이는데, 마치 시뻘겋게 달군 바늘을 엄지손가락에 찔러 넣는 것 같다. 놀란 엄지손가락은 순식간에 움츠러들지만, 통증은 그렇지 않다. 5~10분 동안 강하게 이어진 뒤에야 서서히 가라앉는다. 여기에 쐐기풀 발진 같은 고통이 더해지는데, 개울가 근처 오솔길을 따라 난 쐐기풀에 발목이나 종아리를 심하게 긁혔을 때와 비슷하다. 침에 쏘여 발진이 돋은 곳을 문지르고 싶은 자연스러운 충동은 통증과 가려움증을 더욱 강화해서, 이 둘이 합쳐지면 거의 고문에 가깝다.

조지아주 애선스에 있는 조지아대학교 대학원에 다닐 때, 골프장에 불려간 적이 있다. 운영진들이 모래 벙커를 매우 좋아하는 매미나나니(cicada killer) 무리를 보고 공포에 빠져 있었다. 수컷 매미나나니들이 암컷을 찾아 분주하게 주변을 날아다니며 자기 영역에서 움직이는 것이라면 무엇이든 위협하고 있었다. 그러는 사이, 화려한 색깔의 털북숭이 소잡이벌 여러 마리가 매미나나니 굴에 들어가 자기 새끼에게 줄 먹잇감을 찾고 있었다. 나는 두려움에 떨고 있는 사람들을 안심시킨 뒤, 소잡이벌을 몇 마리 잡아서 곤충의 방어 수단을 분석하던 연구실에 가져다 두었다.

어느 금요일 저녁, 실험실의 벌들을 보살피는 데 도움을 주던 어린 학부생 하나가 녀석들에게 약간의 꿀과 물을 주기로 했다. 그날 밤 11시 30분경, 캠퍼스 의무실에서 긴급 전화가 걸려 왔다. 소잡이벌을 다루다가 쏘여서 그 밤을 무사히 넘기지 못하리라는 공포에 사로잡힌 우리 학부생을 어떻게 하면 좋을지 묻는 전화였다. 내가 할 수 있는 일이라고는, 증상은 요란해도 실제 결과는 그리 나쁘지 않으며, 그 침이 비할 바 없이 고통스러운 것 중 하나이긴 해도 독성은 아주 약한 편에 속한다고 조언해 주는 것뿐이었다. 실제로 학생이 벌침 때문에 죽을 가능성은 없었다. 그는 약간의 항히스타민과 얼마쯤 정성 어린 보살핌 덕에 다음 날 바로 실험실로 복귀했다.

내가 알기로 어린아이들이 소잡이벌에 쏘였다는 보고는 거의 없다. 탐스럽고 붉은 털옷을 입은 소잡이벌이 뒷마당을 기어 다니는 것을 보면 아이들은 어떻게 할까? 아마 몇몇은 호기심에 그 곤충을 집어 들 테고, 곧 울음을 터뜨릴 것이다. 아이는 소리만 지를 뿐 무슨 일이 있었는지 부모에게 설명할 수 없겠지만, 부모는 주변을 살펴보고 쉽게 범인을 지목할 것이다. 하지만 이런 일은 거의 일어나지 않는다. 누가 가르쳐 주지 않아도 뱀과 거미를 의식하고 피하는 것과 마찬가지로[2, 3] 인간은 꿀벌이나 말벌, 그 밖의 침 쏘는 곤충을 본능적으로 알아본다.

소잡이벌도 물론이다. 녀석들이 밝은 빨강과 검정의 천연색으로 몸을 치장하고 시선을 끄는 까닭은 잠깐 멈추고 조심하라는 신호를 보내기 위함이다. 빨강과 검정의 대비는 전형적인 경계색으로, 잠재 포식자들을 향해 "저리 가, 안 그럼 후회하게 될 거야!" 하고 경고를 날리는 것이다. '경계색을 띤'이라는 뜻을 지닌 단어 'aposematic'은, '멀리'라는 뜻의 'apo'와 '신호'라는 뜻의 'sematic'이라는 그리스어에서 온 것으로, 소잡이벌을 위한 단어라고 해도 과언이 아니다. 소잡이벌의 지독한 침은 이 경고가 단순한 엄포가 아님을 증명하는 수단이다.

더불어 녀석은 소리와 냄새로 경계를 강화한다. 대역폭이 아주 넓은 '끼익' 소리는 방울뱀의 꼬리에서 나는 소리의 축소판이라 할 수 있다. 그리고 턱 아래 분비샘에서 방출하는 휘발성 케톤 화합물은 독특한 냄새로 경고 표시를 한다. 야행성이거나 시력이 약한 포식자는 이런 소리와 냄새로 경고를 확인한다.

색깔, 소리, 냄새로 경고했음에도 불구하고 실전이 벌어지면 두 가지 강력한 지원 체계가 작동한다. 하나는 아주 딱딱한 껍데기로, 비유하자면 소잡이벌은 뚫을 수 없는 갑옷을 입은 살아 있는 전차와 같다. 녀석의 외피가 어찌나 단단한지, 실험실에서 곤충 표본을 만들 때 흔히 사용하는 스테인리스 스틸 핀이 몸을 관통하지 못하고 구부러지는 일도 있다. 심지어 거대한 타란툴라의 날카로운 송곳니도 소잡이벌의 몸을 뚫지 못한다. 타란툴라의 이빨이 소잡이벌의 몸에 닿으면 '끽' 소리와 함께 진동이 발생하는데, 마치 이빨에 대고 휴대용 드릴을 작동하는 느낌과 비슷해서 타란툴라는 재빨리 소잡이벌을 놓아 버린다.

마지막 방어 수단은 엄청난 다리 힘이다. 곤충은 머리, 가슴, 배 중에서 가슴 근육이 특히 발달했는데, 대부분 날개를 움직이기 위한 것이다. 이와 달리 상자같이 생긴 소잡이벌의 가슴에는 다리를 움직이기 위한 근육이 잘 발달해 있다. 녀석은 강력한 다리와 둥글고 미끄러운 몸통을 이용해 포식자의 손아귀에서 몸을 비틀어 벗어나 빠르게 달아난다.

아이든 어른이든 소잡이벌의 다양한 방어 수단을 의식적으로 알고 피하는 사람이 얼마나 될까? 아마 거의 없을 것이다. 그러나 신호는 명확하다. "저리 가. 후회하기 전에." 소잡이벌의 메시지는 인간에게도 전달되고, 진심은 통한다.

독침

페트루키오: 이리 와요, 말벌 같은 당신. 화가 많이 난 것 같군요.

캐서리나: 내가 말벌처럼 화났을 땐, 침을 조심하는 게 좋을 거예요.

– 윌리엄 셰익스피어, 〈말괄량이 길들이기〉, 1590년경

침 쏘는 곤충이 말을 할 수 있다면, 녀석의 첫마디는 아마도 "거기, 내 집 문 앞에 누구야?"일 것이다. 이 단순한 경계심이 삶과 죽음을 가를 수 있다. 삶을 이어 가려면 '성장'하고 '재생산'해야 하며 무엇보다 '생존'해야 한다. 이 가운데 하나라도 제대로 수행하지 못하는 종은 다음 세대까지 살아남지 못할 테고, 애초에 하나의 종으로 발생하지도 못했을 것이다.

동물의 생존이란 이론상으로는 단순하다. 영양가 있는 먹이로 배를 채울 것, 다른 동물의 먹이 신세가 되지 말 것. 둘 다 어려운 과제다. 초식 동물은 식물로 배를 채워야 하지만, 식물은 현란한 화학 물질을 합성하는 데 세계에서 가장 뛰어난 화학자가 아니던가. 식물이 화합물을 만드는 까닭은 빛 또는 영양분을 다른 식물보다 더 많이 차지하기 위해서이기도 하지만, 동물의 먹이가 되지 않기 위해서이기도 하다. 육식 동물이 직면한 문제는 좀 다르지만, 먹잇감을 찾고, 붙잡고, 제압하고, 먹는 일이 모두 만만치 않기는 마찬가지다. 침 쏘는 곤충이 삶을 이어 가려면 먹히지 말아야 한다. 바로 여기에 침의 가치가 있다.

침 쏘는 곤충은 집 앞에 찾아온 방문객의 기척에 예민하게 반응한다. 문 앞에 어른거리는 저 움직임이 동물에 의한 것인가, 아니면 바람이나 빗물 또는 주변 식물 때문에 우연히 일어난 것인가? 후자라면 잡아먹힐 위험은 없다. 하지만 전자라면 저 동물이 위험한지 아닌지 판단해야 한다. 그림자의 주인이 그저 지나가는 코뿔소라면 잡아먹히지는 않겠지만, 우연히 발에 밟히거나 둥지가 파괴될 위험이 있다. 곤충들은 잡아먹힐 위험이 거의 없을 때는 대개 방어 조치를 하지 않는다. 그러나 꿀벌은 초식 동물인 코끼리를 공격하는데, 이 경우는 코끼리가 나뭇가지나 열매를 먹으려고 나무를 부수다가 엉겁결에 벌집을 파괴할 가능성이 있기 때문이다.[1] 꿀벌은 집을 지키기 위해 침을 쏜다. 코끼리처럼 피부가 두꺼운 동물을 상대할 때는 영리하게도 눈이나 코 같은 취약 부위를 공격함으로써 위협적인 상대를 벌집에서 멀리 쫓아 버린다.

그런데 꿀벌이나 말벌, 개미의 집을 일부러 노리는 침입자라면 채식주의자일 리가 없다. 어떤 침입자는 영양이 풍부한 집주인을 노리고, 저항력 없는 유충과 번데기, 또는 꿀, 꽃가루, 그 밖에 집주인이 사냥해 놓은 먹잇감을 특별히 찾는 침입자도 있다. 잔혹한 포식자를 저지하려면 어떻게 해야 할까? 어떤 방법이 가장 덜 위험할까? 제일 이상적인 방어는 그 포식자를 원거리에서 위협하는 것이다.

동료 곤충학자인 크리스 스타(Chris Starr)는 쌍살벌(paper wasp)이 잠재적 포식자를 위협하는 방식을 자세히 관찰한 적이 있다. 녀석은 벌집을 떠나 날아가지도 않았고, 새나 포유동물, 크리스 같은 불청객을 쏘려고 하지도 않았다. 다만, 맞거나 으스러지거나 잡아먹히지 않기 위해 위협을 가했는데, 그 방식이 점증적으로 변했다. 먼저, 몸을 다리 위로 높게 들어 올려 침입자를 마주하고, 몸 위로 날개를 들어 올려 쫙 펼친다. 그런 다음 빠른 동작으로 날개를 위아래로 움직인다. 벌집을 떠나지 않은 채로 잠시 날개를 윙윙거리다가 조금 더 강도를 높여 날개를 파닥거린다. 앞다리를 들어 올려 침입자를 향해 흔든다. 날씬한 허리 아래쪽의 불룩한 배 부분을 둥글게 만다. 그리고 벌집에서 날아오른다. 하지만 침입자를 향해 돌진하지는 않는다. 이 정도만 해도 침입자 대부분이 백기를 들기 때문이다.[2] 말벌들은 이런 위협이 실패한 후에야 침을 쏜다.

경고성 위협은 포식자의 시력에만 호소하지 않고 소리나 냄새 같은 다양한 형태를 취하기도 한다. 수확개미(harvester ant)나 잎꾼개미(leafcutter ant), 불도그개미(bull ant), 총알개미(bullet ant)와 같은 다양한 개미들은 대역폭이 넓은 '끼익' 소리를 내며 운다. 지금까지 연구된 모든 개미벌도 위험을 감지하면 즉시 찌륵거리는 새된 소리를 낸다. 말벌속(*Vespa*) 왕벌(hornet)들은 아래턱으로 딱딱거리거나 딸깍거리는 소리를 완벽하게 낸다.

내가 일본에 머물던 1980년에 사회성 말벌을 연구하던 일본 대학생 몇 명과 담당 교수님이 내 채집 작업을 도와준 일이 있다. 당시 나는 장수말벌(Asian giant hornet)* 군락 하나를 통째로 수집할 참이었다. 땅딸막한 주황색 머리가 돋보이는 이 거대한 왕벌은 '지구상에서 가장 겁나는 곤충'이라는 타이틀을 차지하기 위해 다른 종들과 경쟁한다. 녀석들이 좋아하는 먹이는 다른 왕벌이나 그 밖의 사회성 말벌, 꿀벌의 유충 등인데, 장수말벌은 새끼나 가족을 지키려는 어른 벌들을 거대한 아래턱으로 으스러뜨려 가볍게 처치해 버린다. 굳이 침을 쏠 일도 없다. 일본 동료들과 나는 장수말벌이 흔히 마주치는 먹잇감과는 다른 방식으로 위협을 가해 보았다. 따지자면 우리는 녀석의 먹잇감이 아니라 포식자였으니까. 나는 말벌용 보호복으로 중무장하고 손잡이 길이가 15cm쯤 되는 휴대용 포충망을 들고 흔들리는 벌집에 접근했다. 나보다 현명했던 학생들은 길고 곧은 나뭇가지에

* 이 책에서 'hornet'는 모두 '왕벌'로 표기했으나, '장수말벌'은 국가표준곤충목록에 등재된 명칭을 따랐다.

포충망을 매달고는 나를 공격하는 왕벌들을 모두 잡았다. 나보다 훨씬 뒤에서 말이다.

그날을 생각하면 큰 소리가 나도록 아래턱을 딱딱거리며 내 얼굴 바로 앞으로 날아들던 거대한 장수말벌의 위협이 가장 먼저 떠오른다. 세상에서 제일 좋은 보호복이라 할지라도 이러한 위협에서 오는 공포와 경외심을 누그러뜨리지는 못할 것이다. 게다가 이것은 그냥 해 보는 말뿐인 위협이 아니다. 장수말벌은 단 한 방의 침으로 쥐 한 마리를 죽일 수 있다. 다행히 우리는 쥐보다 운이 좋아서 아무도 쏘인 사람 없이 장수말벌 모두와 벌집을 수거했다.

한편, 개미는 화학전의 대가다. 녀석들은 냄새나는 화합물을 분비해 "이봐, 쏘이거나 물려서 고생하기 싫으면 가까이 오지 말라고." 하며 엄포를 놓는다. 포고노미르멕스속(*Pogonomyrmex*) 수확개미는 매니큐어 같은 냄새가 나는 휘발성 케톤 화합물을 내뿜고, 개미벌도 거의 같은 조합의 케톤을 사용한다. 총알개미가 내뿜는 화학 물질에서는 탄 마늘 같은 냄새가 난다. 하지만 그 무엇보다 뚜렷한 냄새로 경고 메시지를 전하는 곤충은 타란툴라대모벌(tarantula hawk)일 것이다. 타란툴라를 사냥하는 것으로 유명한 이 대모벌은 머리에 있는 분비샘에서 화학 물질을 내뿜는데, 톡 쏘는 듯한 냄새가 몹시 불쾌하다. 이런 냄새는 모두 침입자들에게 덤비지 말라는 경고 신호를 보냄으로써 실제로 전투가 벌어질 위험을 낮춘다. 경고를 무시하고 공격하는 무모한 포식자들에게는 '이 냄새가 나는 곤충을 건드리면 무서운 대가를 치르게 된다'는 깨우침을 준다.

~~~~~~~~~~~~

화학적 냄새는 단지 경고성 표시에 그치지 않는다. 이는 곤충의 생애에서 아주 작은 역할일 뿐이다. 수컷과 암컷이 적확한 시기에 상대를 찾을 수 있게 돕는 성페로몬에서부터 경고와 집합, 각 개체를 식별하고 소통하는 기타 페로몬 그리고 먹이 관련 정보를 전달하는 거의 무한한 종류의 화학 물질에 이르기까지, 냄새는 곤충 생애 전반을 관리한다.

나는 곤충들이 위험한 상황을 파악하고 정보를 전달하는 데 이용하는 냄새에 특히 관심이 많았다. 침 쏘는 곤충이 포식자를 쏘아서 쫓아 버리려면 우선 포식자의 존재를 감지하고 알아봐야만 한다. 꿀벌이 포식자를 어떻게 감지하는지 알아내기 위해 나는 수년 동안 꿀벌을 연구했다. 녀석들이 포유동물의 존재를 알아채는 가장 강력한 실마리는 냄새, 즉 포유류의 호흡이었다. 호흡은 뜨겁고 습하며, 이산화탄소는 물론이고 휘발성 알데하이드, 케톤, 알코올, 에스터, 기타 혼합물을 조금씩 다양하게 함유하고 있다. 꿀벌이 볼 때 포유동물이 내뱉는 숨은 공기 중 화학

~~~~~~~~~~~~

물질의 웅덩이나 마찬가지고, 녀석들은 그 웅덩이를 즉각 식별한다.

1993년에 일명 살인벌(killer bee)로 불리는 아프리카화꿀벌(Africanized honey bee)이 애리조나주에 도달했을 때의 일이다. 한 친구가 살인벌 무리를 채집해 애리조나 남부에 있는 벌 연구소에 가져다 두었다. 벌 떼는 가까이 오는 사람들을 쏘며 정기적으로 소란을 피우곤 했다. 피해자 가운데 무고한 일반인이 하나도 없었다는 게 다행이라면 다행이겠지만, 연구소에서 시간제 아르바이트를 하던 고등학생과 대학생들은 불행히도 벌 떼의 표적이 되고 말았다. 연구소장은 꿀벌 침 대신 엄청난 비난의 화살을 맞아야만 했다.

살인벌이 제아무리 날뛰어도 행동주의자인 나를 말릴 수는 없었다. 나는 동료가 분봉*해 놓은 군집을 활용해 벌집 입구에서 녀석들의 활동을 직접 관찰하기로 했다. 근거리에서 관찰하기 위한 해결책은 간단했다. 들키지 않을 것! 벌집 앞에서 내 존재를 들키지 않으려면 호흡을 멈추고 천천히 움직여야 한다. 오랫동안 완전히 숨을 참기란 당연히 어렵다. 벌통 바로 앞에 서 있을 때는 숨을 참고, 그다음에는 벌집에서 몇 걸음 물러나 고개를 돌

* 여왕벌이 산란하여 새 여왕벌을 만들었을 때, 새 여왕벌을 일부 일벌과 함께 딴 집이나 통으로 갈라 옮기는 것.

리고 가볍게 숨을 내쉬는 게 요령이다. 어느 날, 유지보수팀에서 일하는 한 친구가 내가 관찰하던 군집에서 7~8m나 떨어져 걷다가 벌에 쏘였다. "이봐, 슈미트, 어떻게 나는 쏘이고, 자네는 벌집 입구에 코를 박고 있는데도 괜찮은 거지?" 그가 잘못 살아서 그런 건 절대 아니다. 고약한 입김이 문제였을 뿐이다.

벌이 잠재 포식자를 식별하고 나름의 조처를 했는데도 위협이 통하지 않으면 그다음에는 어떻게 할까? 최후의 방법으로 벌은 가장 위험한 방어 수단을 동원할 것이다. 침입자의 살에 침을 박아 넣는 것! 항전의 결과는 침이 목표물에 얼마나 잘 삽입되었는가, 쏘인 개체가 그 독성 물질(침)을 제거할 수 있는가, 상대가 독성에 얼마나 민감한가에 따라 다르다.

곤충의 침은 생물학적 주사기라 할 수 있다. 주삿바늘은 물론이고 바늘을 통해 주입할 액체를 담아 두는 용기(독샘)까지 완비되어 있다. 단단한 튜브 모양의 의학용 주삿바늘과 달리 곤충 침은 자루가 세 부분으로 이루어져 있다. 이 중 한 부분은 고정되어 있고, 다른 두 부분이 움직여 고정된 부분의 통로로 미끄러져 들어간다. 이렇게 미끄러져 들어가는 구조 덕분에 곤충은 몸집이 작아도 문제없이 침을 쏠 수 있다. 생각해 보라. 환자에게 항생제를 주사하려는 의사가 있는데, 의사가 쥐만 하다면 그가 과연 주사기를 손에 쥐고 주삿바늘을 환자의 살에 꽂은 상태로 부드럽게 밀대를 누를 수 있을까? 곤충은 자체 관통 침으로 크기

의 문제를 깔끔하게 해결했다. 일단 고정된 침 끝이 살에 박히면 꿀벌은 근육을 이용해 침의 움직이는 부분을 살 속에 박힌 자루로 깊이 밀어 넣고, 이어서 다른 한 부분을 마저 밀어 넣는다. 움직이는 침 겉에는 역방향으로 돋은 미늘이 있어서 침을 더 깊이 밀어 넣는 동안 먼저 박힌 부분이 도로 미끄러져 나오지 않는다. 곤충은 인간처럼 주사기 밀대를 누를 엄지손가락이 없는 대신 여러 가지 다른 해결책을 갖추고 있다. 일부 곤충은 독주머니를 감싼 내장 근육이 수축하면서 독을 분비하고, 어떤 곤충은 침 내부에 밸브 시스템을 갖추고 있어서 필요할 때만 침 자루 안으로 독을 퍼 올린다. 대개 배를 안쪽으로 짧게 수축할 때 발생하는 압력이 침 자루 안으로 독을 퍼 올려 목표물의 피부 속까지 쭉 밀어 넣는다.

곤충의 침이 처음부터 이렇게 놀랍도록 기능적인 장치였던 것은 아니다. 침 쏘는 곤충의 머나먼 조상은 잎벌(sawfly)로, 이름에 '파리(fly)'라는 말이 붙긴 했으나 엄연히 원시 단계의 초식성 말벌이다. 잎벌은 단단하고 속이 빈 산란관을 이용해 식물 조직과 줄기에 구멍을 뚫고 안전한 장소에 알을 낳는다. 이 관이 바로 곤충 침 진화의 핵심 요소다. 침 역시 산란관처럼 속이 빈 대롱이지만, 알이 아니라 독을 목표물에 주입한다는 점이 다르다.

조상 격인 잎벌의 산란관이 오늘날의 개미, 말벌, 꿀벌의 침으로 거듭나기까지는 수많은 발전 단계를 거쳤다. 그중에서 주목할 만한 중간 단계를 유지하고 있는 곤충이 바로 기생말벌(parasitoid wasp)이다. 기생말벌은 숙주의 몸에 알을 낳을 때 산란관 겸 침을 사용하는데, 자식들의 보금자리이자 먹잇감이 되어 줄 숙주 생물을 마비시키기 위해 독을 분비한다. 그런데 기생말벌의 독은 일반적으로 사람에게는 거의 통증을 일으키지 않는다. 이는 기생말벌의 침이 의미 있는 방어 수단으로 발전하지 못했다는 뜻이다.

곤충의 침은 산란 기능을 제거함과 동시에 여러 가지 독성 요소를 추가하는 쪽으로 진화했다. 그리고 산란관 대신 침 아랫부분에 있는 개구부를 통해 알을 낳게 되면서 침은 오로지 독을 내뿜는 기관으로 자유롭게 기능하게 되었다.[3] 산란과 상관없이 순수하게 침을 쏘는 장치를 갖게 된 곤충들은 숙주를 마비시키는 독뿐 아니라 포식자를 방어하기 위한 독도 개발하기 시작했다. 그리하여 오늘날 많은 원시 개미와 일부 단독성 말벌이 '마비'와 '통증'이라는 이중 효과를 내는 독을 사용하고 있다. 하지만 꽃가루와 꿀을 먹는 벌은 이런 독을 사용하지 않는다. 꿀벌과 사회성 말벌 등 2만 종이 넘는 채식성 벌은 주로 포식자를 방어하기 위해 독침을 사용한다. 때때로 다른 경쟁자를 물리치기 위해 침을 쏘기도 하는데, 가령 새롭게 등장한 여왕 꿀벌들 사이에서 일어나는 죽음의 결투나 땅벌(yellowjacket)의 여왕이 다른 군집을 찬탈하는 과정에서 독침을 쏘는 것을 볼 수 있다. 개미 중에서도 훨씬

진화한 종은 주로 방어용으로 독을 사용한다. 먹이를 잡느라 독을 쓰는 일은 가끔 있을 뿐이다.

~~~

"그놈한테 쏘이지 않게 조심해!" 침 쏘는 곤충을 조심하라고 경고할 때 이렇게 말한다면, 틀렸다. '그놈'이라니, 수컷은 쏘지 않는다. 왜냐고? 간단하다. 수컷은 침이 없다! 꿀벌이든 말벌이든 개미든 간에 수컷이 쏘려고 시도했다 할지라도, 녀석에게는 장비가 없다. 침은 알을 낳는 산란관이 고도로 분화한 것인데, 애초에 알을 낳는 개체는 수컷이 아니라 암컷이다. 그러니 수컷은 암컷의 무기와 비슷한 것을 지닐 여지조차 없었다. 결과적으로 수컷은 무해하다. 거대한 포식자를 해칠 능력이 없고, 심지어 여성 동지들이 포식자에 맞서 싸울 때 돕지도 않는다. 수컷 꿀벌이나 말벌을 위협하면 녀석은 그저 도망가거나 숨는다.

쏘는 곤충에 관해 아이들을 가르칠 때 항아리 안에 손을 넣어 맹렬하게 붕붕대는 꿀벌을 잡는 것은 즐거운 퍼포먼스다. 지켜보는 아이들은 예외 없이 눈을 크게 뜨고 경외심에 차서 말을 잇지 못한다. 마치 내가 초능력으로 벌을 통제하는 것처럼 보이기도 할 것이다. 짐작했겠지만 퍼포먼스에 동원한 벌은 수컷이다. 수컷은 종종 '일하지 않고 무위도식하는 붕붕이'라는 경멸적인
~~~

말을 듣는다. 하지만 해가 없다는 것을 기억해 주기 바란다. 수컷이 아니었다면 그처럼 '유익한' 수업을 하지도 못했을 것이다.

애리조나에 봄이 오면 꿀벌보다 몇 배나 더 큰, 거대하고 검은 어리호박벌(carpenter bee)이 여기저기서 붕붕 날아다닌다. 내가 청중 앞에서 이 거대한 벌을 한 마리 집어 올리면 청중의 표정은 놀라움으로 일렁인다. 이어서 그 벌을 내 입술 사이에 살며시 내려놓는 순간, 청중은 충격에 휩싸인다. 어리호박벌이 나무를 씹는 힘센 턱으로 포식자를 물 수도 있다는 사실은 일단 비밀로 한다. 이로써 수컷이 무해하다는 교훈을 또 한 번 전달했다. 비록 청중 가운데 나처럼 한번 해 보겠다고 자원하는 사람은 아무도 없지만 말이다.

잠깐, 그렇다고 수컷한테는 방어 기술이 전혀 없다고 오해해서는 안 된다. 수컷 꿀벌이나 말벌은 독침을 못 가진 대신 침 비슷한 생식기를 지녔다. 수컷의 단단한 생식기는 짝짓기 기간에 암컷을 꽉 붙잡고 정액을 분비하는 기능을 하며, 벌들의 생식기는 종마다 구조적으로 차이가 있어서 다른 종들 사이의 짝짓기 가능성을 낮춘다. 수컷의 생식기는 방어 수단을 갖기 위한 일종의 전적응(前適應)* 기관이기도 하다. 생식기 끝에 날카롭고 뾰족

* 이전에는 그다지 중요하지 않았던 기관이나 성질이 어떠한 원인 때문에 부득이하게 생활 양식의 변경이 필요해 적응하는 가치를 보이는 현상.

한 침 같은 돌출부가 있는데, 포획자에게 붙잡힌 수컷은 침을 쏘는 것과 아주 유사한 동작으로 단단한 가짜 침을 상대의 피부에 찔러 넣는다. 침에 쏘인 동물은 자동 반사적으로 그 곤충을 놓아버리므로 수컷은 가짜 침으로도 대부분 안전하게 풀려난다. 이런 가짜 침에 관해 이론상으로 잘 아는 숙련된 곤충학자라 할지라도 자연의 본능에는 지고 만다. 나 역시 분하게도, 수컷 말벌에 속아서 탐나는 표본을 놓친 적이 있다.

곤충의 침과 독은 서로 만났을 때만 제대로 효과를 발휘한다. 침을 통해 주입되는 독은 액체 상태의 혼합 물질이다. 대부분 약간의 수용성 단백질과 동물의 체내에서 신경 전달 물질로 작용하는 생체 아민, 여러 개의 아미노산이 결합한 펩타이드, 아미노산, 지방산, 설탕, 소금, 그 밖의 여러 가지 물질이 섞여 있다. 곤충의 독은 종마다 조금씩 다른데, 불개미(fire ant)와 그 친척 개미들이 지닌 독은 알칼로이드(alkaloid)** 성분으로, 그 옛날 소크라테스(Socrates)가 사형을 선고받고 마신 코닌(coniine)과 화학적으로 유사하다. 코닌은 산형과의 두해살이풀인 헴록(hemlock)에 들어 있는 유독성 알칼로이드로, 중추 신경과 운동 신경 및 근육을 마비시키는 작용을 한다. 또 다른 개미는 소나무 향이 나는 테르펜 성분의 독을 분비한다. 이 같은 독성 물질은 모두 피부라는 보호

** 질소를 포함한 염기성 유기 화합물을 통틀어 이르는 말.

장벽 아래, 즉 체내에 주입되었을 때만 기능을 발휘한다. 그런데 독성 물질 대다수는 동물의 피부를 통해 흡수되지 않아서 단순히 적의 피부에 뿌리거나 살짝 바르거나 내뿜는 방식으로는 효과를 볼 수 없다. 특히 단백질, 펩타이드, 생체 아민에는 침투성이 없어서 생체의 취약한 조직이나 혈류에 도달하지 못한다. 이런 독을 피부 아래로 전달하는 것이 바로 침의 존재 이유다.

그러나 곤충이 독침을 쏜다고 해서 언제나 표적을 정확히 맞히는 것은 아니다. 게다가 포식자에게도 침을 막아 내는 방어 수단이 있다. 수많은 포유동물이 빽빽하고 두텁게 난 털로 피부를 보호하고 있으며, 새의 깃털 역시 빈틈없이 포개어져 있다. 파충류의 단단하고 거친 비늘과 양서류의 미끈거리는 피부도 침으로 뚫기 어렵다. 곤충이 독침 공격에 성공하기 위해서는 상대의 눈, 코, 입술 주변이나 아랫배와 같이 약한 부분에 침을 쏘아야 하는데, 그러자면 먼저 적의 취약 부분을 알아보아야 하고, 그곳에 도달하는 데 성공해야만 한다. 그런데 이게 말처럼 쉬운 일이 아니다. 특히 무리를 짓지 않고 단독으로 생활하거나 몇 마리씩 소규모로 어울려 다니는 곤충은 더더욱 큰 어려움에 맞서야 한다. 곤충이 가까이 오는 것을 알아차린 동물들은 찰싹 때리거나 털어내는 방어적 행동을 하므로 여차하면 침을 쏘아 보지도 못하고 나가떨어질 수 있다.

운 좋게 적의 방어 장벽을 뚫었다 해도 끝이 아니다. 따끔한 맛을 보여 줄 만큼 의미 있는 고통이나 피해를 유발하려면 독을 충분히 주입해야 한다. 하지만 상대가 침에 쏘이고도 가만히 있을 만큼 둔하지 않다는 게 문제다. 특히 온혈 포유동물과 조류는 냉혈 동물보다 민첩하다. 이 말은 곤충이 독을 충분히 주입하기도 전에 침에 쏘인 동물이 재빨리 곤충을 털어 낸다는 뜻이다. 결국, 곤충은 침과 함께 동물의 피부에서 털려 나간다.

이 같은 고난을 겪은 곤충들은 적에게 좀 더 효과적으로 독을 주입하고자 진화를 거듭해 두 가지 기술을 보유했다. 하나는 독성 물질 전달 속도를 강화해 거의 순간적으로 필요한 양을 충분히 주입하는 것이다. 이 기술을 달성하기 위해 곤충은 독샘을 둘러싼 근육의 힘을 키웠다. 사회성 말벌의 경우, 근육의 수축력을 이용해 독성 물질을 공중으로 30cm 높이까지 힘차게 분사할 수 있다. 이런 능력을 갖춘 덕분에 침에 쏘인 동물이 곤충을 털어 내기 전에 1회분의 독을 충분히 그리고 확실히 체내로 주입할 수 있게 되었다.

두 번째 기술은 '자체 절단'이다. 꿀벌과 일부 사회성 말벌 그리고 포고노미르멕스 수확개미 같은 몇몇 종은 자기 침을 스스로 잘라 버릴 수 있다. 이들의 침은 신체의 나머지 부분과 달리 반독립 장치로 기능하며, 침의 겉면에 역방향 미늘이 돋아 있어서 한 번 피부에 박히면 쉽게 빠지지 않는다. 그래서 침을 쏜 곤충이 스스로 물러나거나 쏘인 동물이 곤충을 털어 낼 때 침이 곤충의 몸에서 떨어져 나와 동물의 피부에 그대로 남게 된다. 이렇게 절단된 침에는 신경절이 남아 있어서 동물의 피부에 박힌 상태에서도 근육을 움직여 독샘에서 독을 계속해서 분비함으로써 효과를 극대화한다.

이만하면 공격과 방어라는 진화 게임에서 침 쏘는 곤충이 이긴 것 같지만, 야생의 삶은 그리 만만하지 않다. 어떤 곤충의 독은 특정 종의 포식자에게 치명적인 효과를 발휘하게끔 진화했는데, 그러다 보니 다른 종의 포식자를 만났을 때 독이 무용지물이 되는 수가 있다. 수확개미의 독은 주된 포식자인 척추동물을 겨냥해 진화했다. 특히 쥐는 수확개미에 쏘이면 죽을 수 있다. 하지만 같은 독을 다른 곤충에 사용했을 때는 효과가 100분의 1 이하로 떨어진다. 이 차이는 독의 화학적 구성과 그것에 대응하는 각 동물의 생리와 관련 있다.

침 쏘는 곤충이 진화를 거듭해 강력한 독을 만들었다면 포식자는 곤충의 독에 저항하는 방향으로 진화해 왔다. 그래서 처음에는 독에 취약했던 동물이 나중에는 해당 독의 작용을 차단하는 메커니즘을 갖추기도 한다. 이번에도 포고노미르멕스 수확개미가 좋은 예다. 수확개미를 가장 많이 잡아먹는 포식자는 뿔도마뱀(horned lizard)인데, 녀석은 아무런 어려움 없이 수확개미를 먹는다. 뿔도마뱀은 어떻게 쥐 한 마리를 손쉽게 죽일 수 있는 독침에 끄떡도 없는 것일까? 이는 녀석의 혈액 속에 있는 독성 물질

중화 인자 덕분으로, 수확개미 독에 대한 뿔도마뱀의 저항력은 쥐보다 1,300배 이상 강하다.[4]

자, 이쯤에서 다시 곤충의 말에 귀를 기울여 보자. 침 쏘는 곤충이 말을 할 줄 안다면, 문 앞을 서성이는 낯선 방문자에게 '그녀'가 내뱉을 첫 마디는 "거기, 문 앞에 누구야?"일 것이다. 그다음에는 이렇게 말할 것이다. "쏘기 전에 당장 꺼져."

3

최초의 독침

인간이 다른 동물과 구별되는 특징 중 하나는
지식을 위한 지식을 필요로 한다는 것이다.
아무리 보잘것없는 지식이라 해도,
진보와 안녕에 아무 소용이 없다 해도,
모든 지식은 전체의 한 부분이다.

– 빈센트 데티에, 《파리를 안다는 것》, 1962

생명 작용은 에너지를 얻기 위한 경제 활동이다. 나누어 가질 에너지와 원료의 양이 한정된 상황에서 생명체들은 각자의 몫을 차지하려고 저마다 분투한다. 원론적으로 생명을 위한 모든 에너지는 태양광에서 나온다. 오직 식물과 광합성을 하는 몇몇 생명체만이 이 에너지를 차지해 유용한 분자로 변환할 수 있다. 한 가지 예외가 있기는 한데, 심해 호열성 세균(화학 독립 영양 세균)은 햇빛 대신 심해 열수구에서 방출되는 화학 물질을 먹고 산다. 하지만 이번 논의에서 이들은 제외하기로 하고 다시 햇빛으로 돌아가자.

마음대로 이동할 수 없는 식물은 뿌리 내린 자리에서 햇빛을 조금이라도 더 받기 위해 갖은 애를 쓴다. 이웃 식물보다 키를 더 키우거나 다른 식물이 살기 어려운 장소에 적응해 살아가기도 하고, 화학전을 벌여 자기 영역을 지키거나 그 밖의 수법을 동원해 인근 식물을 물리치는 등 치열한 경쟁을 벌인다. 탄소, 질소, 산소, 물, 인, 유황, 칼륨, 마그네슘, 이 외에도 생명에 필요하지만 나열하기에는 너무나 지루한 여러 가지 원재료 역시 아무 데서나 무한정 공급되는 게 아니다. 식물은 빛과 자연 원료를 취해 에너지가 풍부하면서 살아가는 데 꼭 필요한 분자를 합성한다. 하지만 원료 자체를 만들어 낼 수는 없다. 예를 들면 세상 어떤 식물도 마그네슘을 직접 만들 수 없다. 따라서 식물은 햇빛뿐 아니라 이런 기본 원료를 얻기 위해서도 경쟁해야만 한다.

동물은 광합성으로 에너지를 얻지 못하므로 필요한 모든 에너지를 다른 유기체로부터 획득해야 한다. 물론 몸을 따뜻하게 하려고 햇볕을 쬠으로써 약간의 에너지를 얻을 수는 있지만, 식물의 광합성에는 비할 바가 못 된다. 동물은 식물을 먹거나 다른 동물이나 균류, 미생물을 먹는 포식자가 되어야만 한다. 식물과 마찬가지로 동물도 마그네슘과 같은 기본 원료를 만들어 내지 못하므로 먹잇감에서 생명의 기본 원료를 취해야 한다. 또 식물과 달리 동물은 아미노산, 비타민, 일부 지방 등 필수 분자를 체내에서 합성하지 못한다. 이 역시 먹어서 해결하는 수밖에 없다. 대체로 동물의 삶이란, 자원이 한정된 세상에서 수백만의 여러 종이 비슷한 원료와 에너지를 얻기 위해 악전고투하는 것으로 요약할 수 있다.

인간 사회에서는 돈이 에너지와 원료에 상응하는 기본 경제 단위로 통용된다. 하지만 돈이 인간 사회를 이끄는 총 전력은 아니다. 사회적 삶을 이끄는 진정한 동력은 음식과 주거, 번식 그리고 안전이다. 돈은 이를 성취하기 위한 수단이다. 음식, 주거, 번식, 안전이라는 동력은 동물의 생태에도 똑같이 적용된다. 다만, 자연에는 돈이라는 개념 자체가 없으므로 동물은 돈을 버는 대신 에너지와 원료를 얻기 위해 분투하는 것이다.

동물은 에너지가 없으면 먹이를 구할 수 없고, 보금자리를 찾거나 만들 수도 없으며, 번식할 수도 없고, 안전을 지킬 수도 없다. 당연히 생명을 유지하는 데 필요한 원료도 획득할 수 없다. 동물은 햄스터 쳇바퀴 같은 세계에 갇혀 있다. 에너지는 먹이를 통해서만 얻을 수 있고, 먹이를 구하는 데는 에너지가 든다. 조지아대학교의 생태학 스승 진 오덤(Gene Odum) 교수는 이 같은 동물의 세계에서 꼭 필요한 생명 활동 요건을 다음과 같이 정의했다. “동물은 먹이의 위치를 파악하고, 필요에 따라 포획하고, 먹고, 소화하는 데 드는 것보다 더 많은 에너지와 필수 영양소를 그 먹이에서 취해야 한다.” 여기서 먹이를 얻기 위해 ‘쓰는’ 것보다 더 많은 에너지를 그 먹이에서 ‘얻어야’ 한다는 요건은 곤충의 침이 진화할 수밖에 없는 핵심 요인이 되었다.

곤충은 몸집이 작고 여기저기 흩어져 있어도, 굶주린 포식자가 보기에는 영양이 풍부하고 밀도 높은 완벽한 음식 꾸러미다.

일반적으로 식물은 영양분의 밀도가 낮고 소화하기 어려운 물질을 다량 함유하고 있다. 심지어 고약한 독성 화합물을 함유한 종도 많아서 곤충이나 다른 동물성 먹잇감보다 효용이 떨어지고, 소화도 잘 안 된다. 곤충은 식물보다 훨씬 이상적인 먹잇감이다. 척추동물에 비해 크기가 너무 작다는 점만 빼고. 생명의 경제 활동에서 크기가 작다는 것은 거대한 포식자에게 먹잇감으로서 가치가 덜하다는 뜻이다. 포식자가 자그마한 먹이를 먹고 얻는 에너지(효용)보다 그것을 잡느라 소비하는 에너지(비용)가 더 클 수 있기 때문이다. 효용과 비용의 이러한 관계 덕분에 곤충은 거대 포식자에 대항해 격렬하게 싸울 일이 별로 없다.

그래도 잡아먹히지 않으려면 포식자를 피하기는 해야 한다. 곤충들이 포식자를 따돌리기 위해 가장 흔히 사용하는 단순한 전략은 뒷배경을 아리송하게 흉내 내면서 '뻔히 보이는' 곳에 숨는 것이다. 이는 포식자가 먹잇감을 찾아낼 확률을 줄이는 동시에 탐색하는 데 드는 수고를 키움으로써 효용 대비 비용을 늘리는 작전이다. 흔하면서도 효과적인 또 다른 전략은 빠르게 피하면서 달아나는 것이다. 우리가 갑자기 화르르 날아오르는 메추라기 떼를 만나면 깜짝 놀라듯이 동물도 갑자기 튀어 오르거나 날아오르는 곤충을 보면 흠칫 놀란다. 그리고 곤충은 이리저리 날아다녀 도망갈 시간을 벌면서 먹잇감을 잡으려 애쓰는 포식자의 에너지 비용을 높인다.

경계색을 띤 곤충이 경고 메시지를 보내는 것도 효과 좋은 방어 전략이다. 이 경우에는 너무 눈에 띄어서 오히려 공격받을 가능성이 있는데, 다행히도 대다수 포식자는 경계색을 띠는 먹잇감을 건드렸다가 아무 성과 없이 시간과 에너지만 낭비하는 것을 본능적으로 싫어한다. 곤충학자 링컨 브로워(Lincoln Brower)가 연구한 큰어치(blue jay)가 대표적인 사례다. 이 새는 제왕나비(monarch butterfly)를 먹으면 구토를 한다. 복통과 구토가 얼마나 불쾌한지는 모두 알 것이다. 이 불쾌감은 구토의 원인이 된 행동을 동물들이 되풀이하지 않게끔 보호하는 자연의 교육 방식으로, 유전자에 새겨져 있다. 경솔하게 제왕나비를 삼켰다가 식겁한 큰어치는 이후 이 먹잇감을 거부했다.[1]

브로워의 큰어치는 중요한 교훈을 얻는 대가로 나비를 잡느라 에너지를 소모하고, 불쾌한 고통을 감내했을 뿐 아니라, 그전에 잡아먹은 먹잇감에서 힘들게 얻은 에너지까지 잃는 모욕을 추가로 당했다.

~~~~~~~~~~

작은 곤충 '한 마리'는 거대하고 힘센 포식자로부터 안전할지 모른다. 포식자가 애쓸 가치가 없으니 말이다. 그렇다면 작은 곤충 '한 무리'는 어떨까? 건넌방에 블루베리 한 알이 있다고 해서
~~~~~~~~~~

기꺼이 자리에서 일어나 가지러 갈 사람은 거의 없을 것이다. 하지만 블루베리 한 접시가 있다면 이야기는 달라진다. 그만한 양이라면 노력할 가치가 있다. 같은 원칙이 곤충 무리에도 적용된다. 땅돼지가 흰개미(termite)* 한 마리를 쫓을 가능성은 별로 없지만, 흰개미 무리는 땅돼지가 아주 좋아하는 먹이다. 앞서 소개한 곤충 한 마리의 방어 전략은 곤충 군집을 노리는 포식자에게는 통하지 않는다. 군집 생활을 하는 곤충은 방어 전략을 새로 짜야 한다. 그 방편으로 흰개미는 대부분 땅속에 집을 짓는다. 흙이라는 장벽이 포식자의 사냥 활동을 어렵게 해서 에너지 소모를 늘리기 때문이다. 또 흰개미는 특별한 병정 계급을 양성하는데, 무리를 위협하는 포식자를 방어하는 것이 병정들의 유일한 임무다. 병정 흰개미는 강력하고 날카로운 아래턱으로 상대를 공격하거나, 머리 앞쪽에 있는 사출구에서 시너 같은 분비액을 내뿜어 적을 물리친다.

무리 지어 움직이는 곤충은 동시다발적으로 날아오르는 메추라기 떼나 수면 위를 뱅뱅 도는 물맴이처럼 포식자를 혼란에 빠뜨리기도 한다. 녀석들이 정신없이 움직이는 탓에 포식자는 먹잇감 하나에 즉각 집중하지 못해서 그만큼 사냥에 성공할 확률

* 이름 때문에 개미로 오해받곤 하지만 개미가 아니라 바퀴목 흰개미과에 속하는 곤충으로, 바퀴벌레에 가깝다. 주로 나무를 갉아 먹는 등 식물성 먹이만 먹는다. 참고로 개미는 벌목 개미과에 속하며, 흰개미를 잡아먹는 종도 있다.

이 낮아지는 것이다. 독을 이용하는 것 역시 군집 생활을 하는 곤충이 흔히 쓰는 방어 전략이다. 무당벌레는 밝은색으로 포식자의 시선을 끌지만, 맛이 없고 독성을 띠는 코치넬린(coccinelline)을 비롯한 몇 가지 성분의 혼합물을 지니고 있다. 가룃과 곤충들은 칸타리딘(cantharidin)이라는 독을 혈액에 함유하고 있는데, 칸타리딘이 피부에 닿으면 물집이 생긴다. 칸타리딘은 스패니시 플라이(Spanish fly)**라는 이름으로 알려진 최음제의 원료이기도 하다. 이 약품은 생식관을 자극해 그 부위에 주의를 집중시키는 작용을 함으로써 최음제로 명성을 얻었으나, 부작용이 심하고 만성 중독을 일으킬 위험이 크다. 칸타리딘은 잠재적으로 인간에게도 위험한 독소다.

먼 옛날 침 쏘는 곤충의 조상은 위와 같은 방어 전략을 대부분 갖추지 않았을 것이다. 단독성 곤충은 척추동물의 위협을 덜 받아서 도태 압력을 느슨하게 겪었다. 오늘날 잎벌 중에 군집 생활을 하는 종이 일부 있긴 하지만, 조상 잎벌은 대부분 단독으로 생활했다. 만약 조상 중에 군집 생활을 하는 종이 많았다면 이들 역시 오늘날의 대표 곤충들처럼 고약한 화학 방어 체계를 갖추었을 것이다.

잎벌의 식이 생활은 고단했다. 잎벌은 주로 솔잎과 신선한 나

** 'spanish fly'는 가룃과 곤충을 통틀어 부르는 이름이기도 하다.

뭇잎을 먹고 섬유질로 이루어진 식물 가지에 구멍을 뚫는다. 이런 먹이는 영양 수준이 매우 낮으면서 독성은 대체로 높다. 하지만 이 같은 생활을 쭉 이어 온 덕분에 잎벌은 톱질하듯 관통하며 나무에 구멍을 뚫을 수 있는 산란관을 갖추게 되었다. 그런데 나무에 구멍을 내고 보니 그 속에 식물보다 영양이 훨씬 풍부한 새로운 먹잇감이 있었다. 다른 곤충의 애벌레였다. 그리하여 잎벌의 식이 생활은 초식에서 육식으로 바뀌었다. 엄밀히 따지자면 초식 동물에서 포식 기생자로 전환한 것이다. 포식 기생자란, 미성숙 단계나 성장 단계에는 숙주의 몸 안에 살거나 숙주의 몸을 먹고 살다가 때가 되면 숙주를 죽이는 동물이다. 흔한 예로 맵시벌과(Ichneumonidae)의 말벌이 있는데, 이들은 다른 곤충의 애벌레 같은 사냥감에 침을 쏘아 마비시킨 후 그 안에 알을 낳는다. 알에서 부화한 애벌레는 숙주를 먹고 살다가 때가 되면 죽인다. 또 다른 포식 기생자로는 뚱보기생파리(tachinid fly)가 있다. 이들은 침이 없지만, 숙주의 몸에 알을 낳음으로써 맵시벌과 같은 목적을 달성한다. 알에서 나온 유충은 숙주의 몸속으로 파고들어 그곳에서 먹고 자란다.

맵시벌은 다른 기생말벌과 마찬가지로 포식 기생자로 전환한 조상 잎벌에서 진화했다. 사냥감을 쏘고 알을 낳는 일에 침이자 산란관을 이용하는 포식 기생말벌은 모두 단독 생활을 하므로 거대한 포식자에게 잡아먹힐 압박을 거의 받지 않는다. 그러다

보니 나 같은 곤충학자들이 포충망에서 녀석들을 손으로 집어낼 때도 손가락을 쏘이는 일이 거의 없다. 매우 커다란 맵시벌이 어쩌다가 사람을 쏜다 해도 통증은 미미한 수준이다. 따라서 맵시벌이 침을 쏘는 것은 척추동물을 방어하기 위한 행동이 아님을 알 수 있다. 방어 전략이라고 하기에는 침이나 독성이 그다지 효과적이지 않다.

침 쏘는 말벌과 개미, 꿀벌의 진화 과정에서 주목할 만한 분기점을 꼽자면 포식 기생말벌의 침이자 산란관이 오직 침으로만 기능하게 된 것을 들 수 있다. 산란과 관계없이 침 쏘는 기능만을 가진 이 그룹을 아쿨레아타(aculeata), 즉 '침벌류'라고 부른다. 아쿨레아타는 '침'을 뜻하는 라틴어 'aculeus'에서 온 것으로, 녀석들의 특징을 아주 잘 나타내는 이름이다. 곤충이 침 쏘는 기능을 독립시켰다는 것은 알이 침을 통해 지나갈 필요가 없으며, 침을 통한 산란에 관여하던 분비샘이 독을 만들고 분비하는 새로운 기능을 자유롭게 개척할 수 있게 되었음을 뜻한다. 산란관이 침으로 바뀐, 어찌 보면 순수해 보이는 이 변화는 침벌류의 진화를 이끄는 초석이 되었다. 이 토대 위에서 침의 성능과 독의 성분을 마음껏 시험해 볼 수 있게 되었기 때문이다.

초기 침벌류는 새로운 숙주를 다양하게 확보함으로써 섭취할 수 있는 먹이 종류를 늘려 갔다. 하지만 숙주 겸 먹잇감이 다양해지는 만큼 부수적으로 따라오는 위험도 있었으니, 바로 새로운 포식자들과 맞닥뜨리는 문제였다. 배고픈 포식자를 따돌리지 못한다면 새로운 생물학적 틈새를 확장하는 것도 불가능하다. 바로 이 지점에서 결정적 역할을 한 것이 침이다.

침은 산란 기관이라는 역할에서 벗어났을 뿐 아니라, 신체적으로 중요한 역할을 하나도 맡지 않고 오로지 적을 고통스럽게 하는 임무에만 집중해서 마음껏 발전해 갔다. 더불어 침벌류의 개체 수와 종 수는 점점 늘었고, 녀석들의 활동 시간도 증가했다. 이 같은 변화를 알아차린 포식자는 침 쏘는 곤충을 더욱 적극적으로 공격하기 시작했다. 그러니 곤충 역시 방어 기술을 더욱 발전시켜야 했을 것이다. 목표는 하나다. 포식자의 공격에 맞서 정확히 침을 쏘고 무사히 빠져나올 것. 이때 우연한 돌연변이나 유전적 재조합 결과로 포식자를 고통스럽게 했던 침 한 방이 통증 없는 침보다 더 효과적이었을 것이다. 그렇게 살아남은 개체들의 유전자가 이후 세대에 전달되면서 독성 물질의 화학 성분에 점증적인 변화가 일어나 점점 더 효과 좋은 독을 만들게 되었을 것이다.

만약 침 쏘는 곤충이 단독 생활을 고집했다면 강력하게 고통스러운 독성 화합물을 만들 필요를 못 느꼈을 것이다. 앞서 이야기했듯 곤충 한 마리는 거대 포식자가 비용을 들여 노력할 만한 가치가 없다. 하지만 세상살이에는 집단이 개인보다 유리한 위치를 차지하는 경우가 많다. 곤충 한 마리가 커다란 먹잇감을 발

견한 뒤 동료에게 그 사실을 알리고 함께 움직이면 무리 전체가 풍부한 먹잇감을 얻는 식으로 이득을 본다. 이는 생물학적인 주고받기 전략이다. 네가 나를 돕는다면, 나도 너를 돕는다. 아무도 손해 보지 않고 우리 둘 다 이득을 본다. 물론 곤충이 의식적으로 이렇게 생각하지는 않을 것이다. 하지만 이유가 무엇이었건 우연히 이런 식으로 행동했다가 이득을 봤다면 이후에도 같은 방식으로 행동할 확률이 높다. 집단생활은 짝짓기 상대를 찾는 데도 유리하다. 이 같은 집단생활의 혜택을 누리기 위해서는 비용을 들여야 한다. 곤충 한 마리는 거들떠보지도 않던 거대 포식자가 곤충 한 무리를 보면 에너지를 쏟을 가치를 느낄 테니 말이다. 이렇게 곤충 집단과 포식자의 대결이 시작되었다. 곤충은 점점 더 고통스럽고 효과 좋은 독침을 개발하고, 포식자는 침과 독을 이겨 낼 새로운 수단을 강구했다.

집단의 궁극적 형태는 사회성을 띠는 것이다. 한 종이 사회를 이루면 대개 많은 개체가 안전한 집에 살며, 부모 세대와 자식 세대가 한집에서 새끼를 함께 키운다. 또 개체에 따라 산란, 채집과 사냥, 방어 등의 임무를 나누어 맡고 전문적으로 수행한다. 사회성 곤충의 치명적인 약점은 움직이지 못하는 미성숙한 구성원들을 포식자로부터 보호해야 한다는 부담이다. 알과 애벌레, 번데기는 영양이 풍부하고 소화하기도 쉬운 훌륭한 먹잇감이어서 포식자에게 대단히 인기가 높다. 그런데 이들은 도망칠 수 없다.

성충이 유충을 보호하는 방법은 하나다. 달아나는 대신 집이라는 요새를 지키는 것. 하지만 포식자에 맞서 싸우고, 그리 튼튼하지도 못한 둥지를 지키는 일은 힘들고 위험하다. 그러니 곤충들은 사회적 집단을 선호하지 않았을 것이고, 도태 압력을 받은 사회성 곤충은 차츰 사라졌을 것이다. 그리하여 이 세상에는 사회성 곤충이 많지 않으리라 예상할 수 있다. 그런데 실제로는 생태계를 이루는 동물 가운데 사회성 곤충이 차지하는 생물량이 엄청나다.[2] 이 같은 역설을 어떻게 설명해야 할까? 침이 바로 그 열쇠다. 포식자가 늘어날수록 침의 고통과 독성 효과는 더욱 강해졌다. 집단생활의 유전적 이점과 포식자의 위협이라는 도태 압력이 결과적으로 침 쏘는 곤충의 사회성 진화를 촉진하는 궁극적 요인이 되었다. 아마도 독침은 침 쏘는 곤충이 고도의 사회성 진화를 거듭할 수 있었던 가장 중요하고도 직접적인 원인이었을 것이다.

~~~~~~~~~~~~

몸이 가늘고 말벌을 닮은 개미의 작은 아과(亞科)* 중에 프세우도미르멕스아과(Pseudomyrmecinae)가 있는데, 이 과에 속하는 개미

* 생물 분류에서 과(科)와 속(屬)의 사이

~~~~~~~~~~~~

들의 생활 양식은 두 가지로 극명하게 나뉜다. 하나는 긴잔가지개미(elongate twig ant)로 대표되는 그룹으로, 상대적으로 몸집이 큰 개미들이 작은 군집을 이루고 산다. 녀석들은 몸을 보호할 수 있는 잔가지나 줄기 안쪽에 깊숙이 숨어 살며, 주로 달콤한 먹이를 찾고 약간의 위협만 느껴도 소심하게 물러간다.

다른 하나는 쇠뿔아카시아개미(bullhorn acacia ant)로, 몸집이 작은 이 녀석들은 아카시아나무의 속 빈 가시 안에 살며 넓게 퍼진 군집을 이룬다. 쇠뿔아카시아개미는 꽃 밖 꿀샘에서 나온 꿀과 아카시아 잎의 끝부분에 달린 벨트체(Beltian body)**를 먹고 산다. 아카시아나무는 녀석들의 집이자 먹이 공급원이다. 그래서 쇠뿔아카시아개미는 포식자와 경쟁자뿐 아니라 보금자리를 해칠지 모르는 모든 침입자에 대항해 이 나무를 굳건히 지킨다. 일종의 상리 공생이 발달한 것으로, 아카시아나무는 개미 무리에 집과 먹이를 제공하고 개미는 나무를 지켜 준다.

사회성 말벌, 개미, 꿀벌의 침이 포식 압력에 대항해 진화했다는 가설을 바탕으로 추측건대, 잃을 것이 별로 없는 단독성 곤충보다 잃을 것이 많은 사회성 곤충의 침이 더 고통스러울 것이다.

** 아카시아의 어떤 종과 크게 밀접한 속의 소엽에서 발견되는, 쉽게 떨어지는 끄트머리. 대개 불그스름한 색을 띠고 지질, 당분, 단백질이 풍부하다. 개미들은 특정 식물 종의 내부나 근방에서 살아가면서 초식 동물을 내쫓는데, 벨트체는 개미와 이 같은 공생 관계를 이루어 진화한 것으로 보인다. 벨트체라는 이름은 이것을 발견한 토머스 벨트(Thomas Belt)의 이름을 딴 것이다.

긴잔가지개미와 쇠뿔아카시아개미는 이를 확인해 볼 시험 대상으로 아주 이상적이다. 둘 다 분류학상으로는 프세우도미르멕스속(*Pseudomyrmex*) 개미지만, 생활 방식은 극과 극이니 말이다. 긴잔가지개미는 군집이 작고 지킬 것이 거의 없는 반면, 쇠뿔아카시아개미는 군집이 크고 지킬 것이 많다. 몸집은 긴잔가지개미가 훨씬 크지만, 짐작하기에는 자그마한 쇠뿔아카시아개미의 침이 더 아플 것 같다.

운 좋게도 나는 이 가설을 시험해 볼 기회를 얻었다. 한 번은 코스타리카 과나카스테주에 있는 열대 낙엽성 건조 삼림 지역에서였고, 또 한 번은 플로리다에서였다. 코스타리카에서 아카시아나무에 손을 대자 개미들이 즉각 몰려들어 나를 쏘았다. 침이 어찌나 아픈지, 게다가 녀석들의 수는 또 얼마나 많은지, 재빨리 털어 내기가 불가능할 정도였다. 침에 쏘인 횟수가 순식간에 늘었고, 통증이 엄청나게 심해졌다. 이와 달리 긴잔가지개미는 아예 쏘려고 하지도 않았다. 녀석은 나를 쏘는 대신 내 팔을 나뭇가지로 여기고는 숨을 곳을 찾아 팔의 반대편으로 빠르게 기어갔다. 손가락으로 녀석을 잡자 비로소 나를 쏘았지만, 통증은 별것 아니었다. 긴잔가지개미는 쇠뿔아카시아개미보다 몸무게가 곱절로 더 나가는데도, 작은 녀석이 훨씬 매웠다. 가설은 증명되었다. 약간 고통스럽기는 했지만.

~~~~~~~~~~~~

비용과 효용의 원리에 따라 작동하는 생명 경제는 때로 놀라운 결과물을 만들어 낸다. 곤충이 스스로 자기 침을 절단하는 현상이 좋은 예다. 곤충이 침을 절단하는 행위는 독침을 포식자의 피부에 심어 두기 위해 내장 기관을 스스로 제거하는 섬뜩한 절차다. 찰스 다윈(Charles Darwin)은 자연 선택 이론을 만들 때 이런 자살 행위를 어떻게 해석해야 할지 고민이 깊었다. 죽음을 통해 후손에게 유리한 형질을 전달하는 게 가능한가? 곤충이 스스로 내장을 떼 내는 행위는 그가 만든 자연 선택 이론에 대한 반대 근거가 될 수도 있었다. 다윈은 현대의 DNA 개념은 고사하고 그레고어 멘델(Gregor Mendel)의 유전학도 전혀 몰랐지만, 놀랍게도 수수께끼를 훌륭하게 풀었다. 곤충이 자기를 희생하는 것은 한 둥지에 사는 동료를 보호함으로써 그들이 무사히 번식할 수 있게 도와주려는 이타적인 행동이라고 해석한 것이다. 무리를 지키면 자기 혈통이 가까운 친척을 통해 후대로 전달될 것이기 때문이다. 침을 절단해 포식자의 몸에 남겨 두는 것은 고통과 피해를 극대화하는 전략이다. 거대 포식자로부터 무리를 보호하려면 따끔한 맛을 제대로 보여 줘야 하니까.

생명 경제의 작동 원리에 따라 학습하고 진화한 것은 침 쏘는 곤충만이 아니다. 척추동물도 당하고만 있을 수는 없다. 중요한
~~~~~~~~~~~~

먹잇감이 지나치게 '독해졌을' 때 포식자는 어떻게 할까? 첫째, 그 먹잇감을 포기하고 배를 곯는다. 둘째, 상대의 독한 침을 피하는 법을 배워 배를 채운다. 포식자는 당연히 후자를 택할 것이다. 지능은 우연히 진화한 것이 아니다. 뇌의 신경 세포 수를 늘리는 데는 에너지라는 비용이 든다. 지능 발달이 어떤 식으로든 혜택을 제공하지 않는다면 뇌를 위해 에너지를 투자할 이유가 없다. 지능이 주는 혜택 중 하나는 학습이다. 학습을 통해 독한 먹잇감을 다루는 법을 알게 되고 영양가 있는 먹이로 배를 채울 수 있다면 지능에 투자하는 것이 합당하다.

5월 중순의 어느 날 아침, 컴퓨터 앞에 앉아 글을 쓰다가 모니터 너머로 창밖을 흘낏 쳐다보았다. 서부산적딱새(western kingbird)가 죽은 나뭇가지에 앉아 오른쪽, 왼쪽을 부지런히 살피고 있었다. 잿빛 모자를 쓰고 가슴은 황금색으로 장식한 아름다운 산적딱새는 능수능란한 공중 곡예사다. 녀석들은 날아다니는 곤충을 허공에서 낚아챈다. 창밖의 산적딱새가 앉아 있는 곳에서 남쪽으로 3m쯤 떨어진 메스키트나무에는 아프리카화꿀벌 군집이 있었고, 산적딱새는 꿀벌의 비행경로 위에 앉아 있었다. 녀석은 주기적으로 북쪽으로 날아가 내 시야에서 사라졌다가, 재빨리 원래 앉았던 나뭇가지로 돌아오곤 했다. 그럴 때마다 산적딱새는 고개를 들고 벌처럼 보이는 무언가를 삼켰다.

어떻게 그럴 수 있을까? 벌은 쏜다. 쏘이면 아프다. 그런데 어

떻게? 아시아와 아프리카의 벌잡이새(bee-eater), 즉 딱새는 색이 화려한 조류로, 기다란 부리로 벌을 붙잡고 나뭇가지에 앉아 침이 있는 벌의 복부를 후려친다. 이런 행동은 벌의 '엄니를 뽑아서' 벌이 쏠 수 없게 하는 동시에 독을 제거하는 것으로 짐작할 수 있다.

인간은 곤충을 먹는 영장류의 오래된 혈통에서 나온 잡식성 동물로, 나름의 미각을 지닌 잡식성 포식자라 할 수 있다. 하지만 오늘날 인간에게 곤충은 그다지 환영받는 음식이 아니다. 인간은 왜 선호하는 음식 목록에 곤충을 올리지 않게 됐을까? 나는 꿀벌이 침 이상의 무언가를 더 지녔을 거라는 생각이 들어 산적딱새가 관찰하던 비행경로에서 한 무리의 벌을 포획해 냉동했다. 먹는 동안 쏘이고 싶지는 않으니까. 그런 다음 벌 한 마리를 머리, 가슴, 배로 나누었다. 그리고 괜찮은 맛 표본을 얻기 위해 몸의 각 부분을 씹은 후, 단단한 껍질 조각들은 내뱉었다.

와! 머리는 매니큐어 제거제 같은 고약한 맛이 났다. 가슴 부분은 먹을 만했으나 날개와 다리에서 플라스틱같이 버석거리는 식감이 느껴지는 건 좀 별로였다. 배 부분 맛은 유화 물감에 섞어 쓰는 테레빈유와 부식성 화합물을 끔찍하게 섞어 놓은 것 같았다. 머리에서 고약한 맛이 난 까닭은 케톤으로 이루어진 페로몬을 분비하는 아래턱샘이 있기 때문이고, 가슴 부위가 그나마 먹을 만했던 것은 커다란 분비샘이 없기 때문이다. 그리고 배에는 독이 있고, 레몬유 혼합물을 생산하는 나소노프샘(Nasonov gland)이 있다. 한마디로, 일벌의 맛은 끔찍하다.

다시 산적딱새로 돌아가 보자. 산적딱새는 꿀벌의 맛이 거슬리지 않을까? 잠깐 날아갔다가 돌아오는 짧은 출격만으로 녀석은 무언가를 잡아 목구멍으로 넘겼는데, 과연 무엇을 먹고 있었던 것일까? 나는 녀석의 먹잇감을 살펴보기로 했다. 운 좋게도 산적딱새는 올빼미처럼 모래주머니가 없어서 먹은 음식 중 단단한 부분은 다시 게워 낸다. 그 조각은 녀석이 앉은 횃대 아래로 떨어진다. 그것을 물에 적셔서 현미경으로 분석하면 구성 요소를 알 수 있다.

나는 산적딱새가 앉았던 횃대 아래 빽빽이 자라던 토끼귀선인장을 제거하고, 깨끗한 플라스틱 시트를 깔아 두었다. 며칠 만에 수많은 알갱이가 모였다. 알갱이에는 수벌 147마리의 머리통이 있었고, 일벌은 하나도 없었다. 수벌은 둥근 머리에 큰 눈이 달렸고, 일벌은 기타 피크 같은 삼각형 머리에 작은 눈이 달려서 구분하기가 쉽다. 암컷과 달리 수컷 꿀벌은 커다란 외분비선이 없고 고맙게도 쏘지 않는다. 먹으면 커스터드 크림 같은 맛이 나며 약간 바삭한 식감을 느낄 수 있다. 다시 말해 수컷은 꽤 먹을 만하다. 산적딱새는 잠깐 비행하는 동안 수벌과 암벌을 구별해서, 먹어도 문제없는 수컷만 잡아먹은 것이다.

일반적으로 척추동물은 지능이 있는 것으로 알려져 있고, 지

능 덕분에 학습과 의사 결정이 가능하다. 그런데 척추동물의 먹잇감도 학습과 의사 결정을 한다. 이미 알려진 대로 꿀벌은 먹이를 구하기에 가장 좋은 시간이 언제인지, 가장 수확이 좋은 꽃이 무엇인지, 어떻게 하면 꽃에서 꿀을 가장 효율적으로 얻을 수 있는지 학습하는 능력이 있다. 그렇다면 꿀벌은 포식자의 위협을 학습하고 그에 따라 적응적 의사 결정(adaptive decision)을 할 수 있을까?

나는 이를 시험하고자 성숙한 꿀벌의 벌집을 위협해 보았다. 포유동물의 호흡에서 나는 냄새야말로 벌들의 방어 공격을 유도하는 강력한 자극제라는 것을 알기에, 벌집 입구로 직접 숨을 불어 넣었다. 벌집 자체는 전혀 건드리지 않았고 다른 방식으로 위협하거나 해를 가하지도 않았다. 숨을 불어 넣어 군집을 위협한 후에는 6m 뒤로 물러나 공격에 나선 모든 벌을 포충망으로 쓸어 담았다. 2주 동안 매일 같은 시각에 이 과정을 반복했다. 처음 이틀 동안에는 어마어마한 수의 벌들이 나와서 방어하더니 사흘째 되는 날에는 수가 훨씬 줄었다. 그 뒤로는 쭉 겨우 몇 마리만 방어에 나섰다. 2주 후 군집에 있는 벌의 수는 실험 첫날과 거의 같았다. 벌들은 나의 위협이 해롭지 않고 적극적으로 방어할 가치가 없음을 학습한 것이다.

남아시아에서는 이와 유사한 현상을 흔하게 볼 수 있다. 대왕꿀벌(giant honey bee)이 종교 사원 입구 위에 집을 짓는 일이 허다한

데, 벌집에서 얼마 떨어지지도 않은 곳으로 사람들이 규칙적으로 지나다녀도 벌들은 공격하지 않는다. 녀석들도 포식자의 어떤 행동이 얼마나 위험한지 평가하는 법을 학습한 것이다. 나는 벌집을 만져 보려고 누군가가 손을 뻗었다는 이야기는 한 번도 들은 바가 없다. 그것이 몹시 어리석은 결정임을 누구나 알기 때문일 것이다.

4

고통의 본질

온화한 지역의 동식물상에 익숙한 이에게
열대림의 형태와 색깔, 냄새는 놀랍기만 하다.
마주치는 모든 것이 환상적이고 경이롭다.
그가 요정 나라를 탐험하는 어린아이가 되어
불가능해 보이는 모든 것을 당연하게 받아들일 때까지.

– 필립 라우, 《바로콜로라도섬의 정글꿀벌과 말벌》, 1933

통증, 그러니까 고통이 무엇인지는 누구나 안다. 넘어져서 무릎이 깨졌을 때, 피부가 햇볕에 심하게 탔을 때, 맨발로 벌을 밟았을 때 느껴지는 감각이 고통이다. 그런데 고통은 알다가도 모를 감각이다. 고통을 느낄 때, 우리는 고통을 안다. 고통은 명확하게 알 수 있는 것이다. 따뜻함은 고통이 아니다. 물론 너무 과하면 고통스럽기도 하지만. 마찬가지로 냉기도 분명히 유쾌하지는 않지만, 고통은 아니다. 따뜻함처럼 차가움도 심해지면 고통이 될 수는 있으나 전형적인 고통은 아니다. 한겨울에 썰매를 타고 놀다 보면 발가락이 축축해지고, 차가워지고, 불쾌한 느낌이 들기는 해도, 문지방에 발가락을 찧었을 때 느끼는 고통과는 결이 다르다. 또 우리는 속이 안 좋아 메스꺼울 때 고통스럽다고 말하기도 하는데, 그것이 진정한 고통일까? 적당히 표현할 만한 단어가 없어서 메스꺼움을 '고통'이라고 부르기는 해도 그 느낌이 통증과는 다르다는 것을 누구나 알 것이다. 그렇다고 메스꺼움이 통증보다 덜 괴로운 것도 아니다. 적어도 내가 느끼기에는 달리기 선수의 근육에 급박하게 산소를 공급하기 위해 혈관 속으로 더 많은 적혈구를 짜 넣느라 비장이 잔뜩 수축했을 때 복부가 쑤시는 통증보다 메스꺼움이 훨씬 더 고통스럽다.

다시 한번 말하지만, 우리는 고통을 느낄 때 고통을 안다. 그렇다면 우리는 생리학적으로 그리고 의학적으로 고통이 정말 무엇인지 알고 있을까? 대답하기 쉽지 않을 것이다. '문을 닫다가 문틈에 손가락이 끼었다'는 등 고통을 유발하는 행동을 표현하기는 쉽다. 고통과 고통이 아닌 느낌을 구분하는 것도 일반적으로 쉽다. 그러나 어떤 것이 고통이고 무엇이 고통이 아닌지에 관한 보편적인 합의는 없을지 모른다. 일반적으로 우리는 평범한 상황과는 명확히 다른 하나의 경험으로 고통을 인식한다. 즉, 고통은 각양각색의 경험에서 온다. 통상적으로 고통은 피부가 손상되었을 때, 이가 상했을 때, 뼈가 부러졌을 때, 근육이 땅길 때, 비장이 수축해서 복부가 쑤실 때, 그 밖에 피부나 뼈대나 근육에 다양한 문제가 생겼을 때 느껴지는 감각이다. 또 다른 범주로 출산의 고통 및 내장 기관이 손상되었거나 잠재적 손상에 앞서 신호를 보낼 때 느끼게 되는 내장 통증도 있다. 편도선 절제술이나 치질 수술처럼 되도록 경험하지 않았으면 싶은 문제로 말미암아

발생하는 내장 통증은 통상적인 고통과는 분명히 다르다. 두통 역시 또 다른 범주의 고통이다. 아, 고통은 정말이지 복잡하고 불투명한 무엇이다.

이렇게 모호하고 불분명한 고통의 본질을 어떻게 설명하면 좋을까? 어떻게든 고통을 정의하려 들면 몇 가지 빈약한 설명을 가져다 붙일 수는 있다. 의학적으로 고통을 설명할 때는 특정 신경 경로나 운동 신경 및 자율 신경계와 지각 신경계 사이의 말단 구조에 초점을 둘 것이다. 뇌가 근육으로 보낸 활동 전위와 혀를 깨물었을 때 발생하는 통증 신호는 서로 다른 축삭 돌기를 따라 움직인다. 뇌로 가는 신호는 온몸에 분포하는 수용기에서 나온다. 수용기에는 여러 종류가 있는데, 그중에서도 온도, 압력, 긁힘, 화학 물질, 가려움, 그 밖의 통증을 포함하는 다양한 감각을 감지하는 감각 수용기가 다수를 차지한다. 이러한 수용기에서 나온 신호는 별개의 지각 신경계에 있는 섬세한 신경을 통해 척수와 뇌에 있는 더 높은 신경 센터로 전달된다.

여기서 좀 미묘한 문제에 맞닥뜨린다. 예를 들어 통증과 간지러움은 별개의 감각이다.[1] 그런데 혹시 이 둘은 서로 연관이 있을까? 다시 말해 간지러움의 정도가 심하면 그것을 통증이라고 정의하는가? 그렇지 않다. 단순히 강도의 차이로 간지러움과 통증을 구분하지는 않는다. 더구나 이들이 어떻게 연관되어 있는지도 분명하지 않다. 그렇다면 간지러운 감각은 통증과 가려움 모두에 연관되어 있을까, 아니면 둘 중 하나에만 연관되어 있을까? 아직 정확히 모른다. 여기서 더 나아가면 문제가 한층 복잡해진다. 누군가가 우리를 간지럽히는 일은 상황에 따라 유쾌한 감각이 되기도 하고, 참을 수 없이 불쾌한 경험이 되기도 한다. 간지러움에 대한 이 두 가지 반응은 어떻게 연관되어 있을까? 자극의 정도에 따른 차이인가? 이 역시 불분명하다.

고통은 언제나 불쾌할까? 중학교 1학년 때 과학 선생님이 지적한 것처럼 고통이 즐거울 수도 있을까? 유치가 빠지고 영구치가 나려고 할 때 애증 상황이 벌어진다. 치아가 흔들리면 아픈데도 자꾸만 그것을 건드리고 싶은 충동이 인다. 우리는 약간의 통증, 즉 너무 아프지 않고 어느 정도 즐길 만한 정도의 통증을 유발하는 선에서만 흔들리는 치아를 건드릴 수 있다. 심지어 이 역학 관계를 온전히 우리 것으로 정밀하게 통제할 수 있다. 치아가 저절로 흔들려 일어나는 통증과 일부러 그것을 자극해 느끼는 통증은 무엇이 다른가? 단지 치아의 감각 수용기에서 나온 신경 신호의 강도 차이인가? 아마도 그렇지 않을 것이다.

이 지점에서 통증 시스템의 또 다른 다크호스가 등장한다. 바로 척수와 뇌의 고도 처리 센터다. 이들 센터는 신호를 거르고 처리해 각 신호의 중요도를 결정한 다음 뇌에 있는 의식 센터로 보낸다. 뜨거운 전열 기구에 손을 올린 것처럼 심각한 상황을 알리는 신호라면, 처리 센터는 반사적으로 손을 떼라는 신호를 보내

기 위해 의식 경로를 우회해 행동 센터에 직접 신호를 보낸다. 이때 의식 센터는 뜨거운 물건에 손을 올리면 안 된다는 미래의 행동 방향을 제시하는 학습 과정을 거친다.

신경 통로와 처리 센터에 관한 분석이 흥미롭기는 하지만, 고통의 목적은 이보다 더 고차원적이다. 고통은 살아 있는 동물이 보편적으로 느끼는 감각이다. 그런데 애초에 자연에 고통이 존재하는 까닭은 무엇인가? 분명히 쾌락이나 고문을 위해서는 아니다. 생명, 생존, 재생산을 증진하는 가치를 지닌 적응 구조와 감각만이 세월의 시험을 견딘다. 고통은 모든 동물이 경험하는, 생명의 기본 감각이다. 단세포 생물인 짚신벌레조차도 근처에 식초를 떨어뜨려 물의 산도를 높이면 멀찍이 달아난다. 우리가 뜨거운 난로에서 손을 홱 떼는 것과 마찬가지다. 짚신벌레는 고통을 경험하는 것일까? 분명 인간이 경험하는 것과 같은 방식은 아닐 것이다. 짚신벌레는 뇌나 자의식이 없으니까. 그런데도 녀석은 우리가 부정적인 상황에 반응하는 것과 유사하게 반응한다. 실질적인 면에서 우리는 이를 통증 반응이라 부를 수 있다.

생물학적으로 고통이란, 신체에 피해가 '생겼다', '생기고 있다', '생기려 한다'는 메시지를 전하는 단순한 경고 시스템이다. 즉, 고통은 피해가 아니라 피해의 조짐이다. 고통은 진실인가? 어쩌면. 신체의 피해가 고통과 동시에 발생한다면, 고통은 신체가 위태롭다는 명백한 신호를 정직하게 보내는 셈이다. 상처 입은 정강이뼈는 진실한 메시지를 보낸다.

그렇다면 고통이 극심한데도 의미 있는 피해가 생기지 않은 경우는 어떤가? '피해가 생기려고 한다'는 메시지는 진실한 고통인가? 침 쏘는 곤충이 활용하는 것이 바로 진실성에 관한 고통의 역설이다. 맨발로 벌을 밟았을 때를 상상해 보자. 침에 쏘인 발바닥에서 고통이 느껴지면 우리는 발을 들어 올린다. 이는 벌에게 이익이 되는 반응이다. 어쩌면 그 녀석에게는 이익이 아닐지 몰라도 같은 벌집 동료에게는 이익이 분명하다. 그렇다면 침에 쏘인 사람에게는 의미 있는 물리적 손상이 생겼을까? 대개는 그렇지 않다. 침 쏘는 곤충은 고통의 역설을 제대로 활용할 줄 아는 대가이고, 우리는 녀석들의 속임수에 쉽게 넘어가는 바보일지 모른다. 하지만 위험하고 진실한 고통보다 거짓일지라도 안전한 쪽이 훨씬 낫다. 그래서 우리는 곤충의 속임수로 발생한 고통을 사실로 믿는다. 만에 하나 진짜일지도 모를 그 고통을 무시했을 때 치러야 할 부정적 비용은 고통을 무릅쓰고 얻는 이득보다 훨씬 클 수도 있다. 생명의 위험을 감수할 이유가 있는가? 고통 저편에 아름다운 무지개가 기다리고 있는가? 여기에 고통의 심리학이 있다. 고통 저편에 어떤 이득이 있는지 알 수 없다면 그 무지개를 좇지 말라는 것이 바로 자연의 가르침이다.

고통은 거짓일 수 있다. 침 쏘는 곤충은 고통이라는 신호 시스템의 약점을 활용해 능수능란하게 속임수를 펼친다. 속임수에

넘어간 포식자는 한 끼 식사를 놓치고, 앞으로 그 곤충 근처에 얼씬대지 않을 것이다. 이로써 침 쏘는 곤충은 자신과 무리를 지켰고, 덩달아 주변에 사는 다른 곤충도 포식자의 위협에서 벗어나게 해 주었다. 벌에 쏘인 포식자는 가장 고통스러운 상황에서 곤충의 거짓말을 수용하고 안전을 확보해야 한다는 것을 학습했다. 배운 대로 행동해서 자잘한 먹이를 여러 번 잃는 것과 한 번의 욕심으로 생명을 잃는 것 중 하나를 택해야 한다면, 조심하는 쪽에 배팅하는 것이 일반적이다.

허나 아무리 뛰어난 거짓말쟁이와 사기꾼이라 해도 세상 모두를 속일 수는 없다. 침 쏘는 곤충이라고 해서 예외는 아니다. 녀석들의 속임수를 간파한 포식자는 쏘이는 고통을 무시하고 보상을 얻는다. 스컹크는 곤충 같은 작은 먹이를 효율적으로 잡아먹는 포식자다. 심지어 스컹크는 침 쏘는 곤충을 좋아한다. 신나게 땅을 파서 땅벌 둥지의 내용물을 먹는가 하면 꿀벌도 즐겨 먹는다. 고통을 대수롭지 않게 여기는 법을 배운 포식자에게 말벌이나 꿀벌은 톡 쏘는 별미다. 곰 역시 꿀을 사랑하는 것으로 유명하다. 곰은 벌침에도 전혀 아랑곳하지 않고, 속이 빈 나무에 있는 벌집이나 양봉업자들의 벌통을 완전히 부수고는 달콤한 꿀과 애벌레를 탐닉한다. 흔히 곰의 빽빽한 털이 벌침을 막아 준다고 알고 있는데, 반은 맞고 반은 틀렸다. 실제로 곰은 예민한 눈, 코, 귀, 혀, 입술과 입 주변을 수없이 쏘여 고통을 받는다. 하지만 녀석은 큰 피해 없이 어느 정도까지 벌침을 인내할 수 있다. 그리고 고통을 인내할 가치가 있다는 사실을 학습을 통해 알고 있다.

전설적인 라텔(ratel) 역시 마찬가지다. '아프리카오소리' 또는 '벌꿀오소리'로 알려진 이 녀석은 당최 두려움을 모르는 동물이다. 덩치가 그리 크지도 않은 녀석이 독사를 포함해 모든 종류의 먹이를 일상적으로 먹고, 사자 같은 포식자가 잡은 먹잇감의 마지막 숨통을 끊는 것이 마치 자기 일이라는 듯 꽁무니를 쫓아다니며, 꿀과 벌집을 매우 좋아하는 것으로 잘 알려져 있다. 곰과 마찬가지로 라텔도 어느 정도까지는 벌침에 쏘여도 딱히 의미 있는 피해가 생기지 않는다는 것을 학습했고, 그 고통을 극복하는 법도 배웠다.

그러나 이 게임에는 교묘한 위험이 도사리고 있다. 벌침은 고통스러운 만큼 진실하다. 침에 쏘인 횟수가 일정한 정도를 넘으면 죽을 수 있다. 쥐 한 마리는 네 번 정도, 라텔은 140번 정도가 한계인 것으로 추정된다. 라텔은 100번 정도 쏘일 때까지는 안전하다. 벌과 라텔이 벌이는 벼랑 끝 게임에서 라텔이 벌침의 한계를 계산하는 방법은 아무도 모른다. 아마도 혈중 독의 농도가 위험한 수준에 가까워지는 때를 감지할 수 있는 게 아닐까 추측할 뿐이다. 그렇다 해도 이 게임은 위험하다. 어떤 녀석은 위험 수위를 잘못 판단해서 침에 쏘여 죽는 대가를 치르기도 한다.[2]

~~~~~~~~~~~~

우리는 대부분 침이라는 말만 들어도 상상 속 고통이 선명해지는 것을 느낀다. 그것이 진실이 아닐지라도. 동료 학자들과 함께 열대 우림을 탐험할 때, 우리는 쌍살벌의 한 종류인 폴리스테스 인스타빌리스(*Polistes instabilis*) 무리와 마주쳤다. 라틴어 instābĭlis는 '불안정한', '동요하는'이라는 뜻이다. 녀석이 어쩌다가 이런 이름을 얻었는지는 모르겠지만, 사람들은 우거진 덤불을 헤치고 걸어가다가 작은 가지에 달린 벌집과 엉켜 있는 나뭇잎을 스치듯 지난 후, 목덜미나 팔에 침을 쏘이고서야 녀석들의 존재를 고통스럽게 감지한다. 우리 탐험대는 목동 안내인들의 인솔을 받으며 감명 깊도록 아름다운 군대앵무가 사는 최북단 지역을 향해 덤불숲을 통과해 가고 있었다. 맨 앞에서 두 번째에 있던 사람이 손목을 쏘여 소리를 지르자 우리는 즉시 멈춰 서서 말벌들이 더는 동요하지 않고 둥지로 돌아가 평정심을 되찾기를 기다렸다. 말벌과 꿀벌의 공격성을 자극하는 결정적인 요소 두 가지는 인간의 호흡과 빠른 움직임이기 때문이다. 덤불숲을 무사히 지나가려면 호흡과 움직임 모두를 최소화해야만 했다.

그 모습을 본 안내인들은 우리를 서툴고 겁 많은 생물학자로 여겼다. 물론 상상 속 고통이 우리에게 방어 태세를 취하게 한 것을 부정할 수는 없지만, 우리는 자존심을 회복하고 싶었다. 일행
~~~~~~~~~~~~

중 유일한 곤충학자였던 내가 그 책임을 맡을 수밖에 없었다. 우리가 겁쟁이 샌님이 아니라는 것을 증명하려면 호흡과 움직임 어쩌고 하는 이론보다 확실한 근거를 보여 줄 필요가 있었다. 나는 언제 있을지 모르는 기회를 대비해 주둥이가 넓은 2ℓ들이 플라스틱 용기를 늘 가지고 다니는데, 이번이야말로 그 용기를 활용할 완벽한 기회였다. 나는 말벌의 움직임과 조짐 하나하나에 눈을 고정한 채 숨을 참고 천천히 벌집 쪽으로 다가갔다. 플라스틱 용기를 왼손에 들고 뚜껑은 오른손에 쥐었다. 30초라는 그 영원의 순간에, 나는 벌집을 아래에서부터 용기로 포옥 감싼 다음, 툭, 뚜껑을 덮었다. 말벌과 벌집 모두 용기 안에 담겼다. 뚜껑을 꽉 닫지 못하게 방해하는 나뭇가지 하나만 빼고. 도와달라는 내 외침에 한 목동이 날이 넓고 무거운 칼을 가져와 그 가지를 툭 잘랐다. 이로써 모든 말벌을 용기 안에 안전하게 가두었다. 곤충학자로서 발휘한 쇼맨십은 말벌들을 속이고 생물학자들의 위상을 약간 회복해 주었다.

오스트레일리아의 불도그개미는 길이가 거의 2.5cm나 되는 유연한 생물이다. 눈이 크고, 아래턱이 길며, 빛처럼 빠르다. 게다가 뜀박질도 한다. 관찰자를 따라서 머리를 돌리는 묘한 행동은 신비로움을 더한다. 오스트레일리아의 토종 곤충을 통틀어 불도그개미는 침이 고통스럽기로 1등이다. 그런데 불도그개미가 차지한 1위의 영광은 진짜 실력이라기보다는 운이 좋아서라

고 하는 게 맞다. 오스트레일리아에는 땅벌처럼 고통스러운 침을 쏘는 벌이 없거니와 사회성 말벌이 있긴 해도 대부분 비교적 얌전한 로팔리디아속(*Ropalidia*) 벌들이기 때문이다.

불도그개미의 영광에 관한 이야기를 듣고, 나는 녀석들을 채집하기 위해 약간 불안하지만 신중하게 개미집 쪽으로 손을 뻗었다. 그러나 그 순간까지도 나는 녀석들의 신체 능력을 제대로 모르고 있었다. 한 개미집에서 몇몇 개체를 채집하자 무리에 경고가 전달되어, 금세 그 서식지에서 개미 떼가 부글부글 끓듯이 기어 나왔다. 나의 굼뜬 몸놀림은 녀석들의 상대가 되지 못했고, 두려워했던 침 세례가 현실이 되고 말았다. 나는 깜짝 놀랐다. 고통스러워서가 아니라 고통의 수준이 너무 낮았기 때문이다. '기대'라는 풍선에서 바람이 빠졌다. 불도그개미의 침은 꿀벌 침보다 약했다. 타는 듯한 느낌과 부어오르는 증세도 미미했고 통증은 짧았다. 혹시 내가 그간 너무 많이 쏘여서 더는 통증을 감지할 수 없게 된 건 아닐까? 그냥 지나칠 수 없는 우려였기에 이 의문을 해결해야만 했다.

운 좋게도 그 무렵 오스트레일리아 남부에서 사회성 곤충을 연구하는 과학자 회의가 열릴 예정이었다. 참가자들이 버스 몇 대에 나누어 타고 회의 장소를 향해 가다가 잠깐 쉴 겸 캥거루섬을 방문했다. 돌아오는 길에 운전기사가 길가에 있는 거대한 불도그개미 서식처를 발견하고는 우리에게 멈추고 싶은지 물었다.

그렇다는 소리가 버스 전체에 길게 울려 퍼졌다. 오, 이런 기회라니! 곤충 침에 관한 나의 명성은 이미 자자했다. 여러 사람 앞에서 또 한 번 쇼맨십을 발휘할 무대가 마련되었다. 원래는 보통 사람들이 곤충 침에 노출되지 않도록 조심 또 조심하지만, 이번 쇼를 지켜보는 사람들은 사회성 곤충을 연구하는 경험 많은 동료들이었기에 별로 걱정할 필요가 없었다. 나는 일부러 불도그개미 몇 마리를 손으로 집어서 용기 안에 떨어뜨렸다. 이 모습을 지켜본 동료들은 날쌘돌이 개미를 어설프게 겸자로 집어 올리려고 하는 것보다 그냥 손으로 잡는 편이 훨씬 더 빠르고 쉽다는 것을 깨달았다. 아니나 다를까, 나를 따라 맨손으로 개미를 잡으려던 동료 다섯 명이 쏘였다. 나는 아무렇지 않게 물었다. "많이 아픈가? 꿀벌 침에 비하면 어때?" 모두 그 침이 예상보다 훨씬 덜 고통스럽고 꿀벌에 쏘인 것보다 덜 아프다고 대답했다. 이로써 나의 침 통증 감지 시스템에 문제가 없음을 확인했다.

침의 고통이라는 진실과 거짓, 포식자를 속이는 이 게임에 참가하는 개체는 암컷만이 아니다. 침 쏘는 일부 곤충의 수컷 역시 고통에 관한 속임수를 쓴다. 녀석들은 침도 없고 독도 없어서 덩치 큰 포식자에게 해를 끼칠 수도 없다. 그 대신 수컷은 연기력이 가히 남우주연상감이다. 사람과 다른 동물들은 침에 쏘인 고통을 상상하는 것만으로도 현실적인 고통을 느끼기도 한다. 마치 이 사실을 잘 안다는 듯 수벌과 몇몇 흉내쟁이 파리들은 포식자에게 잡히면 암컷처럼 맹렬하게 윙윙거린다. 붙잡힌 곤충이 평소보다 한층 높은 음조로 윙윙대는 것은 경고성 신호다. 이 같은 암컷의 동작을 수컷이 흉내 내려면 체력적으로 비용이 많이 든다. 하지만 그 행동이 효과적이지 않았다면 진화하지도 않았을 것이다. 수컷 말벌의 생식기에 있는 뾰족한 가시는 짝짓기 임무와 약간의 방어 임무를 수행한다. 진화 과정에서 짝짓기와 방어 중 어느 것이 더 중요한 선택 요소였는지는 불명확하다. 아마 둘 다 중요했을 것이다. 단단하고 날카로운 가시를 소유한 수컷들은 침 쏘는 동작마저 암컷과 유사하다. 이들 수컷은 포식자에게 잡히면 배를 구부리고 뾰족한 가시로 공격자의 손가락이나 입을 찌른다. 나를 포함해 숙련된 곤충학자 여럿이 녀석들의 술책에 속아 넘어갔고, 분하게도 우리 본능은 그 수컷이 달아나도록 놓아 주고 말았다. 수컷 말벌 1점 획득.

5

침의 과학

자연 과학을 공부할 때 가장 먼저 갖춰야 할 자세는

실질적으로 측정하고 수치로 표현할 방법과 원칙을 찾는 것이다.

어떤 지식을 측정하고 숫자로 나타낼 수 있다면

진짜로 안다고 할 수 있다.

측정하지 못하고 숫자로 표현하지 못한다면

그 지식은 아직 부족하다.

그 정도 지식은 무언가를 알아 가는 시작일 수는 있으나

과학이라는 상태로는 한 발짝도 나아가지 못한 것이다.

- 윌리엄 톰슨, 《강의와 연설 모음집》, 1891~1894

과학이 결실을 보지 않는 경우는 드물다. 과학자는 새로운 땅을 찾아 항해하는 고대 탐험가 같은 모험가이며, 무엇을 발견할지 모르는 채 미지의 전율을 추구하는 사람이다. 영화에서는 종종 괴상한 연구실에 틀어박혀 별별 마법의 혼합물이나 이상한 컴퓨터 프로그램을 뒤섞는, 괴짜에다 미쳤지만 똑똑한 사람으로 과학자를 묘사하곤 하는데, 이는 진실이 아니다. 과학자는 우리가 흔히 알고 지내는 사람들과 별 차이 없이 재미있거나 따분한 사람들이다. 과학은 인간의 다른 시도와 구분되는 발견의 과정이며, 이 과정에는 스스로 수정하는 일이 필수적으로 따른다. 어떤 과학적 개념이 탄생했다가도 그것이 틀렸음이 입증되면 그 아이디어는 폐기되거나 새로운 사실에 맞게 수정된다. 과학이라는 과정은 수많은 시행착오를 거치며 더디게 진행된다.

과학자 대부분이 초창기에 자신의 이력 가운데 최고의 발견을 하는 경우가 많은데, 이들도 사람인지라 자기가 발견한 것에 애착을 느끼게 된다. 새로운 아이디어가 탄생하면 과학 공동체 안에서는 그것을 시험하기 위한 새로운 실험을 고안하고, 결국 새로운 사실과 정보를 양산한다. 진정한 과학자는 새로운 사실을 자세히 살피고 자신의 아이디어가 틀린 것으로 판명되면 그것을 수정하거나 폐기한다. 그러나 이는 말처럼 쉽지가 않다. 자신이 인생에서 이룬 것 중 많은 부분이 틀렸다고 생각하고 싶어 하는 사람은 아무도 없을 것이다. 그나마 젊은 과학자는 대개 이전의 아이디어에 대한 감정적 애착이 덜해서 주로 최신 사실에 근거해 자기 생각을 형성한다. 그래서 과학은 젊은이들을 통해 발전하는 경향이 있고, 낡은 아이디어는 그 아이디어를 만들어 낸 사람과 함께 죽는 경향이 있다. 좀 냉소적인 표현이긴 하지만, 과학은 한 번에 한 관(棺)만큼 진전한다.

실상에서는 불완전하더라도 과학은 우리가 살아가는 실제 세계를 발견하는 가장 좋은 시스템이다. 종교는 근본적이고 오래된 불변의 진실에 근거하는데, 그 진실이라는 것이 사실에 대응해서 조금씩 변화할 수 있다. 따라서 종교는 가장 기본적인 면에서 과학과 다르다. 마찬가지로 힘, 권력, 개인의 성향에 주로 근거한 다양한 정치 시스템도 과학과는 다르다. 과학은 개인의 성향이나 제도의 성격, 그 밖의 장애물에도 불구하고 우리를 둘러

싼 이 세계와 우주를 조금이라도 더 이해하려는 방향으로 나아간다. 과학은 목표라기보다는 하나의 탐구 과정에 더 가깝다. 물론 연구를 진행하려면, 무엇보다 연구 지원금을 받으려면, 명확한 목표가 있어야 한다. 그러나 과학 발전의 진짜 원동력은 그 목표를 달성하는 데 있지 않고, 목표를 추구하는 모험적인 과정에 있다. 목표를 달성하는 것은 당연히 흥분되는 일이다. 자부심, 명성, 만족을 얻을 수 있으니까. 하지만 그보다는 유능한 사람들과 공동 연구를 할 기회를 얻고, 더 많은 지원금을 받아 미지의 세계로 탐험을 계속할 수 있다는 점이 목표를 달성하는 것보다 더 신나는 경우도 종종 있다.

나는 어릴 때부터 새로운 '아이디어'와 '사실'에 푹 빠져들었다. 네 살 때는 10+10=20이라는 아이디어가 너무나 흥미로웠다. 그것은 하나의 사실이었다. 나는 동전 열 개를 세어 쌓아 두고, 또 다른 동전 열 개를 새로 쌓은 다음, 그것들을 뒤섞고 다시 세곤 했다. 조금 더 나이를 먹은 뒤에는 위대한 곤충 관찰자이자 실험자이며 작가인 장 앙리 파브르(Jean Henri Fabre)의 책을 읽었다. 파브르가 다섯 살쯤 됐을 때 그는 다음과 같은 질문을 했다. "나는 어떻게 보는 거지?" 간단하지만 심오한 물음이었다. 우리는 눈으로 본다는 것을 당연하게 생각한다. 그러나 우리 중 몇이나 그 사실을 시험해 보았을까? 파브르는 눈을 감고 입을 벌렸다. 보이지 않았다. 그다음에는 입을 다물고 눈을 떴다. 보였다. 파브르는 우리가 입이 아니라 눈으로 본다고 결론 내렸고, 눈으로 본다는 사실을 실험으로 증명했다. 나는 이 사소한 실험 방법에 매료되었다.

펜실베이니아 시골에서 자라는 아이들에게는 화려한 놀이공원이나 다채로운 쇼핑, 체계적인 오락 활동의 기회가 몹시 드물었다. 대신 우리에게는 나무와 개울, 버려진 들판, 쾌적하고 즐거운 여름 그리고 수많은 곤충이 있었다. 정확한 이유는 모르겠으나 나는 공룡이나 다른 커다란 동물에는 끌리지 않았다. 그보다는 작은 곤충이 매우 흥미로웠는데, 아마도 벌레가 나처럼 작았기 때문인 것 같다. 다른 친구들은 딱히 관심을 보이지 않았지만, 곤충들은 나에게 하나의 완전한 세계를 열어 주었다. 나는 밝은 색깔의 쌍살벌, 땅벌, 다양한 단독성 말벌의 매력에 푹 빠졌다. 벌의 매력은 뭐니 뭐니 해도 침이었다. 칙칙한 갈색 꿀벌은 그다지 흥미롭지 않았다. 나비도 좋아했는데, 크고 아름답고 잡기 어려웠던 호랑나비가 제일 매력적이었다. 부모님은 자연을 탐닉하는 아들을 말리지 않으셨다.

학교는 점점 더 재미있어졌다. 처음에는 수학이 좋았다. 수학은 참으로 논리적이고 도전적인, 단순하고 산뜻한 과목이었다. 그다음은 생물학. 내가 왕잠자리를 잡으려다 냄새나는 늪에 빠져 진흙투성이가 되어 나왔을 때, 우리 생물 선생님이 어찌나 불쌍하던지. 그다음 해에는 물리학이 좋아졌다. 물리학은 내용 면

에서 생물학과는 전혀 다른 과목이지만, 그 자체의 아름다움으로 너무나 흥미로웠다. 그다음 해에는 화학을 만났고, 나의 화학 사랑과 모험이 시작되었다. 화학은 공부할수록 실험거리가 무궁무진했다. 물론 내가 대책 없이 저지르는 실험을 모두가 좋아하지는 않았지만. 화학은 오랫동안 내 마음속에 생생했기에 나는 대학에서 화학을 전공했다. 석사 과정을 밟느라 태평양 연안 북서부로 이사한 것까지 포함해 6년간 화학을 공부했다. 그러고 나니 문득 화학 실험실 일이 도전적이기는 하지만 무언가가 부족하다는 생각이 들었다. 살아 움직이는 자연, 정확히 말해 곤충이 없었던 것이다. 침 쏘는 곤충은 여전히 나를 설레게 했다. 되살아난 추억과 열정으로 무장한 채 조지아로 가는 것은 당연한 수순이었다.

조지아대학교에서 만난 동료들은 모두 학부생 시절에 생물학이나 동물학을 배웠고, 곤충학에 관해서도 나를 한참이나 앞선 똑똑한 학생들이었다. 학부 과정에서 생물학 과목을 하나도 이수하지 않은 나와는 차원이 달랐다. 우리 대학원의 교수님과 학생들은 모두 곤충 이름을 말할 때 학명을 사용했다. 그때까지도 나는 곤충의 일반명만 알았지, 학명은 하나도 몰랐는데 말이다. 논문 주제를 선택할 때, 내가 가장 잘 아는 과목인 화학과 내가 가장 사랑하는 대상인 침 쏘는 곤충을 결합하는 것은 당연한 일이었다. 당시 지도 교수였던 머리 블룸(Murray Blum) 교수님은 현명하게도 나에게 포고노미르멕스속 수확개미를 연구해 보라고 제안하셨다. 이 개미는 그 지역에서 채집할 수 있고, 화학 성분이 알려지지 않은 고약한 독을 가진, 침 쏘는 곤충이었다.

나는 데비(Debbie)를 데리고 개미를 채집하러 갔다. 데비는 동물학을 전공하는 재능 있는 학생이었는데, 어쩌다 보니 훗날 우리는 부부가 되었다. 데비와 나는 자동차 트렁크에 양동이를 차곡차곡 쌓고 손에는 삽을 쥔 채 수확개미를 찾기 위한 탐험에 나섰다. 일의 절차는 단순하고도 단순했다. 개미를 찾는다, 서식지를 파낸다, 개미와 흙과 기타 등등을 양동이에 담는다, 연구소로 가지고 와서 연구한다.

조지아의 모래땅을 파는 일은 즐거웠다. 고향 펜실베이니아의 단단한 석회암 땅을 파는 것과는 달랐다. 목가적인 환경에 작업도 어렵지 않다 보니 우리는 곧 태평하고 느긋해졌다. 이런, 개미 한 마리가 나를 쏘았다. 뜻밖의 재미가 찾아왔다. 녀석의 침은 평범하지 않았다. 정말 아팠다. 처음에는 느껴지지 않던 통증이 찌르는 듯 극심해지더니 저 깊은 곳의 내장까지 욱신거리는 고통의 파도가 밀려왔다. 데비도 쏘였다. 데비는 통증을 다음과 같이 묘사했다. "마치 누군가가 피부 아래에서 근육과 힘줄을 갈가리 찢어 놓는 것 같다. 고통이 미친 듯이 날뛰는데, 각각의 찢기는 듯한 고통이 저마다 최고의 고통으로 이어진다." 그랬다, 그 고통은 어린 시절 내가 곤충에 쏘였을 때 느꼈던 그 어떤 통증과도

달랐다. 어릴 적에 쏘인 꿀벌, 땅벌, 흰얼굴왕벌, 뒤영벌, 쌍살벌의 침은 타오르는 성냥 머리가 막대에서 톡 꺾여 팔에 떨어진 것 같은 통증이었다. 즉각적이고 강렬한 그 통증은 모두 5분이나 그보다 짧게 이어지다가 그럭저럭 참을 만한 수준으로 잦아들었었다. 수확개미는 달랐다. 타는 듯한 감각은 덜했지만, 통증이 계속되고 또 계속되었다. 네 시간이 지나서도 우리는 여전히 고통스러워했다. 통증이 점차 줄어들고는 있었지만 그래도 고통스러웠다. 여덟 시간 후, 비로소 통증이 자취를 감추었다.

화학자와 생물학자의 관점에서 볼 때, 수확개미의 침에는 통증보다 흥미로운 점이 있었다. 침에 쏘인 곳 주변의 털이 쭈뼛 섰는데, 마치 겁먹은 개의 어깨 털이 뻣뻣하게 곤두서는 것과 같았다. 이 반응은 뇌의 의식적인 활동과는 무관한 무엇인가가 털을 곤두서게 한 결과였다. 그 당시 우리는 전혀 겁을 먹지 않았으니까. 또 침에 쏘인 부위 주변이 땀으로 촉촉해졌는데, 이 현상 역시 뇌와는 별개로 일어난 현상이었다. 그때까지 경험했거나 알고 있던 어떤 곤충의 침도 이런 반응을 일으킨 적은 없었다. 자연스럽게 곤충 침에 관심이 깊어졌다. 침의 물리적, 화학적, 생화학적, 생리학적 성질은 물론이고 이런 특성이 곤충과 포식 동물의 삶에 생물학적으로 어떤 영향을 미치는지도 궁금해졌다. 두 가지 의문이 즉각 떠올랐다. 첫째, 모든 종의 수확개미 독이 같은 반응을 일으킬까? 둘째, 같은 반응을 일으키는 다른 곤충이 있을까? 이 물음은 검증된 적 없는 아이디어였다. 검증할 데이터가 존재하지 않는다면, 아무리 위대한 아이디어라 해도 의미가 없다. 데이터가 필요했다.

데비와 나는 데이터를 찾아 미국 서부로 모험을 떠났다. 낡은 폭스바겐 캠핑용 버스에 삽, 포충망, 지도, 용기, 휴대용 현미경, 참고 서적, 아이스박스를 잔뜩 싣고 길을 나섰다. 주목적은 그 당시 미국에 있는 것으로 알려진 20여 종의 개미를 최대한 많이 채집하는 것, 더 정확히는 연구실로 가져와 연구할 곤충의 독을 모으는 것이었다. 그리고 침의 통증 수준과 반응을 비교하는 것도 간접적인 목표였다. 일부러 침에 쏘이고 싶지는 않았지만, 만일 쏘인다면 그 데이터를 기록할 준비는 되어 있었다. 데이터의 기준점을 마련할 절호의 기회를 놓칠 수는 없지 않은가.

조지아주의 수확개미가 온화한 기질을 가진 것과 달리 몇몇 서부 종은 훨씬 사납다는 소문을 들은 적이 있어서 우리는 만반의 준비를 했다. 루이지애나주 북쪽은 코만치수확개미(Comanche harvester ant)의 동쪽 한계선이다. 이 개미는 비교적 덜 공격적인 종이지만, 꿀벌처럼 스스로 침을 절단해 사람의 살갗에 남겨 둔다. 침에 쏘이면 조지아에 서식하는 플로리다수확개미(Florida harvester ant)에 쏘인 것만큼이나 아프고, 통증은 더 오래간다.

텍사스주에서 우리는 덩치가 크기로 소문난 수확개미와 마주쳤다. 학명이 포고노미르멕스 바르바투스(*Pogonomyrmex barbatus*)인

이 개미는, 1880년대 후반에 자연의 전도사로 이름을 떨친 헨리 크리스토퍼 맥쿡(Henry Christopher McCook) 박사가 텍사스농사개미(Texas agricultural ant)라는 이름을 붙여 주었다. 붉은수확개미라고도 불리지만, 이는 딱히 의미 없는 이름이다. 몇몇 예외를 제외하고 거의 모든 수확개미가 붉은색이기 때문이다. 텍사스농사개미는 인상적인 개미집을 짓는데, 불모지에 형성된 커다란 원들 한가운데 입구로 쓰는 구멍이 하나 있으면 이 녀석들의 집이다. 커다란 덩치와 색깔만 보면 침이 매우 아플 것 같지만, 외모와 달리 고통을 안기는 솜씨는 실망스럽다. 아예 안 아픈 건 아니지만, 더 작고 섬세한 종인 마리코파수확개미(Maricopa harvester ant)의 침보다 덜 아프고 통증 지속 시간도 짧다. 또 이 녀석들은 침을 절단하지도 않는다.

마리코파수확개미는 애리조나주 남동부에 있는 작고 유쾌하며 매력적인 마을 윌콕스에서 발견했다. 이 개미는 당시의 여행에서 만난 수확개미 중 가장 인상적인 종이었다. 녀석들은 '윌콕스 플라야'라는 사막 저지대의 모래 언덕을 점유하고 있었다. 윌콕스 플라야는 유출되는 개울이나 강이 없는 작은 분지에 있는 호수인데, 이름만 호수일 뿐 대개는 바짝 말라 있다. 분지 주변의 지하수위가 높기 때문인지 마리코파수확개미는 흙을 엄청나게 쌓아 올려 성을 짓고, 그 안에 2만 마리가 넘는 개체가 모여 산다. 평소에는 얌전히 씨앗을 거둬들일 뿐 쉽게 쏘지 않는다. 하지만 흰개미가 집단 비행을 하는 시기에는 태도를 싹 바꾼다. 흰개미는 단백질과 지방으로 가득한 '움직이는 씨앗'이나 마찬가지다. 심지어 단단하고 메마른 진짜 씨앗보다 훨씬 먹기 좋고 영양가 높은 식량이다. 흰개미가 집단 비행에 나서면 마리코파수확개미는 열렬한 포식자로 돌변한다.

녀석들을 관찰하고 싶다면 샌들을 신는 것은 권하지 않는다. 겉보기에 연약하고 유연해 보이는 몸매나 평소에 잘난 체하지 않는 처신에 속지 마시라. 마리코파수확개미의 침은 정말 아프다. 욱신거리는 통증은 여덟 시간 동안 이어지며 아주 천천히 잦아든다. 게다가 자기 침을 다른 동물의 몸에 기꺼이 남긴다. 녀석들의 침은 우리가 그 여름 여행에서 겪은 것 중 가장 고통스러웠다. 좀 더 정확한 데이터를 제시하자면, 마리코파수확개미의 독은 침 쏘는 곤충의 독 중에 독성이 가장 센 것으로 알려져 있으며, 꿀벌 침보다 약 25배 더 유독하고, 서부다이아몬드방울뱀(western diamondback rattlesnake)의 독보다 35배 더 강력하다.

곤충의 방어용 침은 왜 이렇게 아픈 것일까? 그리고 왜 유독해야만 하는가? 따끔한 고통으로 포식자가 반사적으로 곤충을 놓아 버리게 함으로써 그 공격을 무산시키기만 하면 충분하지 않나? 쏘이는 처지에서는 이렇게 생각할 수도 있겠지만, 우리의 바람과 달리 일부 곤충의 독은 매우 유독하다. 개미, 말벌, 꿀벌의 강한 독성은 여러 차례 독립적으로 진화했다. 유사한 속성이 반

복해서 진화했다는 것은 곤충 침의 독성이 자연의 우발적인 '실수'로 생긴 것이 아니라 일정한 기능을 발휘한다는 뜻이다.

독성 효과의 기능은 무엇일까? 수확개미의 독이 다른 곤충보다 몇몇 포식자에게 800배나 더 유독하다는 사실이 이 질문에 대한 답의 힌트다. '광고 속의 진실'이라는 문구 역시 좋은 힌트다. 고통은 신체에 피해가 생겼거나, 생기고 있거나, 곧 생길 것임을 알리는 하나의 광고다. 광고에서 말한 일이 실제로 일어나지 않는다면 그 광고는 겉만 번지르르한 거짓말이 된다. 지능이 있는 동물이라면 거짓을 간파하는 법을 배울 수 있고, 그러면 광고는 의미를 잃는다. 곤충 침의 시스템 중 고통은 광고요, 독성은 진실이다. 독성은 실제로 생명에 해를 입힐 수 있으므로 진실이다. 침에 독성이 없다면 똑똑한 포식자는 침이 주는 고통의 부정직함을 학습해 그 신호를 무시할 수 있다. 예를 들어 열 번 정도 벌에 쏘이는 것이 실제로 물리적 위협이 되지 않는다는 사실을 학습한 양봉가는 벌집을 계속 도둑질할 것이다. 하지만 몸무게가 20g 정도인 뾰족뒤쥐나 생쥐는 꿀벌에 네 번만 쏘여도 치명적일 수 있다. 이런 경우에는 침이 해를 끼친다는 메시지가 명백히 전달된다. 몸무게 50kg인 양봉가조차 꿀벌에 1,000번쯤 쏘이면 생명이 위태로울 수 있다.[1] 곤충 침의 독성은 지능 있는 포식자에 효과적으로 맞서기 위한 장기적 진화의 결과인 셈이다.

몇 양동이의 개미를 차에 싣고 서부 여행에서 돌아온 후, 시급히 해결해야 할 문제와 장기적인 문제를 마주했다. 저 개미를 어떻게 할 것인가? 이는 급하지만 흥미롭지는 않은 문제였다. 답이 뻔했으니까. 개미를 해부해 앞으로 연구할 독을 대량으로 채취한 다음, 건조 또는 냉동해야 한다. 여기서 '대량'이라 함은, 개미 종류별로 약 5mg, 계량스푼으로 치자면 1티스푼의 1,000분의 1 정도를 말한다. 1mg의 독을 모으려면 개미를 40마리 정도 해부해야 하며, 개미 한 마리를 해부하는 데는 대략 3분이 걸린다. 수확개미 독이 금보다 더 비싼 셈이다.

장기적으로 해결해야 할 문제는 침 쏘는 곤충의 독이 어떤 가치를 지니는지 밝히는 것이었다. 침 독은 인간을 위해서가 아니라 곤충을 위해 진화했다. 침 독의 진화가 곤충에게 안겨 준 이득은 무엇이며, 그것은 해당 곤충의 삶과 생명 활동에 어떤 변화를 일으켰는가? 이 물음에 답을 얻으려면 침과 독의 성질을 평가해야 한다. 그러자면 먼저 침의 두 가지 기본 특징인 통증과 독성에 관한 가설을 세우고, 침 쏘는 곤충들의 독성을 비교해야 한다. 그런 뒤에 각 종의 한살이를 비교해 독성의 특징이 생애사와 상관관계가 있는지 분석하면 된다.

독성은 다양한 생리학적, 독성학적 방법론을 이용해 확인할

수 있다. 이때 각 독성의 가치를 수치로 나타내서 다른 독성과 비교할 수 있게 하는 것이 중요하다. 독성을 이렇게 간단히 비교해볼 수 있는 것과 달리 통증을 비교하기는 어려웠다. 생리학적 또는 약물학적으로 통증에 정확한 값을 부여하는 방법이 없었기 때문이다. 오늘날 우리는 통증을 측정하기 위해 신경이나 뇌의 한 부분에 전극을 연결해 반응 기록을 얻기도 하고, 뇌를 스캔하기도 한다. 하지만 전극을 통한 기록이나 뇌 스캐닝 결과를 해석해도 통증을 정량적으로 나타낼 수는 없다. 기술이 점점 발전하고 있으니 언젠가는 정확하고 저렴하게 통증을 특정할 날이 오리라 믿는다. 하지만 그런 기술이 개발되지 않은 상태에서 침에 쏘인 통증을 측정해 수치화하려면 어떻게 해야 할까?

해답은 간단했다. 통증 지수를 만들면 된다. 그러나 지수를 만드는 일은 말처럼 간단하지가 않다. 무릇 유용한 척도란, 신뢰할 수 있고 재현할 수 있어야 하며 색인 작업이 가능해야 한다. 통증 지수의 전례가 전혀 없지는 않았다. 캐나다 맥길대학교의 로널드 멜잭(Ronald Melzack)이 1971년에 개발한 '맥길 통증 질문지'라는 것이 있었다. 이는 주로 환자의 만성 통증을 측정하는 방법으로, 환자가 질문에 대답한 내용과 환자를 돌보는 이가 표정과 몸짓을 통해 평가한 내용을 바탕으로 통증 수준을 도출해 순위를 매겼다. 그런데 만성 통증과 달리 곤충 침은 주로 단기적인 통증을 유발하며, 쏜 곤충과 쏘인 사람의 상태에 따라 다양하고 미묘한 차이를 일으킨다. 한 번 쏘인 통증은 체내에 얼마나 많은 독이 유입되었는지에 따라 차이가 날 수 있다. 같은 곤충에 쏘여도 신체의 어느 부위에 쏘이느냐에 따라서도 통증이 다르다. 그뿐 아니라 곤충의 나이, 침에 쏘인 시간이 하루 중 언제인지, 쏘인 사람이 통증에 얼마나 민감한지에 따라서도 다를 수 있다.

이렇듯 다른 여러 상황에도 일관성과 신뢰성을 잃지 않으려면 통증 지수를 너무 세분화하지 말아야 한다. 그래서 통증 지수를 1~4의 범주로 한정하고, 양봉꿀벌(*Apis mellifera*)에 한 번 쏘였을 때의 고통을 통증 지수 2로 정의해 중심을 잡았다. 꿀벌을 기준으로 삼은 데는 몇 가지 이유가 있다. 꿀벌은 거의 전 세계에 분포하고, 개체 수가 많으며, 꿀벌에 쏘인 경험이 있는 사람도 많고, 말벌이나 개미와 비교했을 때 꿀벌 침의 통증 강도가 중간 즈음에 해당하기 때문이다. 따라서 곤충 종에 따른 통증을 비교할 때는 이전에 꿀벌에 쏘인 기억이나 이미 통증이 평가된 적 있는 다른 종의 통증과 현재의 통증을 비교해 통증 지수를 정하면 된다. 또 0이라는 자명한 값을 통증 지수에 포함했는데, 이는 사람의 피부는 관통할 수 없으나 다른 동물은 쏠 수 있는 곤충을 분류하기 위한 값이다. 통증의 등급을 매길 때는 평가자가 한 단계 높은 통증과 낮은 통증을 명확하게 구분할 수 있을 정도로 상당히 차이가 있을 때만 다른 등급을 적용했다. 간혹 1.5나 2.5처럼 정수 사이의 중간값을 정하기도 했는데, 이는 해당 통증이 바로 아래

단계보다는 분명히 더 고통스럽지만 바로 위 단계보다는 분명히 덜 고통스러운 경우다.

통증 평가 시스템은 나조차 놀랄 만큼 잘 작동했다. 기꺼이 실험에 응해 준 동료들이 거의 같은 결과를 내놓은 것이 이를 증명한다. 대학원 동료였던 크리스 스타와 나는 이 주제를 의논하느라 헤아릴 수 없을 만큼 많은 시간을 보냈다. 더불어 조지아에서 벌목 곤충을 연구하는 다른 사람들과도 폭넓게 의견을 나누었다. 우리의 주목적은 정확성과 신뢰성을 지닌 통증 지수를 구하는 것이었다. 종이 다른 여러 곤충의 통증 지수가 똑같다는 것은 쏘인 통증의 느낌이 같다는 것이 아니라, 이들이 대체로 같은 범주의 고통을 유발하고, 포식 억제 효과 역시 같은 범주에 해당할 것으로 추정된다는 의미다. 침에 쏘인 최초 통증이 약해진 이후 몇 시간 또는 며칠이 지나서 일어나는 통증은 고려하지 않았다. 그런 증상은 독에 대한 신체의 면역적 또는 생리적 반응으로 일어난 것이기 때문이다.

통증 지수가 개발되자, 침 쏘는 곤충의 생애를 깊이 연구하고 침이라는 무기가 녀석들에게 어떤 가능성을 열어 주었는지 예측할 길이 열렸다. 곤충의 생김새와 행동, 생애사를 근거로 침의 통증 지수를 예측하는 것은 물론이고, 통증 지수를 근거로 해당 곤충의 생활 방식을 예측해 볼 수도 있었다. 예를 들어 색깔이 화려한 단독성 말벌과 꿀벌은 좀 더 칙칙한 말벌과 꿀벌보다 더 고통스러운 강편치를 날릴 것으로 예상할 수 있다. 화려한 색을 띠는 쪽으로 진화했다는 것은 다른 곤충들이 흔히 쓰는 숨바꼭질 전략을 폐기했다는 뜻이기 때문이다. 숨바꼭질 전략은 수많은 곤충이 오랜 세월에 걸쳐 효과를 증명한 방법인데, 그것을 폐기했다면 해당 곤충의 생애사에 그럴 만한 이유가 있을 것이다.

기생말벌의 한 종인 다시무틸라 오치덴탈리스(*Dasymutilla occidentalis*), 즉 소잡이벌은 다른 거대 말벌의 집에 침입해서 어린 숙주의 방에 알을 낳는다. 이후, 알에서 나온 소잡이벌 유충은 방 안에 있는 숙주를 먹고 자란다. 그런데 이 같은 재생산 전략에는 한 가지 문제가 있다. 적당한 숙주가 흔치 않은 데다가 대개 산발적으로 흩어져 있다는 점이다. 이 때문에 소잡이벌은 낮 활동 시간의 상당 부분을 숙주를 찾는 데 써야만 한다. 게다가 소잡이벌 암컷은 날개가 없으므로 기어 다니면서 숙주를 찾아내야만 한다. 소잡이벌은 곤충치고는 꽤 장수하는 편으로, 여름 한 철을 넘기고 1년 반까지도 산다. 이렇게 긴 생애를 사는 동안 녀석은 도마뱀, 새, 그 밖의 커다란 포식자가 빤히 눈을 뜨고 있는 대낮에 활발하게 돌아다닌다. 방어 수단이 없고 맛도 좋은 바퀴벌레나 귀뚜라미, 애벌레가 이러한 조건에서 한 철 또는 한 해 동안 살아남을 가능성은 얼마나 될까? 그런 녀석들이 소잡이벌처럼 자신 있게 돌아다니다가는 멸종할 가능성이 크다. 그러나 소잡이벌은 멸종과는 거리가 멀다. 여기서 우리는 극도로 고통스러운 침이 소잡이벌의 장수 비결이 아닐까 예측할 수 있다. 그리고 이는 사실이다. 소잡이벌 침의 통증 지수는 단순히 관심을 끄는 정도인 2등급이 아니라, 절대로 잊을 수 없는 3등급이다.

애리조나주 소노라 사막에서는 학명이 디아다시아 린코니스(*Diadasia rinconis*)인 선인장벌(cactus bee)이 짧은 기간 번성했다가 사라지곤 한다. 칙칙한 회갈색에 크기는 꿀벌만 한 이 녀석들은 수천, 수만 마리씩 모여 거대한 집단을 이루고 살면서 선인장의 꽃에서 꽃가루를 모으느라 바쁘게 돌아다닌다. 선인장벌은 주변 환경에 묻히는 전략을 쓰는 덕분에 포식자의 눈에 잘 띄지 않고, 꽃에 갑자기 나타나서는 눈 깜짝할 사이에 사라져 버린다. 포식자들은 이 아리송한 섬광을 보고 먹잇감을 추적해 보지만 쉽사리 잡히지 않는다. 선인장벌은 선인장에 꽃이 피는 몇 주 동안만 산다. 소잡이벌처럼 몇 달 또는 1년 내내 포식자를 따돌리지 않아도 된다. 이 같은 생활사로 미루어 짐작건대, 선인장벌의 침은 특별히 고통스럽거나 효과적이지 않을 것이다. 누가 선인장벌에 쏘였다는 이야기를 들은 적도 없다. 물론 곤충학자들은 선인장벌을 손가락으로 집으려다 드물게 쏘이기도 한다. 하지만 녀석들은 사람이 포충망 안으로 손을 넣어 잡으려 할 때조차 쏘는 일이 드물다. 선인장벌 전문가인 스티븐 부크먼(Stephen Buchmann)은 그 침의 통증이 지수 1 정도로 매우 미미하여 논의할 가치가 거의 없다고 했다. 내 경험도 스티븐과 비슷했다. 침 독을 모으려고 채집한 선인장벌 20여 마리를 포충망에서 입구가 넓은 병으로 옮기다가 집게손가락을 한두 번 쏘였다. 예리하지만 가벼운 1 수준의 통증이었다.

통증 지수 4등급 침은 가능하면 피해야 한다. 4등급 통증은 쏘인 사람의 신체와 감각 기관을 장악해 작동 중이던 자기 조절 능력을 대부분 정지시켜 버린다. 다행히도 4등급 침을 쏘는 곤충은 몇 안 된다. 4등급 통증은 '극심하다'는 정도의 표현으로는 부족하다. 이에 관해서는 타란툴라대모벌과 총알개미를 다룬 장에서 좀 더 자세히 설명하겠다.

침 쏘는 곤충을 다양하게 조사할수록 더 많은 패턴을 이해하게 되었다. 침이 주는 고통은 침을 쏘는 곤충의 생애에 실제로 영향을 미쳤음이 분명했다. 모든 동물의 생애에서 포식자, 기생충, 질병이라는 세 가지 요소는 진화의 주요 원동력이 되었다. 20세기의 위대한 진화생물학자이자 동식물 연구가인 윌리엄 도널드 해밀턴(William Donald Hamilton)은 포식자, 기생충, 질병이 성(性) 진화의 원인으로도 일부 작용했다고 발표했다.[2] 그런 의미에서 우리는 포식자와 기생충에 감사해야 한다. 마찬가지로 침 쏘는 곤충도 진화의 원동력이 되어 준 포식자에게 감사해야 할 것이다. 포식자가 없었다면 침 쏘는 곤충의 방어 수단은 지금과 같은 수준으로 진화하지 못했을 것이고, 어쩌면 다른 종이 그 기회를 가져갔을지도 모르니까.

소잡이벌 같은 곤충은 강력하고 효과적인 침 덕분에 어디서나 숨지 않고 당당하게 살 수 있다. 물론 침이 유일한 방어 수단은 아니지만, 효과가 좋은 것은 사실이다. 가뢰과 곤충은 소잡이벌과는 좀 다른 전략을 쓴다. 이 녀석들은 치명적인 화학 물질 칸타리딘을 만들어 내는데, 칸타리딘이 몸에 닿으면 피부와 입, 위장에 물집이 생긴다. 게다가 가뢰는 칸타리딘을 함유한 혈액을 일부러 흘려 내보내는 전략으로 독을 더 빠르게 전달한다. 가뢰의 피를 맛본 포식자들은 대부분 그 메시지를 빠르게 접수해 유독한 먹잇감을 멀리한다. 독침이든 혈액이든 간에 방어 수단에 담긴 메시지는 하나다. 도전 금지! 독한 맛을 보기 전에 피할 수 있다면 그렇게 하는 것이 상책이다.

동물의 세계에서는 더 강한 동물이 경쟁에서 이기기 마련이다. 그러나 피 터지게 싸워서 이기는 것이 진정한 승리일까? 바다사자 두 마리가 세력 다툼을 한 결과 한 마리는 0.5ℓ의 피를 흘리고 다른 한 마리는 4ℓ의 피를 흘렸다면, 실제로 승자가 있기는 한가? 애초에 싸움이 일어나지 않았다면 둘 다 피해를 보지 않았을 것이다. 동물들이 위협이나 과시 행동을 하는 것은 이같이 희망 없는 싸움을 피하기 위해서다. 소잡이벌이나 가뢰도 마찬가지다. 이 녀석들이 도마뱀의 공격을 받지 않으면 소중한 방어 자원을 낭비할 일도, 부상이나 죽음의 위험에 처할 일도 없을 것이다. 그래서 자연은 광고에 진심을 담는다. "가까이 오지 마! 웬만

하면 나하고 엮이지 않는 게 좋아."

침 쏘는 곤충이 포식자에게 건네는 경고 메시지는 빨강과 검정, 주황과 검정, 노랑과 검정, 하양과 검정처럼 눈에 확 띄는 경계색 패턴이나 이 색깔 중 하나가 유독 선명하게 드러나는 식으로 표현된다. 또는 날카로운 소리에 메시지를 담기도 한다. 달가닥 소리, 탁탁거리는 소리, 끼익거리는 소리, 쉰 듯한 거친 소리 등이 그런 신호다. 소리 경고는 대개 저주파이고 대역폭이 넓어서 청각이 있는 동물이라면 대부분 그 신호를 포착할 수 있다. 그뿐 아니라 그 신호가 같은 종끼리의 특별한 소통이 아니라는 것도 알아차릴 수 있을 만큼 일반적인 소리로 설계되어 있다.

두꺼비와 개구리처럼 색깔이나 소리 신호를 잘 구분하지 못하는 포식자를 위해서는 다른 방법을 이용한다. 모든 감각 기관 중 가장 기본이 되는 미각을 활용하는 것이다. 맛이 형편없다는 것은 고약한 맛만큼이나 고약한 뒤탈이 따를 것이라는 경고 표시다. 대왕털진드기(giant velvet mite)는 붉은 털이 많이 난 땅딸막한 몸에 다리도 뭉툭하고 짧아서 털북숭이 공 모양을 하고 있는데, 여름철 우기가 시작될 때 등장해 날개 달린 흰개미를 사냥하려고 이리저리 돌아다닌다. 두꺼비, 뿔도마뱀, 그 밖의 잠재 포식자들은 덩치가 꿀벌만 한 이 진드기를 유난히 꺼린다. 대왕털진드기가 포식자에게 메시지를 전하는 방식은 두 가지다. 선명한 붉은색과 고약한 맛. 멋모르고 털진드기를 핥은 도마뱀은 십중팔

구 먹잇감을 도로 내뱉을 것이다. 이런 경험은 일생에 단 한 번이면 충분하다. 배움이 느린 두꺼비가 어쩌다가 털진드기 한 마리를 먹기는 하겠지만, 결국에는 메시지를 접수하고 다시는 먹지 않을 것이다.

나는 털진드기가 얼마나 역겨운 맛을 내는지 궁금했다. 생물학적 관점으로 단순하게 보면 인간은 커다란 잡식성 포식자다. 인간은 죽은 동물, 산 동물, 식물, 균류 등 온갖 것을 광범위하게 메뉴에 올린다. 우리의 미각은 이러한 잡식성을 반영해 '음식'의 맛과 '독'의 맛을 구분하도록 조율되어 있다. 인간의 미각 반응은 새나 도마뱀의 미각 반응과 거의 비슷하다. 도마뱀과 두꺼비가 털진드기를 맛보고 내뱉는 방식으로 반응한다면, 인간도 그렇지 않을까? 나는 직접 실험해 보기로 했다.

안전한 먹거리로 판명되지 않은 것은 함부로 먹으면 안 된다는 어린 시절의 교훈을 떠올리며 조심스럽게 실험에 임했다. 안전을 위해 목구멍에서 가장 멀리 떨어진 혀끝에 통통한 털진드기 한 마리를 올리고 앞니로 살살 으깨며 할 수 있는 한 최선을 다해 씹었다. 털진드기 맛은 정말 놀라웠다. 충격적이었다는 말이 더 적절할지 모르겠다. 2초간 맛을 분석한 후, 씹은 담배를 뱉듯이 그 빨간 '주스'를 뱉었다. 그러나 맛은 뱉어지지 않았다. 정말이지 썼다. 한때 말라리아 치료제로 쓰였으며 맛이 쓰기로 유명한 퀴닌(quinine)보다도, 내가 지금까지 맛본 그 어떤 약보다도 더 썼다. 동시에 뜨겁게 타는 듯한 통증을 느꼈는데, 작고 둥근 아바네로(habanero) 고추를 씹은 것 같았다. 더 심각한 문제는 그 성분이 목구멍 안쪽을 공격했다는 사실이다. 쓴맛과 타는 듯한 열기가 결합해서 목구멍에 오래 머물렀다. 어지간히 고약한 뒷맛에 익숙할 대로 익숙한 나였지만, 털진드기 맛은 달랐다. 목구멍의 고통은 영원할 것처럼 괴로웠고, 통증이 완전히 사라지기까지 적어도 한 시간은 걸렸다.

눈에 띄게 뽐내며 걷는 것은 곤충 세계에서 유서 깊은 방어 전략으로, 그만큼 효과가 보증된 방법이다. 곤충의 메시지를 번역하자면 "내가 좀 세거든. 네가 보고 있다는 거 아는데, 건드리지 않는 게 좋아." 정도가 되겠다. 타란툴라대모벌을 비롯한 수많은 대모벌은 땅 위에서 뽐내며 걷는다. 그것도 날개를 자주 탁탁 치면서. 메시지는 명확하다. "얼마든지 봐. 그리고 잘 기억해 둬. 이 몸을 못 알아보는 실수는 범하지 않는 게 좋으니까."

인간을 포함한 척추동물의 시각 시스템은 다른 사람이나 잠재적 먹잇감 또는 포식자의 걸음걸이를 알아보도록 진화했다. 걸음걸이를 알아보는 것은 주변시(周邊視)*에 의존해 정보를 파악하는 기술로, 우리 뇌가 오래전부터 지닌 능력이다. 나는 아주 많

* 시야의 주변부에 대한 시력. 망막의 주변부는 중심부보다 시력이 나쁘고 색각도 약하지만, 약한 빛이나 움직임을 보는 힘은 강하다.

은 수확개미가 씨앗을 찾으러 돌아다니는 플로리다나 애리조나의 모래땅을 종종 탐색한다. 그 지역 수확개미들은 일반적인 개미벌과 크기와 색깔이 대체로 같다. 그러나 나는 수확개미 수백 마리와 섞여 있는 한 마리 개미벌을 포착할 수 있다. 녀석의 크기나 색깔, 생김새, 도드라진 특징 때문이 아니라 걸음걸이 때문이다. 개미벌은 수확개미와 다르게 움직이고, 내 잠재의식은 그 동작을 알아본다. 나름 강력한 침을 쏘는 수확개미는 갑작스럽게 홱홱 움직이는 방식으로 걷는다. 녀석들은 몇 걸음 움직이다가 갑자기 멈추고, 다시 움직이다가 멈추거나 천천히 걷는 등 무작위적인 움직임을 반복한다. 이 걸음걸이는 그 개미가 '톡 쏜다'는 경고일 가능성이 있다.

색깔, 소리, 걸음걸이 등 경고 신호의 형식은 달라도 목적은 하나다. 싸움이 일어나기 전에 포식자가 공격하지 않고 물러날 기회를 주는 것. 특히 침 쏘는 곤충의 경고 신호는 실제 방어 능력을 광고하는 것이므로 효과가 확실하다. 일부 침 쏘는 곤충은 침이라는 대포와 상대의 감각 기관을 적극적으로 활용하는 두 가지 전략에 힘입어 활동 범위를 넓힐 수 있었다. 몸을 숨길 배경이 거의 없는 사막 표면이나 탁 트인 벌판, 심지어 우리의 소풍 장소까지 녀석들이 진출하게 된 데는 이 두 가지 전략이 이바지한 바가 크다. 침이 없는 땅벌을 상상해 보라. 그랬다면 녀석은 우리 샌드위치에서 햄을 훔치거나, 우리 복숭아에 앉아서 달콤한 즙을 홀짝거리지 못했으리라. 침이 없었다면 곤충의 사회성, 특히 개미와 말벌과 꿀벌에서 두드러지는 진사회성(eusociality)*은 발달하지 않았을 것이다.

~~~~~~~~~~~~

같은 종끼리 무심코 모여 있으면서도 방어 수단이 부실하면 그 무리에는 재난이 닥친다. 나아가 공동생활을 하면서 새끼를 함께 키우고자 협력하는 개체들이 한 사회를 이루었는데 방어 수단이 마땅치 않다면 더 큰 재난이 닥친다. 이런 무리는 포식자의 눈에 쉽게 띄고, 방어 수단이 없는 무리는 손쉬운 먹잇감이 되며, 결국 그 사회는 재생산에 실패해 완전히 없어지고 말 것이다. 매사가 이런 식이라면 동물들은 사회를 이루지 않을 것이다.

그러나 우리는 사회성 곤충의 존재를 알고 있으며, 사람뿐 아니라 벌거숭이두더지쥐(naked mole rat) 같은 사회성 척추동물이 있다는 것도 안다. 어떻게 이런 일이 가능한가? 사회적 동물은 모두 포식자의 공격에 대항하는 효과적인 방어 수단을 지녔다. 사람에게는 뾰족한 발톱이나 뿔이 없고, 길고 날카로운 송곳니도

* 집단의 구성원이 여러 세대로 이루어져 있으며, 분업의 일부로 다른 개체를 돌보는 이타적인 행동을 하는 경향을 지닌 동물의 속성.

~~~~~~~~~~~~

없다. 사람은 몸의 크기에 비해 그리 빨리 달리지도 못한다. 그러나 우리에게는 큰 뇌, 민첩한 손과 팔이 있다. 인간은 뇌가 발달한 덕분에 불을 다룰 수 있었다. 인간 외에 불을 다루는 동물은 하나도 없으며, 불은 사람을 노리는 포식자가 두려워하는 방어 수단이다. 지능은 갖가지 도구와 무기를 고안했고, 인간의 손과 팔은 돌멩이나 창을 들어 목표물을 향해 정확하게 던질 수 있다. 이 같은 원거리 방어는 동물의 세계에서 흔치 않은 방법일 뿐 아니라 매우 효과적인 방어 수단이 되었다. 사람과 비슷한 침팬지도 이런 능력은 갖추지 못했다. 인간은 다른 동물이 거의 꺾을 수 없는 방어 수단을 갖추어 나갔으며, 이는 사람이 사회적 동물이 되는 데 필수 요소로 작용했다.

사회성을 띠는 다른 동물도 포식자에 대항하는 효과적인 방어 수단을 조금씩 갖추고 있다. 두더지쥐는 구조적 방어 수단을 갖춘 대표적인 사례다. 녀석은 아프리카의 바위같이 단단한 땅에 터널을 뚫고 살아가는데, 제아무리 힘센 포식자라도 두더지쥐의 지하 요새 앞에서는 발길을 돌릴 수밖에 없다. 흰개미도 유사한 구조적 방어 수단을 쓴다. 흰개미는 땅 위나 나무 안에 둥지를 만들고 살아간다. 오스트레일리아나 아프리카에서 볼 수 있는 흰개미의 집은 정말 단단하다. 한 번이라도 그것을 걷어차 본 적 있는 사람이라면 녀석들의 둥지가 방어 수단으로서 얼마나 효과적인지 잘 알 것이다.

사회성 곤충이 무리를 지키는 또 다른 방법은 적극적인 물리적 공격으로 상대에게 해를 입히는 것이다. 어떤 진딧물은 몸이 너무 연약해서 한심할 정도로 방어에 무력한데, 이들은 특별한 전사 계급을 둠으로써 사회를 이룰 수 있었다. 녀석들은 식물의 몸에 벌레혹을 만들고 그 안에서 살아간다. 포식자가 보금자리를 침범하면 전사 계급으로 진화한 진딧물 병사들이 날카로운 주둥이로 포식자를 찌르고 몸속으로 독을 주입한다.

사회성 말벌, 개미, 꿀벌은 대부분 효과적인 독침 덕분에 사회를 이룰 수 있었다. 그런데 사회성 말벌, 개미, 꿀벌 중에는 침이 없는 종도 있다. 그런 종은 작은 군집을 형성하고 땅 밑이나 포식자의 눈에 잘 띄지 않는 곳에 조그만 둥지를 만들어 살아간다. 그런데 이들도 예전에는 침을 쏠 수 있었다. 침이라는 방어 수단 덕분에 사회성이 발달했고, 이후 침을 쏘지 않는 방향으로 진화한 것이다. 침을 없애는 방향으로 진화한 대표적 사례가 대다수 개미류와 침 없는 벌이다. 침을 쏘지 않는 개미의 경우, 녀석들도 처음에는 거대한 포식자에 맞서 침을 쏘아야 했지만, 사회를 이루고 살아가는 동안 다른 개미의 공격을 막아 내는 일이 더 중요해졌다. 거대한 포식자와 달리 몸집이 작은 적을 상대하기에는 침보다 날렵한 몸놀림과 날카로운 아래턱, 개미산 같은 화학적 방어 수단이 더 효과적이다. 침 없는 벌도 작은 포식자에 대항하기 위해 고약한 화학적 방어 수단과 강력하게 물 수 있는 아래턱,

왁스와 송진을 함유한 구조적이고 화학적인 방어 수단을 만들어 냈다. 작은 포식자에 맞서기 위해 개발한 방어 수단은 커다란 포식자에게도 효과가 좋다. 왕개미(carpenter ant)나 침을 쏘지 않는 벌의 군집을 건드려 본 사람이라면 누구나 알 것이다.

중요한 것은 사회성 말벌, 개미, 꿀벌 중 일부가 쏘지 않는 까닭이 아니라, 애초에 이 곤충들 사이에서 어떻게 사회성이 진화했는가 하는 문제다. 사회성 벌목 곤충은 무수히 많은데 사회성 메뚜기나 딱정벌레, 파리는 왜 없을까? 메뚜기, 딱정벌레, 파리는 포식자에 저항할 효과적인 방어 수단을 갖추지 못했기 때문이다. 개미와 사회성 말벌, 꿀벌은 침을 가진 조상 말벌에서 진화했다. 최초의 침은 공격 수단이 아니었지만, 진화를 거치며 침의 기능이 달라지고, 침을 쏘는 행동에도 변화가 생겼으며, 독성도 강해졌다. 침과 독의 이 같은 변화가 바로 사회성 진화의 핵심 요소다.[3] '탐스러운 무리'를 보고 군침을 흘리는 강력한 포식자는 사회성 진화를 방해하는 요인이지만, 침과 독의 진화는 장애물을 뛰어넘어 사회성을 고도로 키우는 원동력이 되었다.

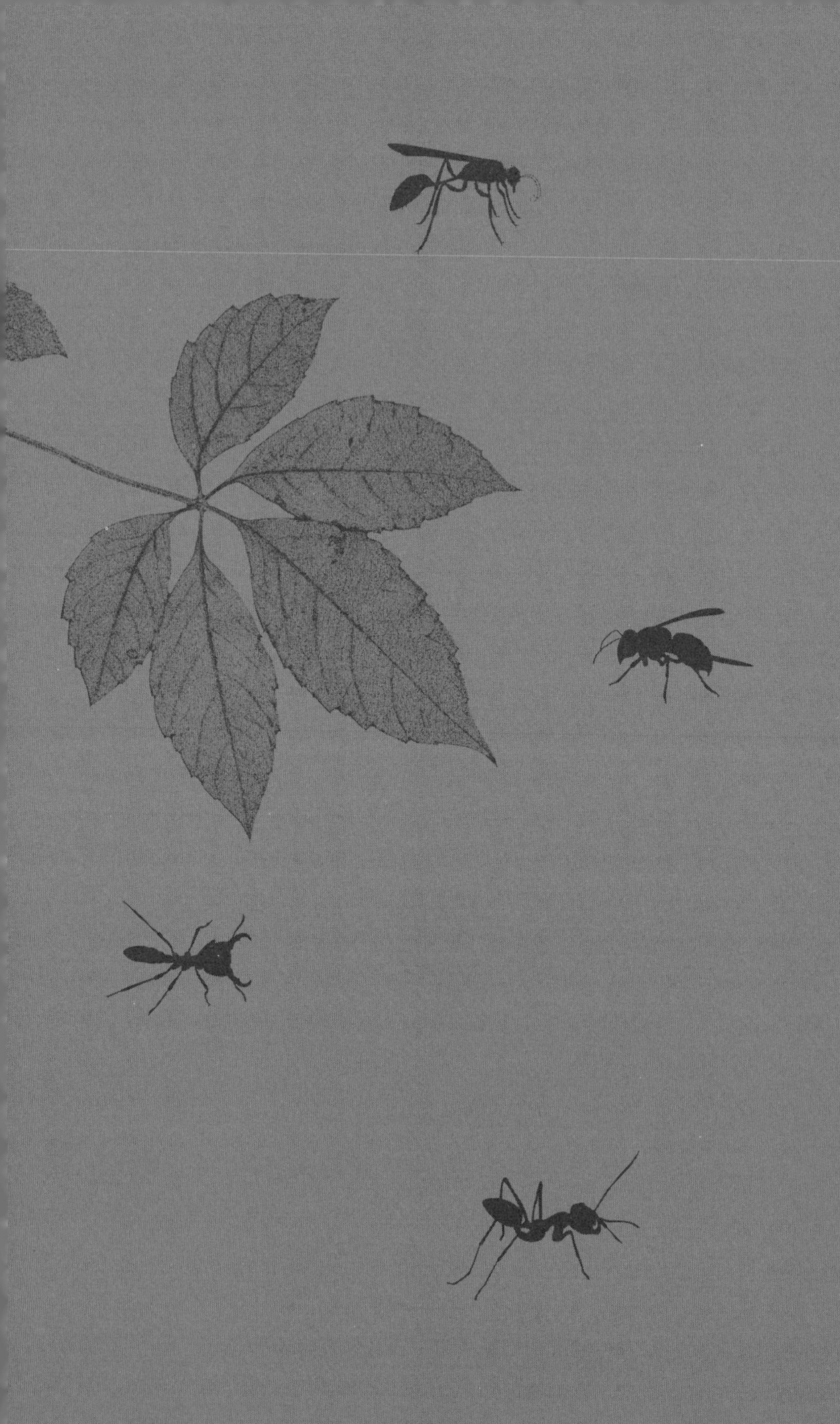

2부

땀벌과 불개미

땀벌의 생애사는 얼핏 단조롭고 재미없어 보이지만
좀 더 자세히 관찰하면 놀랄 일이 많을 것이다.

- 윌리엄 모턴 휠러, 《사회성 곤충》, 1928

사나운 꼬마 해충.

- 에드워드 윌슨, 《불개미》 서문, 2006

땀 냄새를 맡고 날아온다고 해서 땀벌(sweat bee)*로 불리는 곤충이 있다. 북아메리카 동부와 중부에서 뜨겁고 습하며 끈끈한 여름날이 절정에 이를 때 모습을 드러내는 이 녀석은 평화로운 뒷마당이나 화기애애한 친목 모임에 불쑥불쑥 찾아오는 무뢰한이다. '땀벌'이라니, 너무나 확신에 찬 그 이름은 어디서 왔는가? 녀석들이 땀을 흘리는가? 아니다. 우리를 공포의 도가니에 몰아넣어 땀을 흘리게 하는가? 아니다. 녀석이 벌이기는 한가? 그건 그렇다. 오케이, 그러면 이름 중에 '벌'이라는 부분은 인정. 그런데 '땀'은? 이는 땀벌 가운데 일부 종의 독특한 버릇에서 유래했다.

* 우리나라에는 '땀벌'보다 '꼬마꽃벌'로 더 널리 알려졌지만, 이 책에서는 땀 냄새를 맡고 날아온다는 특징을 드러내기 위해 '땀벌'로 표기했다.

대다수 벌은 땀을 모으지 않지만, 이 벌은 사람 피부에 내려앉아 땀을 핥는다. 이것이 별나게 두드러지는 땀벌의 습성이다.

벌은 아주 거대한 집단이다. 종 수만 해도 2만 종이 넘는다. 지구상의 모든 온혈 동물을 합한 종 수보다 많다.[1] 땀벌이 속한 꼬마꽃벌과(Halictidae)에는 4,387개의 종이 있다. 이는 박쥐를 제외한 포유동물 종을 다 합한 것보다 많은 수다. 땀벌은 남극을 제외한 모든 대륙, 전 세계에 걸쳐 서식하며, 다른 곤충 집단과 달리 매우 다양한 생애사를 보여 준다. 대다수 땀벌은 철저하게 단독 생활을 한다. 즉, 단독인 암벌이 먹이를 구하고 둥지를 짓고 새끼를 양육하는 등 모든 일을 홀로 맡아 한다. 어떤 종은 다수의 개체가 주거 공동체를 이루고 살지만, 생활을 꾸려 가는 일은 독자적으로 처리한다. 반쯤만 사회적인 종도 있는데, 그들은 둘 또는 그 이상의 암컷들이 같은 둥지에서 함께 생활하되, 서로 다른 업무를 수행하며 살아간다. 마지막으로, 사회성이 잘 발달해서 알을 낳는 여왕벌 한 마리와 다수의 일벌을 포함한 여러 개체가 같은 둥지에 사는 종도 있다. 일부 종은 때와 장소에 따라 단독 생활과 사회적 생활을 오가기도 한다.

땀벌의 크기는 대개 3~12mm 정도로 작으며, 색깔은 검정, 회색, 또는 금속 느낌이 나는 녹색이나 파란색이다. 노란색이나 빨간색 얼룩이 있는 것도 있다. 땀벌은 일반적으로 땅굴을 파 내려가며 집을 짓는데, 중심 통로에서 뻗어 나간 곁가지 끝에는 새끼

를 키우는 개별 방들이 있다. 둥지를 만들고 새끼를 키우는 일은 암컷만 한다. 수컷이 하는 일이라고는 빈둥거리거나 기껏해야 둥지 입구를 지키는 정도가 전부다. 방을 만들고 나면 암컷은 채취해 온 꽃가루와 꿀을 뭉쳐 덩어리로 만든다. 꽃가루 '공'은 새끼들이 먹을 유일한 식량이다. 암컷은 방을 하나 만들고 꽃가루 식량을 넣은 다음, 그 위에 알을 한 개 낳고 입구를 봉한다. 같은 방식으로 다른 방에도 알을 한 개씩 낳고 문을 꼭꼭 닫는다.

벌목에 속한 꿀벌, 말벌, 개미 대부분은 반수배수성(半數培數性) 생명체이며, 땀벌도 마찬가지다. 즉, 수정란은 배수체(2n)로 암컷이 되고, 미수정란은 반수체(n)로 수컷이 된다. 신기하게도 어미는 새끼들의 성을 선택해서 산란할 수 있는데, 이 때문에 새끼 수컷들이 불이익을 당하기도 한다. 꽃가루 식량을 적게 넣은 방에 미수정란을 낳고, 식량이 많은 방에는 수정란을 낳음으로써 수컷이 암컷보다 더 작고 마른 경우가 종종 있다.

꽃가루 공 곁에 낳은 알에서부터 땀벌의 한살이가 시작된다. 산란 후 며칠이 지나면 거의 투명한 하얀색 유충이 알에서 부화해 꽃가루를 먹는다. 작디작은 애벌레는 어미가 마련해 놓은 식량을 먹고 몸집을 키우며, 자라는 동안 네 번 허물을 벗으면서 점점 큰 애벌레가 된다. 어린 단계의 애벌레는 아직 위와 후장이 연결되지 않아서 배변을 할 수 없다. 작은 방에 한 마리씩 갇혀 있고, 자칫 잘못하면 먹이가 오염될 수 있으므로 배변을 못 하는 것이 좋은 일일 가능성이 크다. 위와 후장은 애벌레 시절의 마지막 단계에 비로소 연결된다. 녀석은 그제야 애벌레 시절을 통틀어 단 한 번뿐인 배변을 시원하게 한다. 땀벌 애벌레는 실을 자아 고치를 만드는 대신 밀랍 막으로 둘러싸인 아늑한 방 안에서 허물을 벗고 번데기가 된다. 번데기는 아직 연약한 생명체다. 짧은 잠을 자고 나면 마지막 탈피를 거쳐 성체가 된다.

땀벌은 겨울처럼 상황이 안 좋은 계절 동안 방 안에서 기다렸다가 날이 풀리면 방을 뚫고 나온다. 성체가 된 땀벌은 작은 곤충치고는 상당히 오래 사는 편이어서 그만큼 여러 종류의 많은 꽃을 찾아갈 수 있다. 땀벌 중에는 한 해에 둘 또는 그 이상의 세대를 거치는 종도 있고, 1년에 한 세대만 번식하는 종도 있다. 어느 경우든 암컷과 수컷은 짝을 짓는다. 수컷과 한 철을 보낸 암컷은 나중에 사용할 정자를 몸속에 저장해 둔다.

땀벌은 새끼를 위해 방을 만들 때 밀랍을 분비해 안쪽 벽을 코팅한다.[2] 불침투성 코팅 덕분에 땀벌의 방은 비가 와도 습하지 않고, 건기에도 적정 습도를 유지하며, 곰팡이나 병원균이 침입하지 못한다. 밀랍은 침에 붙어 있는 특이한 샘에서 나오는데, 땀벌은 복부의 끝과 혀를 함께 이용해 방 안쪽에 코팅 물질을 바른다. 밀랍 분비 기관은 프랑스의 의사이자 과학자인 레옹 두포어(Léon Dufour)의 이름을 따 '두포어샘(Dufour's gland)'으로 부른다. 1835년, 두포어는 일부 벌집에서 볼 수 있는 가소성 막이 벌의

복부에 있는 커다란 샘에서 나온 것 같다고 언급했으며,[3] 1841년에는 암컷이 그 샘의 분비물을 이용해 알을 코팅한다고 상술했다. 이후 그는 이 주제로 간단한 연구를 몇 번 더 하고는 흥미를 잃었는지 다른 쪽으로 연구 방향을 틀었다. 두포어는 연구 성과를 발표하면서 그 샘에 자기 이름을 붙인 적이 한 번도 없다. 그런데도 언제부터인지 사람들은 이 기관을 두포어샘으로 부르고 있다. 물론 몇 가지 다른 용어가 함께 쓰이고 있지만, 두포어샘이라는 이름이 그를 기리기 위한 것임은 분명하다.

사람이나 다른 동물의 땀을 핥는 벌이 4,000여 종이나 되는데도 우리는 아직 녀석들이 왜 땀을 채취하는지 모른다. 관련 연구는 거의 이루어지지 않았고, 지금까지 알려진 것은 대부분 생물학자 에드워드 배로스(Edward Barrows)가 캔자스대학교 대학원생이던 1974년에 연구한 것이다. 에드워드는 땀벌이 소금기 없는 용액보다 식용 소금을 섞은 용액을 더 좋아한다는 것을 실험으로 증명했다.[4] 그런데 소금은 증발하지 않고 어떠한 향도 없다. 따라서 소금 용액에는 땀벌을 끌어들이는 다른 무언가가 있음이 분명하다. 젖산, 이산화탄소, 또는 모기 유인 물질인 1-옥텐-3-올(1-octen-3-ol)이 유력한 후보인데, 모두 피부에서 분비하는 물질이다. 그러나 땀벌이 필수 영양소로 소금을 찾는 것인지, 아니면 물이 필요해서 땀을 핥는 것인지, 그도 아니면 땀 속의 다른 성분을 취하는 것인지는 여전히 모른다.

그런가 하면 곤충 중에서 오직 땀벌만이 땀을 채집하는 것은 아니다. 아프리카화꿀벌도 때때로 땀을 모은다. 아시아에서는 땀을 채집하는 트리고나속(*Trigona*) 침 없는 벌이 땀벌로 불리는 경우가 가끔 있고, 아프리카 일부에서도 땀을 수집하는 침 없는 벌을 종종 땀벌로 부른다. 학계에서는 이 아프리카 벌을 모페인 파리(mopane fly)*라고 부르기도 한다.[5] 이 녀석은 정말로 침이라는 방어 수단이 없다. 그 대신 날카로운 아래턱이 있어서 포식자의 눈꺼풀이나 코와 귀를 물 수 있고, 떼를 지어 공격하며, 귀와 코, 입안으로 기어든다. 단언컨대 이보다 불쾌한 경험도 없을 것이다. 어쨌거나 이 중에 진짜 땀벌은 하나도 없다.

오스트레일리아에는 땀벌을 '달콤벌(sweet bee)'로 부르는 사람들도 있다. 훨씬 유쾌한 이름이기는 하지만 우리는 어쩔 수 없이 '땀벌'이라고 해야 할 것 같다. 여름 향기가 물씬한 7월 어느 날, 한 사람이 좋아하는 음료를 손에 들고 야외에서 휴식을 취하며 한가로운 오후를 즐기고 있다. 파리 몇 마리가 윙윙대고, 가까이 있는 꽃에 가끔 꿀벌이 날아드는 게 조금 신경 쓰이지만, 아이들은 즐겁게 놀고, 그 오후는 완벽하다. 그가 음료를 마시려고 팔을 드는 그때, 아야, 뭔가에 쏘였어! 팔꿈치 안쪽에서 발견된 작고 검은 벌 한 마리 때문에 평온이 깨진다.

* 'mopane'은 아프리카 일부 지역에서 자라는 나무의 이름이다.

그런데 벌도 억울하다. 녀석은 그저 자기가 좋아하는 음료를, 그러니까 인간의 위아래 팔뚝이 접히는 부분에 축적된 땀을 즐기고 있었을 뿐이다. 인간이 음료 잔을 입에 대느라 팔을 올릴 때, 벌은 그만 접힌 팔 안쪽에 끼이고 만 것이다. 위협을 느낀 녀석은 어떻게든 달아나기 위해 침을 쏘아 대응했을 뿐이다. 침 쏘는 전략은 대부분 효과가 좋다. 간혹 침에 쏘인 사람이 매정하게도 그 가엾은 벌을 뭉개 버리기는 하지만.

땀벌 침의 통증은 별것 아니다. 그 고통은 순수하고, 깨끗하고, 깔끔하다. 마치 작은 불씨가 팔에 난 털 한 오라기를 태운 것 같다. 벌에 쏘인 사람이 무조건 안아 주고 공감해 줘야 하는 어린아이가 아닌 이상, 별스럽게 동정할 필요조차 없다. 통증은 금세 사라지고 쏘인 자국도 거의 남지 않는다. 땀벌 침의 통증 지수는 전형적인 1등급으로, 통증 지수 2에 해당하는 꿀벌 침의 통증과는 어느 면으로도 비교가 되지 않는다.

~~~~~~~~~~

이번에는 땀벌보다 훨씬 고약한 녀석을 소개한다. 불개미다. 땀벌은 좋아하는 꽃가루와 땀을 모으는 일을 즐겁게 하느라 우리 곁에서 붕붕대는 것일 뿐 다른 악의가 없고, 사람도 크게 불만을 품지 않는다. 불개미는 다르다. 우리는 불개미에 불만이 많다.
~~~~~~~~~~

불개미 연구의 권위자인 월터 칭컬(Walter Tschinkel) 교수의 말을 들어 보자. "사람들은 대부분 깊게 생각해 보지도 않고 불개미를 미워한다. 어쩌면 불개미가 원인을 제공했는지도 모른다. 왜 비난받아야 하는지 논의조차 필요 없는, 그냥 미워하기로 모두가 합의할 수밖에 없는, 그런 원인 말이다."[1] 하지만 개미도 할 말이 있지 않을까? 사람 살과 접촉한 불개미는 일단 쏘고 본다. 녀석은 사람과 어떻게 영향을 주고받고 친구가 될지 배운 적이 없다. 오, 불개미는 무엇인가? 어떤 일을 하는가? 어디서 왔는가? 녀석들은 왜 이리도 고약한가? 어떻게 하면 그들을 없앨 수 있는가?

불개미는 한 군집에 다양한 크기의 여러 개체가 섞여 있는 다형성(多形性) 개미다. 개미 아과 중에서 가장 규모가 큰 두마디개미아과(Myrmicinae)에 속하며, 185종 모두 열마디개미속(*Solenopsis*) 가족이다. 이 녀석들은 저명한 학자들에게 좌절을 안겨 준 머리 아픈 종족이다. 학자들을 좌절케 한 주요 원인은 소형(minor) 일개미라 불리는 녀석들이 서로 다른 종끼리도 너무나 비슷한 생김새를 하고 있기 때문이다. 일반인은 물론이거니와 개미 분류학에 일생을 바친 사람들조차 소형 일개미의 생김새만으로 종을 구분하기가 불가능할 정도다. 곤충학자인 윌리엄 모턴 휠러(William Morton Wheeler)는 "개미는 말로 즉시 옮기기에는 너무 미묘하고 뭐라고 꼬집어 말할 수도 없는 특징들로 종이 구분될 때가 많다"[2]고 평했는데, 이는 특히 불개미에 딱 들어맞는 말이다. 불

개미의 종을 가장 쉽게 구분하려면 무리에서 제일 큰 개체인 대형(major) 일개미를 관찰하면 된다. 그런데 무리 전체에서 대형 일개미가 차지하는 비중이 너무 작다. 침을 쏘는 개미들이 떼를 지어 몰려드는 와중에 가장 큰 개체를 찾는 일이 얼마나 재미있을지 상상해 보면 문제가 명확해질 것이다.

흔히 불개미라 부르는 개미는 엄밀한 의미의 진짜 불개미와 도둑개미(thief ant)로 나뉘는데, 후자의 종이 훨씬 더 많다. 도둑개미는 이름 그대로 다른 개미의 집을 도둑질해 먹고산다. 몸집이 아주 작은 이 녀석들은 다른 개미의 집 바로 옆에 자기 둥지를 짓고, 작은 땅굴을 계속 파서 이웃 개미의 방까지 연결한다. 그리고 연결된 방에 침입해 알과 유충, 번데기를 훔쳐 자기 둥지로 돌아와 소비한다. 도둑개미가 대놓고 도둑질을 하는데도 보복당하지 않는 까닭은 땅굴이 너무 작아서 도둑맞은 집의 개미는 지나갈 수 없기 때문이다. 도둑개미는 쏘지 못하고, 녀석들에게 관심이 지대한 사람을 제외하고는 아무에게도 눈에 띄지 않는다.

진짜 불개미는 도둑개미보다 좀 더 크고, 사람들의 관심도 좀 더 많이 끈다. 이 녀석들은 모두 쏘고, 하나같이 고약하며, 전부 북아메리카의 비교적 따뜻한 지역과 남아메리카가 고향이다. 서로 외모가 엇비슷한 만큼 행동 역시 모두 유사하다. 만일 누군가가 불개미 한 마리를 만났다면, 불개미 모두를 만난 것이나 마찬가지다. 모든 불개미는 수천에서 수십만 마리의 거대한 군락을 이룬다. 식성이 얼마나 좋은지 살아 있는 먹이뿐 아니라, 죽은 동물, 씨앗, 꿀, 단물, 그 밖의 식물 재료 등 열량을 제공하는 것이라면 거의 가리지 않고 먹는다. 불개미는 자기 영토를 적극적으로 방어하고 침입자를 공격한다. 쏘이면 무척 아프다. 홍수가 나면 불개미는 모두 공처럼 뭉쳐서 물 위를 떠다닌다.

북아메리카에서 발견된 불개미는 모두 6종이다. 남부불개미(*Solenopsis xyloni*), 황금불개미(*S. aurea*), 사막불개미(*S. amblychila*)는 미국 토종이고, 열대불개미(*S. geminata*)는 미국이 원산지일 수도 있고 몇 세기 전에 자연적으로 또는 사람의 도움을 받아 이주해 왔을 수도 있다. 마지막으로 붉은불개미(*S. invicta*)와 검은불개미(*S. richteri*)는 둘 다 20세기 전반에 남아메리카에서 미국 남동부의 앨라배마주로 이동해 온 외래종이다.

내가 불개미를 처음 만난 것은 조지아대학교 대학원생이던 1970년대였다. 남아메리카에서 온 이 개미가 '남부 지방의 호의'*를 남용하고 있다는 소식과 함께 끔찍한 경험담을 막연하게 듣던 차였다. 그 밖에는 아는 것이 거의 없었다. 불개미의 첫인상은 실망스러웠다. 명성이 자자했던 만큼 무언가 거대한 존재를 만날 것으로 기대했으나, 자그마한 이 녀석들은 그때까지 내가 익숙하게 알고 있던 크고 자존심 센 개미들과는 전혀 달랐다. 그

* 미국 남부 사람들이 방문객에게 특별히 보이는 따뜻함과 환대를 뜻하는 말.

러나 실망스러운 첫인상과 달리 두 번째 인상은 매우 강렬했다. 안을 들여다보려고 개미탑에서 나온 푸석한 흙을 약간 스쳤을 뿐인데, 녀석들은 신속하고도 단호하게 내 손을 거쳐 팔 위로 기어 올라왔다. 불개미 한 무리가 점점 위로 올라오면서 침을 쏘았다. 고약했다. 내가 알던 개미들은 대부분 가볍게 꼬집듯 물기만 했는데, 이 녀석들은 물고, 쏜다. 그것도 여남은 마리가 한꺼번에! 일단 쏘이면 불개미라는 이름이 왜 붙었는지 대번에 알게 된다. 불붙은 듯한 통증이 어찌나 격렬한지 물린 것이 대수롭지 않게 느껴질 정도다. 침에 쏘인 통증이 물렸다는 감각을 압도해서, 물린 아픔쯤은 고통의 바다 저 아래로 사라져 버린다.

불개미는 따뜻하고 쾌적한 봄날과 여름날에 짝짓기를 한다. 날개 달린 수컷과 여왕개미들이 혼인 비행에 착수해 수천 마리가 짝짓기 의식을 치르는데, 공중에서 짝을 지은 두 마리가 광란의 격투를 벌이다가 땅에 떨어져 교미한다. 이는 몹시 숨 가쁘게 일어나는 맹렬한 성행위다. 제대로 교미할 기회는 단 한 번뿐이다. 수컷과 암컷은 생애를 통틀어 단 한 번, 10초 정도 짝짓기를 한다. 수컷은 둥지를 떠난 지 몇 시간 안에 죽거나 죽임을 당하고 다른 개미에 의해 끌려간다. 짝짓기를 마친 암컷은 스스로 날개를 떼어 내고 집을 짓기에 적당한 장소를 찾아 황급히 떠난다. 서둘러야 한다. 여왕개미는 크고 작은 포식자 대부분이 좋아하는 후식감이다.

집 지을 장소를 발견한 여왕은 우선 짧은 땅굴을 파고 입구를 흙으로 막는다. 주로 혼자 둥지를 만들지만 때로 다른 여왕과 함께할 때도 있다. 입구를 막은 다음에는 땅굴 맨 아래쪽에 방을 하나 만든다. 여왕은 그 방에서 자기 몸에 저장된 지방과 날개를 움직이던 근육에 있는 신체 비축분만 가지고 초소형(minim) 일개미를 몇 마리 길러 낸다. 이 녀석들이 성체로 자라면 기습 출격을 감행해 다른 여왕의 새끼를 훔친다. 그러는 와중에 많은 여왕이 죽거나 다쳐서 군락이 축소되기도 한다. 초소형 일개미는 식량을 구해 오고, 보통 몸집의 첫 일개미를 키우고, 여왕을 먹이며, 번식과 관련 없는 모든 일을 수행한다. 새로운 개미 군락이 곧 완성된다.

불개미 여왕이 한 번의 교미로 받는 정자는 겨우 700만 개 정도다. 여왕은 일생에 한 번뿐인 10초간의 교미를 통해 받은 정자 700만 개로 수백만 마리의 일개미를 길러 내야 한다. 자기 군락이 오래 번성하게 하려면 그 정자를 현명하게 그리고 아껴서 사용해야 한다. 수정란에서 나온 애벌레가 모두 성체로 자라지는 못한다. 일부는 애벌레 시절에 잡아먹히거나 그렇지 않더라도 성체가 되기 전에 죽기도 하므로 여왕이 일개미나 처녀 여왕개미 한 마리를 키워 내는 데는 약 3.2개의 정자가 필요하다.[1] 사람이 후손 하나를 위해 약 1억 개의 정자를 쓰는 것과 비교하면, 불개미 여왕이 얼마나 효율적인지 알 수 있다. 여왕의 작은 군락은

일개미 몇 마리에서 시작해 1년 안에 약 1,000마리, 2년 차에 수만, 3년 차에는 거의 10만, 4년 차에는 15만 마리로 개체 수가 불어난다. 5년 차 즈음이면 그 군락은 최종 성숙 단계에 이르고, 이후로는 20만~30만 마리 정도로 안정적인 규모를 유지한다. 5년 반~8년쯤 되면 여왕이 보유한 정자가 떨어져 더는 일개미를 생산할 수 없으므로 군락도 소멸한다.[1]

여왕개미든 일개미든 수개미든 상관없이 모든 개미의 한살이는 여왕이 낳은 작은 알에서 시작한다. 일단 알에서 작은 유충이 나온다. 갓 나온 애벌레는 다리도 없고 배변 능력도 없는, 불투명하고 희끄무레한 물방울 하나와 같은 존재다. 그러나 애벌레는 알에서 나오자마자 일개미가 가져다주는 먹이를 먹을 수 있고, 최종적으로 1,000배 이상의 몸무게로 자라난다. 이렇게 자라는 동안 애벌레는 정기적으로 허물을 벗고, 고치를 만들 나이에 도달해 마지막 먹이를 먹는다. 그때까지 애벌레는 한 번도 배설하지 않는다. 땀벌처럼 불개미 유충도 후장과 나머지 소화 기관이 이어지지 않았는데, 아마도 둥지가 오염되는 것을 방지하기 위한 전략으로 짐작된다. 마침내 후장이 연결되면 유충은 '용변(蛹便, 번데기의 태변)'이라 불리는 똥을 어마어마하게 눈다. 용변을 볼 때 녀석이 어떤 기분일지는 그저 상상만 할 수 있을 뿐이다. 그런데 불개미는 용변을 어떻게 처리할까? 전문 일개미가 즉시 그것을 수거해 거기서 나온 기름을 핥아서 여왕에게 전달한다. 기름기가 빠진 마른 용변은 버린다. 용변의 기름에는 여왕의 알 생산을 활성화하는 호르몬의 전구물질(前驅物質)*이 있는 것이 분명하다. 용변을 배출하고 쪼그라든 유충은 번데기가 되어 휴지기를 보낸 뒤 성체가 되어 번데기에서 나온다. 그리고 초유기체(superorganism)**의 일부로서 자기 소임을 다한다. 일개미의 수명은 몇 개월쯤밖에 안 되는데, 대개는 임무를 수행하다가 닥친 이런 저런 위험 때문에 죽는다. 이와 달리 생식이 가능한 개체들은 혼인 비행의 그 날이 올 때까지 삶을 이어 간다.

불개미의 몸에도 신비로운 두포어샘이 있다. 땀벌이 두포어샘에서 분비한 물질로 유충의 방을 코팅하고 입구를 봉했다면, 불개미는 두포어샘 분비 물질을 소통에 활용한다. 정찰 불개미 한 마리가 밖에 나갔다가 풍성한 먹이를 발견하면 배를 질질 끌면서 군집으로 빠르게 되돌아온다. 그러면 곧장 신병 한 무리가 둥지에서 나와 정찰병이 남긴 흔적을 따라간다. 그 흔적은 정찰병의 두포어샘에서 나온 것으로, 동료들에게 길을 안내하는 데 필요한 화학 물질은 센티미터당 0.1pg(피코그램, 1pg=1조분의 1g)이면 충분하다.

* 체내에서 어떤 화합물을 합성하는 데 필요한 재료가 되는 물질.

** 개미와 꿀벌처럼 여러 개체가 큰 사회를 이루는 곤충을 사회성 곤충이라 하고, 이러한 사회성 곤충의 군집 전체를 하나의 동물로 취급하려는 시각에서 1911년, 미국의 곤충학자 윌리엄 모턴 휠러가 창안한 개념.

단언컨대 불개미는 사람에게 좋은 친구가 아니다. 하지만 사람은 불개미의 제일 좋은 친구다. 월터 칭컬 교수는 다음과 같이 말했다. "불개미에게 종교가 있다면 인간은 분명 신의 지위를 차지했을 것이다."[1] 불개미의 습성을 살펴보면 이 말이 무슨 뜻인지 알 수 있다. 불개미는 부드러운 흙, 특히 파 들어가기 쉬운 모래 섞인 흙을 좋아한다. 또 따뜻하고 햇빛이 드는 곳, 기왕이면 다른 식물과 잔디가 섞여 있는 그런 곳을 좋아한다. 불개미의 이상적인 서식처는 다양한 먹이 공급원이 있는 곳, 구체적으로 말하자면 씨앗과 여러 식물 먹잇감은 물론, 다양한 곤충과 그 밖의 작은 사냥감이 있는 곳이다. 더불어 경쟁하는 다른 개미가 적은 곳이면 금상첨화다. 오랜 기간 그곳을 확고하게 점령한 토박이 종이 없는 '교란된' 서식지는 불개미 같은 떠돌이 종이 진출하기에 안성맞춤이다.

자연에는 교란된 지역이 그리 흔치 않다. 주로 산불, 홍수, 태풍, 심각한 병해충 발생, 또는 거대한 나무가 쓰러져 한 지역을 극단적으로 바꿔 놓을 때 환경이 교란된다. 그러나 사람은 손쉽게 자연을 교란한다. 땅을 갈아 농사를 짓고, 가축을 놓아 기르며, 주거지와 그 밖의 생활 공간 주변에 풀과 잔디를 기르고, 의도적이든 아니든 간에 땅을 태운다. 이렇게 인간이 활동하는 땅은 사실상 영구적인 교란 상태라 해도 과언이 아니다. 인간이 땅을 마구 헤집는 행위는 그곳에 살던 토종 개미를 몰아내는 것과 다를 바 없고, 결국 그 땅은 불개미의 낙원이 된다.

불개미는 다리 여섯 개 달린 잡초와 같다. 녀석들은 잡초처럼 빠르게 자라고, 대량으로 번식하며, 교란된 서식지에 재빨리 침입하고, 다른 종과 맹렬하게 경쟁한다. 여기에 더해 사람이 뿌리는 살충제는 불개미를 위한 특별 선물이다. 한때 인간은 불개미와의 전쟁을 선포하고 살충제를 쏟아부은 적이 있다. 저명한 생물학자 에드워드 윌슨(Edward Wilson)은 당시의 상황을 '곤충학계의 베트남'이라고 표현한 바 있다.[1]

1940년대, 미국 정부가 불개미를 박멸하고자 땅속으로 사이안화칼슘을 쏟아부으면서 전쟁의 서막이 올랐다. 첫 시도는 실패했다. 두 번째 작전에는 강력한 살충제 클로르데인을 동원했으나 불개미는 여전히 들불처럼 퍼져 나갔다. 아무런 과학적 근거도 없이 쏟아부은 살충제는 오히려 환경을 파괴하는 부작용만 낳았다. 또다시 작전을 변경해 헵타클로르, 디엘드린 같은 새로운 살충제를 투입했지만, 이번에도 과학적 근거나 이해는 찾아볼 수 없었고, 불개미는 쉬지 않고 자기 영역과 개체 수를 늘려 나갔다. 불개미가 아무런 피해도 보지 않는 것과 달리 살충제가 환경에 미치는 영향은 재난 수준이었다. 새로운 작전이 필요했다. 이번에는 개미 살충제인 미렉스가 등장했다. 지금쯤이면 다들 짐작했을 것이다. 그렇다, 역시나 비참하게 실패했다. 1970년대 중반 무렵 미렉스 작전이 마지막 숨을 고르고 있을 때, 윌리

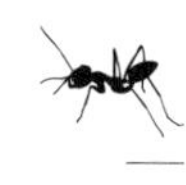

엄 뷰런(William Buren)은 이 전쟁의 주적인 붉은불개미에 '인빅타(*invicta*)'라는 새로운 종명을 붙여 주었다. 라틴어의 'invincible', 즉 '천하무적'이라는 단어를 참조한 것이다.

인간은 불개미와의 전쟁에서 이긴 적이 없다. 미국 남부의 광활한 지역에 독성 살충제를 아무리 퍼부어도 불개미는 끄떡없었다. 오히려 불개미와 경쟁 관계에 있는 다른 개미를 제거함으로써 녀석들을 돕는 꼴이 되고 말았다. 잔디를 깎아도 소용없었다. 이 방법은 높이 쌓아 올린 개미탑을 짧고 넓게 바꾸어 놓았을 뿐, 근본적으로는 아무 효과가 없었다. 그런가 하면 우리는 불개미가 다른 지역으로 확산하는 것을 막지도 못했다. 불개미는 어느덧 미국 남부 캘리포니아주까지 진출했다. 그나마 애리조나주의 유마와 피닉스에 침입한 불개미는 모두 소탕했는데, 아마도 불개미가 이 지역의 뜨겁고 건조한 기후를 좋아하지 않았기 때문에 가능한 일이 아니었을까 싶다.

불개미와의 공식 전쟁에서 패배함에 따라 정원 딸린 주택에 사는 남부 지방 사람들의 시름이 깊어졌다. 이 무렵 월터 칭컬 교수가 '불개미 연구팀'을 조직해 개미에 포위당한 사람들에게 한줄기 희망의 빛을 보여 주었다. 연구팀은 개미와의 전쟁에서 개별적이나마 승리를 거두었는데, 그 작전은 간단하고 안전하며 무독성에다가 매우 만족스러운 방식이었다. 약간의 수도 요금과 연료비를 제외하고는 비용도 거의 들지 않았다. 불개미 군집을 죽이는 방법은 간단하다. 먼저, 물을 12ℓ 정도 끓인다. 소탕할 불개미 군집을 선택한다. 펄펄 끓인 물을 개미탑 안으로 천천히 부어 넣는다. 되도록 흘러넘치지 않게 조심하며 작업을 마치고 나면 뜨거운 물이 부드러운 개미탑 안으로 깊숙이 침투하면서 유충은 물론이고 여왕까지 죽인다. 이 방법은 성공률이 높을 뿐 아니라, 친환경적으로 승리를 달성했다는 본질적인 만족감도 안겨준다.

불개미 전쟁에 관한 여담이 길었으나 이야기의 핵심은 하나다. 인간의 일상적 행위가 불개미를 위한 선물이 되는 일이 비일비재하다는 것. 특히 살충제는 불개미가 새로운 터전에서 번성하도록 돕는 일등 공신이다. 모든 침입자가 그렇듯 불개미도 새로운 땅을 차지하려면 기존 거주자들과 싸워야 한다. 기존 집단이 크고 강력하다면 대개는 침입자를 막아 낸다. 하지만 아낌없이 뿌린 살충제가 기존 개미의 세력을 약화했다면 승리는 침입자에게 돌아간다. 미국은 불개미를 소탕하려고 살충제 전쟁을 벌였지만, 결과는 토종 개미들을 없애고 불개미를 위한 경기장을 마련해 주는 꼴이 되고 말았다. 경쟁자가 거의 없는 땅에 들어선 불개미 여왕들은 그야말로 최상의 성공 기회를 잡았다. 토종개미가 남아 있다 해도 이 쟁탈전은 침입자에게 더 유리하다. 개미는 한 서식지에 안정적으로 자리 잡고 나면 번식력 있는 개체를 적게 생산하고, 혼인 비행 기간도 짧게 가진다. 반대로 새로운

땅에 이제 막 침입한 불개미는 번식 가능한 개체를 대량으로 생산하고, 혼인 비행 기간도 길게 갖는다. 이러한 이유로 살충제가 휩쓸고 간 지역은 머지않아 번성하는 불개미 군집으로 가득 차게 된다. 인간이라는 훌륭한 친구를 둔 덕분에 불개미는 적과 맞서 싸울 일을 걱정할 필요가 없다.

지금까지 인간의 시각에서 불개미에 관해 이야기했으니, 이제 불개미의 말도 들어 보자. 녀석들이 정말로 말을 할 수 있다면 자기들도 인간에게 도움이 되는 존재라고 항변할지 모른다. 사람은 교란된 지역을 좋아한다. 곡식과 가축을 기르는 들판과 목초지 같은 곳 말이다. 그런 땅에서 인간은 조금이라도 더 성과를 내기 위해 갖가지 해충과 경쟁한다. 그럴 때 불개미는 해충 포식자로서 인간에게 도움을 줄 수 있다. 이를테면 루이지애나주의 사탕수수 농장에 해를 입히는 사탕수수천공벌레, 텍사스주의 목화솜을 망치는 목화바구미와 솜벌레, 논물에 있는 모기 알, 소똥 안에 있다가 소를 괴롭히는 뿔파리와 쇠파리 같은 해충 말이다. 이 정도로 인간이 불개미를 위해 샴페인 잔을 들 리는 없겠지만, 무턱대고 미워만 하던 존재를 조금이나마 긍정적으로 바라볼 계기는 되지 않을까?

종종 불개미와 다른 개미를 어떻게 구분하는지 내게 묻는 사람들이 있다. 미국에 들어온 외래종 불개미의 중심지인 남부에서는 현미경이나 복잡한 식별 안내서, 분류학적 비결 따위가 필요 없다. 괜찮은 테니스화 한 짝만 있으면 된다. 나는 이 방법을 '나이키' 테스트라 부른다. 실험해 보고 싶은 개미탑을 발견했는가? 준비한 신발을 신고 개미탑까지 걸어가라. 신발 뒤꿈치로 개미탑 꼭대기 흙을 날쌔게 걷어찬 후, 신속하게 몇 걸음 뒤로 물러서라. 10초 안에 개미탑 꼭대기가 미친 듯이 날뛰는 개미들로 시커멓게 뒤덮인다면, 녀석들은 불개미다. 이쯤에서 뒤로 몇 걸음 더 물러나는 게 좋다. 개미 몇 마리가 신발 위에 남아 있을지도 모르고, 그러면 이 개미는 필연적으로 발목을 기어올라 쏠 곳을 찾을 것이다. 이 문제는 발을 구르고 빠르게 털어 내면 대개는 해결된다.

텍사스주에서 뉴멕시코주, 애리조나주, 캘리포니아주를 흐르는 페코스강의 서쪽 지역 사람들은 자기 동네에 불개미가 없다고 생각하는 경향이 있다. 이 근거 없는 믿음을 없애려면 뒷마당에서 바비큐 시험을 해 보면 된다. 방법은 간단하다. 따뜻한 한여름 오후 바비큐 파티를 끝낸 후, 맛있게 먹고 남은 닭고기 뼈 한두 개를 마당에 던져 보시라. 정말 놀라운 장면을 보고 싶다면 그것을 돌멩이나 나무 조각으로 눌러 놓기를 바란다. 그리고 다음 날 일찍, 해가 동쪽에서 빛나고 있을 때 현장에 나가 보라. 밝은 색을 띤 작은 개미가 우글거리고 있을 것이다. 대개 그 녀석들이 미국 토종 불개미다. 토종 불개미는 외래종 불개미와 비슷하다. 단지 개체 수가 적고 눈에도 덜 띄는데, 이는 서부 지역의 뜨겁고

건조한 기후 탓에 녀석들이 낮에는 땅속에서 좀처럼 나오지 않기 때문이다. 토종 불개미의 개체 수가 적은 것은 다른 종의 개미와 어느 정도 균형을 이루는 까닭이다. 이와 달리 남부 지방에서는 외래종 불개미가 토종 불개미를 몰아내고 그 지역을 장악해버리는 바람에 녀석들의 개체 수가 봇물 터지듯 폭발적으로 증가했다. 서부 지역의 토종 불개미가 남부의 외래종보다 수적으로 열세라고 해서 성격이 온화하고 부드러운 것은 아니다. 토종 불개미도 외래종 못지않게 거침없고 언제라도 침을 쏠 준비를 하고 있다. 이른 아침, 마당에서 불개미 관찰을 마치고 닭 뼈를 치우려고 무심결에 손가락을 내밀었다면 더 설명하지 않아도 알 것이다.

불개미는 위험한가? 그렇기도 하고 아니기도 하다. 불개미에 쏘이면 그 순간의 평화가 무참히 깨지고, 정신적으로 충격을 받을 수 있다는 점에서 위험하다 할 수 있지만, 걱정할 만한 부작용이 없으니 마냥 위험한 것은 아니다. 외래종 불개미에 쏘인 다음 날 약간 하얗고 뾰루지 같은 고름집이 생기는 것만 제외하면 더 나쁜 일은 없다. 텍사스주의 항구 도시 휴스턴에서 불개미에 쏘인 환자를 치료했던 의사들의 경험담을 들어 보자.

일요일 새벽 2시, 49세의 알코올 중독자가 병원으로 실려 왔다. 그는 토요일 낮부터 밤까지 내내 술을 마시고 친구의 집으로 자러 갔다. 그런데 친구네 집 앞 배수로까지 와서는 너무나 졸린 나머지 어둠 속에 불룩 솟은 개미탑을 베개 삼아 잠이 들고 말았다. 5,000개쯤 되는 불개미 침의 흔적이 그의 얼굴과 몸통과 사지에 흩어져 있었다. 숨 쉴 때마다 나오는 강력한 알코올 냄새를 제외하고는 바이털 사인과 나머지 검사 결과 모두 정상이었다. 다음 날, '흔한 숙취'가 있긴 했지만, 다른 면에서는 멀쩡했다.[3]

그런데 간혹 불개미 침에 쏘여서 심각한 알레르기 반응을 보이는 사람들이 있다. 극히 일부이기는 하지만 전신의 피부 반응이나 호흡 곤란, 혈압 강하로 인한 졸도 등으로 병원 신세를 지기도 한다. 그러나 꿀벌이나 말벌과 비교하면 알레르기 발생 비율이 훨씬 낮다. 꿀벌이나 말벌에 쏘여 알레르기 반응을 보이는 비율은 미국 인구의 1~2% 정도인데, 불개미 침에 대한 알레르기 발생 비율은 1% 미만이다. 불개미가 위세를 떨치는 지역 사람들은 절반가량이 매년 불개미에 쏘이고,[4] 꿀벌과 말벌이 번성한 지역에 사는 사람들은 10% 미만이 해마다 벌에 쏘인다는 사실을 고려하면 더 놀라운 수치다. 꿀벌이나 말벌보다 불개미 침이 알레르기를 덜 일으키는 이유는 아직 다 밝혀지지 않았지만, 아마도 침에 쏘였을 때 주입되는 독성 단백질의 양이 훨씬 적기 때문이 아닐까 추측한다. 그럼에도 불구하고 해마다 실제로 불개미에 쏘여 사망하는 사람이 있으니 조심할 필요는 있다.

불개미 독의 화학적 성질을 파헤치는 일은 살인과 음모, 추리로 이어지는 미스터리 스릴러물에 버금갈 만큼 흥미롭다. 주요 성분인 피페리딘(piperidine) 알칼로이드는 헴록의 독성분인 코닌과 관련 있는 화합물이다. 맹독성 알칼로이드인 코닌은 예부터 사약(死藥)의 원료로 쓰였는데, 일찍이 소크라테스가 대중을 선동한 죄로 마셔야만 했던 사약이 바로 헴록의 독성분을 이용해 만든 것이었다. 헴록의 코닌은 수용성이어서 쓰디쓴 사약으로 만들기가 쉽다. 그런데 불개미의 피페리딘은 물에 녹지 않고 아무 맛도 없어서 사약 원료로 적당한 후보는 아니다. 피페리딘이 물에 녹지 않는다는 것은 이 물질이 인간에게 얼마나 유독한지 확인하기 어렵다는 뜻이기도 하다. 불개미에 쏘여 피부에 주입된 피페리딘은 혈액이나 림프를 따라 흐르지 않는다. 그래서 심장이나 폐, 그 밖의 핵심 장기로 유입되지도 않는다. 그 대신 쏘인 자리에 국소적으로 영향을 미쳐 뒤늦게 고름집을 형성하는데, 이는 외래종 불개미 침의 전형적인 특징이다. 미국 토종 불개미의 침은 고름집을 만들지 않는다. 따라서 미국에서는 쏘인 뒤에 고름집이 생기는지 아닌지로 토종 불개미와 외래종 불개미를 비교적 간단하게 구별할 수 있다. 물론 썩 유쾌한 방법은 아니다. 그런데 토종 불개미와 외래종 불개미의 독이 고름집 형성에서 이 같은 차이를 보이는 까닭은 무엇일까?

대다수 개미와 말벌, 꿀벌의 독이 수용성 단백질과 펩타이드의 혼합물인 것과 달리 불개미의 독은 작게 방울져 물에 뜨고, 단백질의 양이 무의미할 만큼 적다. 여러 학자가 연구를 거듭했으나 불개미 독의 화학 성분은 분석하기가 만만치 않았다. 1960년대 중반에는 연구에 착오가 있었고, 그때까지 밝힌 성분 식별이 사실상 잘못되었다는 보고가 이어졌다.[5] 결국, 불개미 독 연구는 아민(amine)이라는 원점으로 돌아가 새로 시작해야 했다.

1970년대 초, 곤충학자 머리 블룸은 이 도전을 받아들여 불개미 독의 수수께끼를 풀기 위한 특별 연구팀을 꾸렸다. 마침 그는 조지아주의 불개미 심장부에 살고 있었다. 머리의 연구팀은 광범위하면서도 심층적인 연구를 통해 솔레나민(solenamine)이라는 유효 성분의 구조를 알아냈다. 솔레나민의 화학 구조는 2-메틸-6-알킬피페리딘(2-methyl-6-alkylpiperidine)으로, 육각형 고리의 2번 위치에 메틸기*가 붙어 있고, 6번 위치에 알킬기**가 붙어 있다. 이 알킬기는 탄소 수가 11~15개에 이른다. 불개미의 솔레나민과 헴록의 코닌을 비교하면, 코닌은 2번 위치에 메틸기 대신 프로필기***가 붙어 있고, 6번 위치의 피페리딘 곁사슬은 아예 없다. 한편, 불개미 중에서도 좀 더 원시적인 미국 토종 불개미의

* 탄소가 한 개인 곁사슬. 알킬기 가운데 구조가 가장 간단하다.

** 포화 탄화수소에서 수소 원자 한 개를 뺀 원자단을 통틀어 이르는 말. 메틸기, 에틸기 따위가 있다.

*** 탄소가 세 개인 곁사슬.

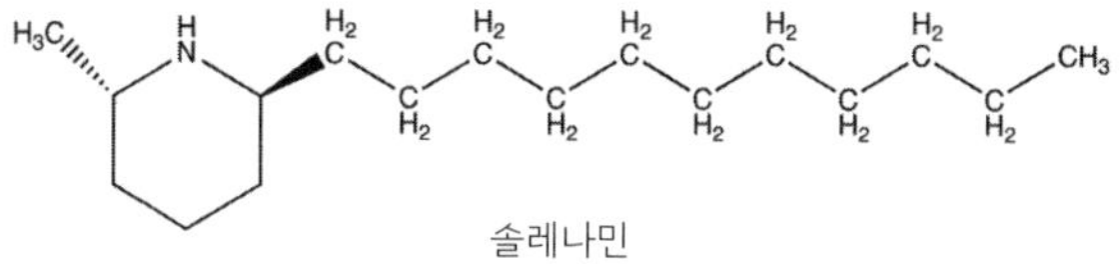

솔레나민

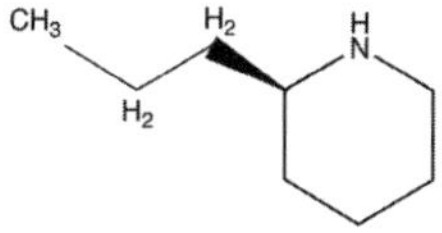

코닌

독은 피페리딘 곁사슬의 탄소가 11개지만, 두 외래종 불개미의 독은 피페리딘 곁사슬의 탄소가 13개, 15개다.[6,7] 따라서 외래종 불개미에 쏘였을 때만 피부에 고름집이 생기는 까닭은 피페리딘 곁사슬이 더 길기 때문이라고 추정할 수 있다.

또 다른 연구에서는 탄소 11개짜리 피페리딘을 가진 독이 균류나 박테리아를 억제하는 데 더 효과적인 것으로 밝혀졌다. 이는 세균 번식을 억제해 불개미 집을 위생적으로 유지하는 데 짧은 곁사슬 독이 더 유용하다는 뜻이다. 그런데 어째서 외래종 불개미는 위생 효과는 덜하고 생산을 위한 대사 비용은 더 드는 긴 곁사슬을 택했을까? 피부에 고름집을 만드는 식으로 큰 포식자에 효과적으로 대항하기 위해서였을까? 안타깝게도 우리는 답을 모른다. 녀석들은 답을 쉽게 내놓지 않는다. 불개미에 관해 풀어야 할 숙제가 아직 많다.

사람들은 대개 자기가 처한 상황이 가장 최악이라고 생각하는 경향이 있어서 주변에 있는 불개미를 끔찍이도 무서워한다. 그러나 지금까지 알려진 녀석들은 그렇게 두려워할 존재가 못 된다. 어쩌면 훨씬 지독한 것이 남아메리카에 숨어 있을지 모른다. 인간이 녀석들을 다른 곳으로 데려다주기를 기다리면서. 유명한 개미 연구가들은 훨씬 더 고약한 불개미로 솔레놉시스 비룰렌스(*S. virulens*)와 솔레놉시스 인테룹타(*S. interrupta*)를 꼽곤 한다. 그러니 곧 새로운 소식이 들려올지도 모른다.

어쨌거나 지금까지 알려진 불개미의 침은 그다지 아프지 않다. 통증 지수는 아무리 후하게 친다 해도 1에 불과하다. 꿀벌보다도 못하다. 불개미 침에 쏘이면 즉시 찌르는 듯하고 타는 듯한 감각이 느껴지지만, 그런 통증은 겨우 몇 분 만에 가라앉고, "음, 뭔가 느낌이 있긴 했는데, 법석 떨 만한 건 아니군." 하는 정도로 사그라든다.

땅벌과 말벌

땅벌과 흰얼굴왕벌이 나타나면

여자들은 겁에 질리고 소풍은 엉망진창이 된다.

전 세계 어디서나 개구쟁이들은

커다란 말벌 집에 돌을 던지고 재빨리 달아나곤 한다.

– 하워드 에번스 & 매리 제인 웨스트-에버하드, 《말벌》, 1970

땅벌(yellowjacket)을 마음속에 떠올리면 다양한 이미지들이 폭발한다. 밝고 현란한 곤충, 자신만만하고 때로는 성급한 녀석, 언제나 조심해야 할 대상. 그렇다, 조심해야 한다. 왜냐고? 침을 쏘니까. 땅벌이 근처에 있는 것을 알아채지도 못하는 부주의한 사람, 녀석을 잡으려 하거나 벌집에 집적거릴 만큼 어리석은 사람을 보면 따끔하게 혼내 주는 것이 이 벌의 특기다. 녀석이 검정 바탕에 노랑 줄무늬가 있는 재킷을 괜히 뽐내는 게 아니다. "까불면 쏜다!" 이것이 '옐로 재킷'에 담긴 메시지다.

세상에는 시력이 나쁜 포식자도 있으므로 땅벌은 소리로도 경고 메시지를 보낸다. 녀석들은 맹렬하고 높은 톤으로 시끄럽게 윙윙거리는데, 사람을 포함한 동물들은 이 소리를 곧바로 알아들을 수 있다. 경고성 소리는 땅벌이나 꿀벌, 파리가 비행할 때

나는 일상적인 소리와는 다르다. 날카로운 그 소리는 놀란 방울뱀이 내는 소리처럼 다른 소리와 분명하게 구별된다. 땅벌의 윙윙거림과 뱀의 방울 소리가 전하는 메시지는 똑같다. "까불지 말고 저리 가!"

어린 시절에 나는 땅벌 중에서도 가장 커다란 흰얼굴왕벌에 매료되었다. 환한 햇살 아래 이쪽저쪽으로 훨훨 날아다니는, 그 활발하고 속 편해 보이는 모습이 매력적이었다. 녀석들의 대담한 색깔은 나를 더욱더 흥분시켰다. 흰얼굴왕벌은 내게 도전장을 내밀며 자기들이 어디로 가고, 어디에 사는지 알아내 보라고 부추겼다. 일단 녀석들의 벌집이 어디 있는지 알아내면 더 많은 도전거리가 생겼다. 녀석들이 알아채지 못하게 얼마나 가까이 다가갈 수 있을까? 1분 동안 벌들이 얼마나 많이 들어가고 나오는지 셀 수 있을까? 위협을 가하면 녀석들은 어떻게 할까? 재미와 호기심으로 벌들을 도발했다가 된통 당하기도 했지만, 땅벌은 언제나 매력적인 곤충이었다.

틈만 나면 또래 아이들과 어울려 다니며 자연 속에서 온갖 모험을 즐기던 나에게 하루는 색다른 모험 기회가 찾아왔다. 어느 날 아버지가 우리 집 현관으로 통하는 돌계단 바로 아래에 둥지를 튼 땅벌 군집을 없앨 수 있을지 살펴보기로 하셨다. 오! 생각만 해도 흥분되는 일이었다. 그 당시에는 밤중에 벌집 입구에 휘발유를 부어 녀석들을 죽이는 것이 땅벌을 처리하는 일반적인

방식이었다. 물론 공식적으로 허가된 방법은 아니었다. 아버지는 그 방법을 좋아하지 않았다. 불법인 데다가 위험하고, 역한 냄새가 나며, 실패할 가능성도 있는 화학 물질을 쏟아부어서 우리 집 앞마당을 더럽힐 수는 없는 일이었다. 아버지는 벌집 입구를 모르타르로 메워서 녀석들을 벌집 안에 가두기로 했다. 땅벌은 붉은색을 보지 못한다는 사실을 알고 있었던 아버지는 손전등을 빨간색 셀로판지로 덮어서 가지고 나갔다. 우리는 붉은 빛에 의지해 벌집 입구를 메웠다.

다음 날 아침, 땅벌은 평상시와 똑같이 활동하고 있었다. 달라진 것은 밤사이 녀석들이 촉촉한 모르타르에 구멍을 뚫었다는 것뿐이었다. 그다음 날 밤, 우리는 벌집 입구 아래쪽에 쇠 수세미를 약간 채워 넣고 다시 모르타르로 막았다. 그러는 동안 땅벌은 안에서 부드럽게 윙윙거렸지만, 우리를 공격하지는 않았다. 다시 아침이 밝았다. 이번에도 땅벌은 별일 없다는 듯 날아다녔다. 알고 보니 녀석들이 옆으로 굴을 파서 보행로 아래쪽 땅을 지나 조금 떨어진 곳에 출구를 낸 것이었다. 땅벌은 마치 사람처럼 문제를 해결하고 능숙한 솜씨로 도전에 응했다. 이 얼마나 매력적인가!

훗날 화학과 곤충학을 공부하며 살인벌의 생태학, 유전학, 방어 행동을 연구하느라 코스타리카에 머물 때, 나는 보기 드문 말벌을 만나는 행운을 얻었다. 살인벌 연구에 빠져 있다가 잠시 휴

가를 내서 나선구더기파리(screwworm fly)의 생태를 연구하는 프랭크 파커(Frank Parker)를 만나러 갔을 때였다. 나는 곤충 소리와 음향학 전문가인 헤이워드 스팽글러(Hayward Spangler)와 동행했고, 우리가 방문했을 때 프랭크는 과나카스테주 산악 지방의 어느 목초지에서 나선구더기파리를 관찰하고 있었다. 프랭크의 작업을 방해하지 않기 위해 헤이워드와 나는 흥미로운 소리를 내거나 침을 쏘는 곤충이 있는지 탐험하러 갔다. 프랭크의 캠프 위쪽으로 약 100m 떨어진 곳에서 바라던 것을 찾았다. 빽빽한 가시덤불에 커다란 폴리비아 시밀리마(*Polybia simillima*)의 집이 있었다. 이 녀석에 관해서라면 20세기 초에 박물학자 필립 라우(Philip Rau)가 단독으로 기록한 바 있고, 이후에 곤충학자 오웨인 리처드(Owain Richards)가 몹시 고통스러운 녀석의 침에 관해 기록을 남긴 적이 있다.

기회는 그냥 두면 문을 두드리고는 달아나 버린다. 나는 얼른 채비에 들어갔다. 내가 방충복을 입고 말벌 망을 가방에 챙기는 동안, 프랭크와 헤이워드는 파리와 있는 게 더 좋다고 둘러대며 동행을 거절했다. 그동안의 내 경험을 통틀어 이렇게 흔치 않은 종을 만난 적이 없었기에 나는 기회를 놓치지 않을 작정이었다. 침을 쏘는 검은 곤충은 모두 조심해야 한다. 특히 이 녀석은 맹렬하게 윙윙대며, 빠르고 민첩하게 공격하고, 목표물에 침을 남긴다. 나는 이 모든 특성을 예상했다. 암, 그렇고말고. 가시덤불 제거용 가위와 주머니 하나를 손에 들고, 나는 이 작전이 성공할 것이며 원하던 말벌을 잡을 수 있으리라 예상했다. 이런, 틀렸다. 폴리비아 시밀리마는 자기 집을 위협하는 곤충학자를 어떻게 처리해야 하는지 금방 알아냈다. 녀석들의 해결책은 간단했다. 방충복의 그물망을 뚫고 기어 와서 쏘는 것! 나는 네댓 번쯤 쏘인 후 100m 돌진 기록을 세울 기세로 베이스캠프를 향해 줄행랑을 놓았다. "그놈들을 이리로 데려오지 마." 프랭크가 불안한 듯 말했다. 좀 더 다정하고 이해심 많은 헤이워드는 내가 벌 망사 아래로 녹색 모기 망사를 추가로 쓰는 것을 도와주었다.

이번에는 문제가 해결될 줄 알았다. 또 틀렸다. 검은 말벌은 모기 망의 고무 밴드 아래로 쉽사리 기어들어 왔다. 대여섯 번 쏘인 뒤에 또다시 소리를 지르며 100m를 전력 질주해 베이스캠프로 되돌아오는 일이 반복되었다. 이번에는 말벌 몇 마리가 나를 따라왔다. 한 마리가 윙윙거리자 프랭크의 표정이 불안에서 짜증으로 바뀌었다. "이제 여기로 오지 마. 네 말벌이랑 멀리 떨어져 있어. 난 쏘이고 싶지 않아." 폴리비아 시밀리마의 침은 땅벌이나 꿀벌보다 훨씬 더 아팠다. 하지만 나는 헤이워드의 도움을 받아 다시 시도했다. 이번에는 헤이워드가 은색 강력 접착테이프로 모기 망과 보호복 안에 입은 내 운동복 상의 사이 이음 부분 전체를, 또 내 신발을 덮은 바지와 수술용 나이트릴 장갑을 덮은 소매 이음 부분 전체를 둘렀다. 프랭크의 투덜거리는 소리를 뒤로하고, 나는 다시 언덕을 올랐다. 그리하여 마침내 침 쏘는 곤충 독에 관한 내 자료의 주요한 공백을 메우게 되었다.

~~~~~~~~~~

말벌류를 가리키는 영어 단어 'wasp'는 'webh'라는 앵글로 색슨 말에서 온 것으로, 이 단어에는 '실을 짠다'는 뜻이 있다. 즉, 집을 짓기 위해 '목질 섬유를 짠다'는 뜻으로, 식물을 씹어서 종이처럼 만들어 집을 짓는 사회성 말벌의 특징을 엿볼 수 있는 말이다. 오늘날 유럽에서는 말벌속(*Vespa*), 땅벌속(*Vespula*), 중땅벌속(*Dolichovespula*) 벌을 모두 'wasp', 즉 '말벌'이라고 부른다. 그런데 미국에서는 땅벌속과 중땅벌속 벌들을 따로 구분해 '땅벌'이라고 부르는 경향이 있다. 재미있는 것은 그 와중에 가장 큰 땅벌 종을 지목해서 특별히 흰얼굴왕벌(bald-faced hornet)로 부른다는 사실이다. 이 녀석의 학명은 돌리코베스풀라 마쿨라타(*Dolichovespula maculata*)로, 말벌속 왕벌이 아니라 엄연히 중땅벌속 땅벌인데 말이다. 아, 뭐가 뭔지 헷갈려 머리를 쥐어뜯는 사람이 있을지도 모르겠다. 교통정리를 하자면 다음과 같다.

이 책에서 '땅벌(yellowjacket)'이라는 단어는 땅벌속과 중땅벌속 벌을 가리킬 때만 사용했다. '왕벌(hornet)'은 말벌속 벌만 가리키지만, 예외적으로 돌리코베스풀라 마쿨라타는 흰얼굴왕벌이라

~~~~~~~~~~

는 일반명이 널리 알려진 까닭에 그 명칭을 그대로 사용했다. 땅벌과 왕벌을 포함해 사회성 말벌류를 두루 일컬을 때는 '말벌(wasp)'이라는 단어를 썼다.

땅벌과 왕벌은 커다랗고, 흔히 윤이 나며, 검정 바탕에 노란색이나 흰색, 때로는 빨강, 주황, 갈색 점이 있는 재킷을 자랑스럽게 걸치고 있다. 녀석들은 대개 한해살이로, 수태한 여왕이 단독으로 하나의 군집을 세운다. 생애 주기 후반에 여왕은 알을 낳는 기계가 되며, 여왕의 자손인 일벌이 거의 모든 일을 도맡아 한다. 수컷들과 어린 여왕들이 짝짓기를 하러 날아오르면서 한살이가 시작된다. 종에 따라 다르기는 하지만 짝짓기는 한 번에 10초에서 10분까지 이어지며, 암컷과 수컷 둘 다 교미를 여러 번 한다. 불개미가 벌이는 광란의 성교에 비하면 이 녀석들의 짝짓기는 서툰 편이다. 수컷이 암컷에 올라타고 생식기를 고정해 맞물리고 나면 녀석은 뒤쪽으로 떨어지는데, 암컷에 달랑거리며 매달려 있는 경우도 종종 있다.

교미가 끝나면 새로 탄생한 여왕은 포동포동 살을 찌우고, 불운한 수컷들은 죽는다. 온대 기후에 사는 암컷은 대개 나무껍질 아래, 숲의 부식질 잔해 속, 또는 건물 틈새와 같이 안전한 곳을 정해 겨울잠을 잔다. 수개월 후, 지니고 있던 지방 비축분을 85%까지 사용하고 나면,[1] 여왕은 월동을 마치고 나와 새로운 군집을 만들기 시작한다. 여왕의 첫 임무는 집짓기에 적합한 장소를 찾는 것이다. 설치류가 살다가 버린 굴, 땅속 구멍, 초목 사이의 적당한 장소, 속 빈 나무, 가정집 벽 안에 있는 공간 등이 좋은 후보지다. 둥지 지을 터를 정하면 여왕은 나무나 식물 섬유를 씹어서 종이처럼 만들어 육각형 방을 여러 개 만들고, 각 방에 알을 하나씩 낳은 후, 전체를 종이봉투 같이 둘러싼다. 알들이 부화하면 여왕은 집을 나서 유충의 먹이를 구한다. 새끼가 자라는 동안 여왕은 벌집이 붙어 있는 버팀줄기(pedicel)를 감싸 방을 따뜻하게 해서 새끼들이 더 빨리 자라도록 한다. 모든 일이 순조롭게 진행되면 몇 주 안에 어린 일벌들이 나와서 먹이 구하기, 펄프와 물 구하기, 둥지 확장 같은 작업 대부분을 넘겨받을 것이다. 그러고 나면 군집은 급속히 성장해 나갈 것이다.

그러나 모든 일이 늘 순조롭기란 어려운 법. 더러는 다른 여왕이 성공적으로 구축한 벌집을 탐내는 얌체 같은 여왕도 있다. 고생고생 집을 만들기보다 완성된 집을 빼앗는 편이 쉬울 수도 있기 때문이다. 한 여왕이 다른 군집을 침략하면 지키려는 자와 빼앗으려는 자의 싸움이 벌어진다. 이 과정에서 집을 빼앗긴 여왕은 목숨을 잃는다. 이렇게 남의 집을 찬탈하는 여왕은 같은 종일 수도 있고 다른 종일 수도 있다.

동부땅벌(eastern yellowjacket)인 베스풀라 마쿨리프론스(*Vespula maculifrons*)와 남부땅벌(southern yellowjacket)인 베스풀라 스쿠아모사(*V. squamosa*) 간에 이 같은 군집 찬탈 전쟁이 자주 일어난다. 몸집이

더 큰 스쿠아모사 여왕은 스스로 집을 지을 능력이 있음에도 마쿨리프론스 여왕의 집을 호시탐탐 노린다. 군집 찬탈 전투는 폭력적이다. 흔히 연속적으로 수행하는 개별 공격으로 다수의 여왕이 죽는데, 전투가 끝나면 침에 쏘여 죽은 여왕이 벌집 아래나 입구에 버려진 것을 발견할 수 있다. 군집을 만든 지 얼마 안 된 새 여왕일 경우 살아남을 확률이 더 낮다. 때로는 다른 종이 공격해 오기도 한다. 스스로 집을 지을 수 없거나 일벌을 생산할 수 없는 사회성 기생말벌이 주로 다른 곤충의 둥지를 넘본다. 이 뻐꾸기들은 대개 몸의 외피가 단단하고, 독성은 강하지 않으나,[2] 크고 튼튼한 침이 있어서 집주인을 공격하는 데 유리하다. 공격당한 여왕은 대부분 비참하게 패한다.

군집을 만들기 시작한 여왕 중에 살아남는 비율은 10%에 불과하다. 일단 여왕이 군집 설립 단계를 무사히 통과하면 군집은 성장 단계에 들어선다. 여왕이 새로 길러 낸 일벌들은 번식 능력이 없는 대신 군집에서 400m, 때로는 1km까지 떨어진 곳으로 날아가 먹이를 찾는다.[3] 녀석들은 물, 꿀, 섬유질 또는 먹잇감 같은 자원을 구해 온다. 물은 종이를 만들거나 뜨거운 날씨에 열을 식히는 데 필요하고, 꽃꿀이나 단물, 과즙, 청량음료 따위는 비행을 위한 에너지원이자 벌집을 따뜻하게 하는 데 쓰인다. 섬유질은 방을 더 만들어 벌집을 넓히거나 벌집 보호용 막을 만드는 데 필요한데, 종에 따라 선호하는 섬유질의 재료가 다르다. 어떤 종은 비바람 맞고 건실해진 나무를 선호하고, 어떤 종은 썩어 가는 나무의 섬유질 재료를 선호한다. 후자로 만든 종이는 질이 나빠서 쉽게 바스러진다. '벌집 트로피'를 벽에 붙이고 싶어 하는 수집가들에게는 유감스러운 일이다.

일벌이 하는 일 중 가장 어려운 작업은 먹잇감 구하기다. 먼저, 적당한 먹잇감이나 죽은 짐승의 고기 같은 단백질원을 찾아야 한다. 산 곤충이라면 붙잡아서 제압해야 하고, 죽은 짐승의 고기는 운반하기 적당하게끔 처리해서 벌집까지 가지고 날아와야 한다. 먹잇감은 집파리, 쇠파리, 말파리, 그 밖의 흔한 파리와 애벌레 등 아무 곤충이나 거미면 적당하다. 나방, 메뚜기, 바퀴벌레, 매미, 딱정벌레 유충, 꿀벌, 심지어 같은 종의 다른 땅벌도 좋은 먹잇감이다.[4,5]

말벌류는 시각과 후각을 모두 이용해 먹이를 구한다. 녀석들의 커다란 겹눈은 선명한 이미지를 만들기보다 움직임을 포착하는 데 적합하다. 말벌은 주로 먹잇감의 움직임을 감지해 덮치는데, 헛간 벽에 붙어 쉬는 파리처럼 움직이지 않는 먹잇감도 덮친다. 언뜻 벽에 붙은 파리처럼 보이는, 헛간 한쪽에 튀어나온 못대가리를 반복해서 덮치기도 한다. 녀석의 면을 세워 주자면, 땅벌은 벽에 붙은 검은 점이 파리가 아니라는 것을 학습하고 나면 그 못을 다시 덮치지 않는다. 대신 근처의 다른 못대가리를 덮치는데, 비슷한 것이 보일 때마다 일일이 학습해야 한다.[4]

냄새는 먹잇감을 찾는 또 하나의 중요한 단서다. 땅벌을 관찰하면 녀석들이 머리를 먹잇감이 있는 쪽으로 향한 채 비행하는 것을 종종 볼 수 있다. 그 먹잇감이 너무 커서 한 번에 가져갈 수 없을 때는 일종의 정위 비행(定位 飛行)*을 하는데, 머리를 먹잇감 쪽으로 향한 채 좌우로 원을 그리며 맴돌다가 서서히 그 장소에서 멀어진다. 이 방법으로 먹잇감의 위치를 기억하는 것은 물론이고, 그것이 커다란 거미의 잔해인지, 죽은 쥐인지, 아니면 사람이 떨어뜨린 젤리인지 시각적으로 학습한다. 학습을 마친 정찰병은 재빨리 돌아가서 벌집에 있는 동료들에게 냄새 정보를 전달하고 먹잇감을 가지러 갈 팀을 조직한다. 냄새 단서로 무장한 땅벌들은 냄새의 진원지를 향해 날아가며 수색을 시작한다. 동시에 눈으로는 그 먹잇감을 벌써 먹고 있는 다른 땅벌이 없는지 찾는다.[6]

여왕이 처음 군집을 키우기 시작할 때는 생식 능력이 없는 일벌만 생산한다. 그러다가 군집의 개체 수가 증가하고 어느 정도 규모를 갖추고 나면 일벌뿐 아니라 생식 능력이 있는 수벌과 차세대 여왕벌을 생산하기 시작한다. 이 변화는 대개 늦여름이나 가을에 일어나는데, 바로 이때가 군집의 개체 수가 가장 많은 시

* 동물이 방향을 정하기 위해 행하는 비행. 땅벌뿐 아니라 다른 벌도 정위 비행을 한다. 꿀이 있는 곳을 발견한 꿀벌 역시 곧바로 둥지 방향으로 날지 않고 점차 고도를 높이면서 원형을 그리며 난다.

기다. 이성에 집착하는 청소년이 여럿 있는 집이 그렇듯이, 생식 능력이 있는 새로운 개체들이 늘어난 땅벌 군집에도 혼란이 찾아온다. 그런 개체들은 일은 하지 않으면서 손이 많이 가고 먹이를 많이 먹는다. 군집은 쇠락하기 시작하고, 이 무렵 어미 여왕은 생산 능력이 감소하며 어디론가 사라지는 일도 종종 있다. 그 계절이 끝날 즈음, 일벌이 모두 죽고 새로운 여왕들은 짝짓기를 하며, 교미를 마친 수컷들은 죽는다. 그렇게 한살이가 끝나고 벌집은 버려진다. 새로운 여왕들은 겨울을 날 은신처를 찾아든다.

여기서 잠깐, 모든 이야기가 언제나 똑같이 끝나지는 않는 법. 간혹 좀 더 따뜻한 지역에서는 일부 종이 두해살이를 하기도 한다. 그런 종은 겨울을 나고 다음 해까지 사는데, 이들 군집에는 다수의 여왕벌이 있어서 군집 규모가 수그러들지 않고 계속 성장한다. 때로는 한 군집에 100마리 이상의 여왕이 있고,[7] 벌집의 크기가 높이 3m, 지름 1m까지 커지며,[8] 무게는 450kg이나 나갈 정도로 성장하기도 한다.[9] 개구쟁이들이 이런 군집에 돌을 던지지 않도록 각별히 주의를 주는 게 좋을 것이다.

아이들이 돌을 던지지 않아도 크고 작은 다양한 포식자가 땅벌을 공격한다. 파리매(robber fly)와 잠자리는 주로 혼자 먹이를 구하는 여왕벌, 일벌, 수벌을 공격한다. 파리매는 정찰 중인 벌을 잡아서 단검 같은 입 틀로 벌의 목이나 가슴 위를 뚫고, 거의 즉각적으로 치명적인 독을 주입한다. 잠자리는 날아가는 말벌을

위에서 덮쳐 다리로 붙잡고는 재빨리 말벌의 몸을 씹어서 뚫는다. 거미줄을 치는 거미는 덫에 걸린 땅벌을 잡아먹고, 게거미는 은밀하게 꽃 안에 숨어 있다가 땅벌이 꿀을 찾아 꽃에 앉았을 때 붙잡는다. 다양한 새와 포유류같이 덩치 큰 포식자도 있다. 쥐, 두더지, 뾰족뒤쥐는 흔히 겨울잠을 자는 여왕벌을 먹이로 삼는다. 생쥐나 두더지보다 더 큰 포유류는 한층 더 위험하다. 완전히 성숙해 개체 수가 많은 군집까지도 파괴할 힘이 있기 때문이다. 땅벌에게는 미안하지만, 자연을 연구하는 인간에게는 이런 포식자가 가장 흥미롭다. 북아메리카 동부 지역에서는 너구리가 땅벌의 주요 포식자인데, 녀석은 땅속의 벌집을 탐욕스럽게 파헤치고, 방을 흩뜨리고, 마치 사람이 옥수수 대에 붙어 있는 낟알을 먹는 것처럼 각 방에서 나온 유충들을 먹는다.[10] 그 외에 스컹크, 오소리, 흑곰이 너구리 뒤를 잇는 땅벌 포식자다.

그런데 몸집이 큰 포식자는 모두 땅벌의 침을 잘 견딜까? 덩치가 얼마나 커야 땅벌 침을 견딜 수 있을까? 다른 건 몰라도 사람에게는 땅벌의 침이 정말 아프다. 그렇다면 땅벌을 잡아먹는 동물은 모두 벌침을 막을 정도로 피부가 두껍고 털이 빽빽할까? 꼭 그렇지는 않다. 눈, 코, 입 등 피부가 얇고 털이 짧은 부분은 더욱 아니올시다. 나는 독일산 셰퍼드에서 꿀벌 침 3,305개를 세어 본 적이 있는데, 침의 90%가 얼굴, 특히 눈과 코, 주둥이 부분에 있었다.[11] 설마 꿀벌보다 땅벌이 침을 쏘겠다고 경고하는 능력이 떨어지는 걸까? 그렇지는 않을 것이다. 꿀을 사랑하는 것으로 잘 알려진 곰들은 단백질이 풍부한 땅벌 유충을 꿀만큼이나 사랑한다. 그것도 침에 쏘이는 고통을 초월할 정도로! 이에 관하여 1922년, N. K. 비글로(N. K. Bigelow)는 다음과 같이 묘사했다. "녀석들은 땅속에 있는 벌집을 파헤친다. 아주 빠르게 파다가, 분노한 곤충들이 침을 쏘면 작업을 멈추고 으르렁거리며 땅 위를 구르다가, 다시 땅을 파헤친다. 형벌이 아무리 심해도 곰 아저씨는 군침 도는 먹잇감을 차지할 때까지 땅을 파고 벌침에 쏘이기를 반복한다."[12]

혹시 곰, 오소리, 너구리, 스컹크는 사람보다 강하거나 벌침을 더 잘 견디는 것일까? 아니면 녀석들이 몹시 배가 고픈 것일까? 어쩌면 녀석들은 침 독에 저항성이 있거나, 마치 몽구스(mongoose)*가 코브라의 독을 중화하듯이 벌침의 독을 중화할 수 있는지도 모른다. 우리는 아직 답을 모른다. 계속 주목하시라!

새들도 땅벌의 주요 포식자다. 대륙검은지빠귀, 박새, 타이란새 등을 포함한 여러 새가 비행 중인 땅벌을 낚아챈다. 딱새는 날아다니는 꿀벌과 말벌을 잡아먹는 데 너무나 능숙한 나머지 미국에서 '벌잡이새(bee-eater)'로 불린다. 유럽 딱새인 메롭스 아피아스테르(*Merops apiaster*)는 날아다니는 말벌을 잡은 다음 나뭇가지

* 사향고양잇과의 포유류를 통틀어 이르는 말. 전 세계에 40여 종이 분포한다.

에 대고 벌을 후려쳐서 독을 제거한 뒤, 건배사를 외친다. 잡은 벌이 수컷이면 독을 제거하는 조치를 생략하고 바로 먹는다.[13] 페르니스 아피보루스(*Pernis apivorus*), 즉 벌매(honey buzzard)도 침 쏘는 곤충을 잡아먹는 전문가다. 유럽, 아시아, 아프리카 등에 사는 벌매는 땅벌을 비롯해 침 쏘는 곤충을 좋아한다. 녀석은 땅을 파고 벌집에서 나온 유충과 번데기를 태평하게 먹는다. 땅벌 무리가 벌매의 머리를 둘러싸고 있는데도 아랑곳하지 않고 침에 쏘인 내색도 하지 않는다. 벌매는 그저 자기를 노리는 포식자가 있는지 경계하면서 식사를 즐기는 데 여념이 없다.

이렇듯 크고 작은 다양한 포식자가 땅벌을 잡아먹고 산다면, 대체 땅벌의 침은 무슨 소용이란 말인가? 단순히 먹잇감을 죽이거나 마비시키느라 침을 쏘는 것일까? 결론부터 말하면 땅벌의 침은 대부분의 잠재 포식자에 대항하는 우수한 방어 수단이다. 물론 침이 방어 기능을 제대로 수행하지 못하는 예외적인 경우도 있다. 이런 예외는 포식 동물의 적응, 전략, 방어 행동이 어떻게 진화했는지 알려 주는 단서가 되기도 하고, 침이 방어 수단으로서 얼마나 가치 있는지 평가할 수 있는 방편이 되기도 하므로, 연구자에게는 방어 수단의 실패 사례가 더 흥미롭게 느껴질 때도 있다. 하지만 한 유기체의 생애를 이해하려면 실패 사례보다는 성공담에 초점을 둘 필요가 있다.

그런데 땅벌이 정말로 먹잇감을 쏠까? 상식에 의하면 말벌은 먹잇감을 쏜다. 그러나 상식이 언제나 진리인 것은 아니다. 말벌이 먹잇감을 쏘는 장면을 관찰해 기록으로 남긴 사례가 많은데, 이는 사실이 아니라 바로잡아야 할 오류다.

말벌의 행동은 두 가지 면에서 인간의 오해를 불러일으킨다. 첫째, 곤충이 먹잇감을 잡는 행위는 산소를 많이 소모하는 힘든 일이다. 대다수 곤충처럼 땅벌도 기도를 통해 숨을 쉬어 세포 조직에 산소를 공급하며, 이 과정에서 마치 아코디언 같은 복근이 펌프 작용을 한다. 침은 복부의 뾰족한 끝 안쪽에 싸여 있는 데다 매우 가늘고, 검은색이어서 침을 쏠 때 순간적으로 노출되는 그 침을 맨눈으로 보기는 사실상 불가능하다. 하지만 말벌이 침을 쏠 줄 안다는 '상식'을 가진 관찰자는 복부 근육의 펌프 작용을 보고는 말벌이 먹잇감에 침을 때려 박는 행동이라고 결론 지어 버린다.

둘째, 우리는 종종 어린아이나 무거운 물건을 옆구리에 끼고 골반으로 받쳐서 나른다. 그럴 때 골반이 마치 여분의 팔처럼 작용한다. 땅벌은 골반이 없지만, 빠져나가려 애쓰는 먹잇감을 제압하기 위해 우리의 골반 같은 여분의 팔이 필요할 때가 있다. 그럴 때 땅벌은 복부 끝을 이용하는데, 그 움직임이 인간에게는 복부에 힘을 줘서 침을 쏘는 동작처럼 보이는 것이다.

말벌이 먹잇감을 쏜다고 오해하게 되는 또 한 가지 이유는 우리가 녀석들의 방어 행위와 포식 행위를 혼동하기 때문이다. 포

식자가 땅벌이나 그 밖의 침 쏘는 곤충을 공격하면 이들은 방어 목적으로 침을 쏘려 할 것이다. 거미줄에 걸린 땅벌이 집주인 거미의 공격에 맞서 싸울 때, 잠자리에 붙들린 말벌이 빠져나가려고 싸울 때, 그런 방어 행동을 관찰할 수 있다. 그 싸움에서 말벌이 이기면 녀석은 포식자가 되고, 말벌을 노렸던 원래의 포식자는 먹잇감 신세가 된다. 즉, 말벌이 먹잇감을 사냥하기 위해 침을 쏘는 것이 아니라, 침을 쏘아 방어에 성공한 결과로 먹을거리가 생긴 것이다. 칼 던컨(Carl Duncan)의 말대로 말벌이 먹잇감을 쏜다는 기록은 "정확한 관찰이라기보다 인간의 선입견에 근거한 단순한 오류"다.[4]

다시 말하지만, 침은 사냥용 무기가 아니라 효과적인 방어 수단이다. 그런데 아이러니하게도 침이 효과적으로 기능하려면 때때로 실패를 해야만 한다. 땅벌을 노리는 포식자가 없었다면 녀석들의 독침은 애초에 진화하지 않았을 것이다. 자연 선택은 불필요한 에너지를 소비하는 신체 기관을 가차 없이 제거한다. 침이 필요하지 않았다면 땅벌의 침은 동굴에 사는 물고기의 눈처럼 퇴화했을 것이다. 또 침을 쏠 때마다 간신히 포식자를 물리쳤다면 그 침은 이엉개미처럼 개미산을 뿌리는 분사구로 변형되었을 것이다. 땅벌 침이 진화를 거듭할 수 있었던 까닭은 그것이 효과적이되 항상 효과적이지는 않았기 때문이다. 방어 효과가 약한 침을 가진 여왕과 많은 포식자를 효과적으로 물리친 침을 보유한 여왕을 생각해 보자. 효과 좋은 침을 가진 개체는 자신의 유전자를 다음 세대에 전달하는 데 선택적 우위에 있었을 것이다. 결국, 포식자라는 필터가 침의 진화, 개선, 유지를 위한 원동력이 된 셈이다.

침이 진화한 덕분에 땅벌 군집에 생태학적 기회의 문이 열렸다. 포식자의 눈치를 살피며 소극적으로 살다가 음식 조각으로 전락하기보다는, 자기를 지킬 줄 아는 매서운 땅벌이 되어 적극적으로 꽃을 찾아다니거나 파리가 있는 목초지의 신선한 소똥을 찾으며 낮에도 들판을 활보할 수 있게 된 것이다. 당연히 알도 많이 낳고 새끼를 더 많이 길러 낼 수 있었을 것이다.

일부 말벌은 이엉개미처럼 독을 분사하는데, 이 독은 개미산이 아니라 세포를 용해하며 고통을 유발하는 성분을 지닌 단백질성 독이다. 나는 연구 목적으로 동부땅벌 한 군집을 일부러 화나게 한 적이 있다. 수백 마리 일벌을 자극해 내 벌 망으로 유인하자, 녀석들은 쏘려고 시도하며 벌 망 주변을 날아다녔다. 그런데 갑자기 공기에서 달콤한 향기가 났다. 상황은 유쾌하지 않았으나 꽃향기 같은 그 냄새는 제법 유쾌했다. 대체 그 냄새는 어디서 왔고, 기능은 무엇일까? 답은 분명했다. 냄새가 나자마자 땅벌들이 더욱 맹렬하게 공격하기 시작했다. 그 냄새는 페로몬의 하나로, 경고를 전달하고 더 많은 동료가 전투에 참여하도록 유도하는 것이었다. 그렇다면 냄새의 출처는? 짐작건대 침 독일 것이다. 예전에 실험실에서 신선한 독주머니가 뭉개졌을 때, 딱 그 냄새가 났었다. 땅벌의 다른 부위에서는 그 냄새가 나지 않았다. 그리고 그 냄새가 현장에서 퍼지자, 내 얼굴 근처의 공기가 자극적이고 불쾌하게 변했다. 일벌이 미세한 독 방울을 공기 중에 분사하고 있었던 것이다. 이 작은 방울이 페로몬을 방출하는 장치였다.

그나마 동부땅벌이 분사한 독은 아주 나쁘지는 않았다. 적어도 나에게 직접적인 해를 끼치지는 않았으니까. 하지만 열대 지역에 사는 사회성 말벌류에 속한 파라카르테르구스 프라테르누스(*Parachartergus fraternus*)는 달랐다. 날개 끝은 황백색이고, 몸통은 사랑스럽고 우아하며, 반짝이는 검은색으로 경고 표시를 하는 이 말벌은 주로 나무 위에다 아름답고 예술적이며 섬세한 물결무늬 벌집을 짓는데, 맨 바깥의 물결 모양은 벌집을 감싸는 얇은 잿빛 벽지가 된다. 나는 코스타리카에서 프라테르누스를 처음 만났다.

그날 나는 안내원과 함께 차를 타고 코스타리카 몬테베르데로 가는 가파른 길을 달리고 있었다. 도중에 우리는 길 왼편 작은 나무에 매달린 벌집을 발견했다. 예술적이라 할 만큼 아름다운 그 벌집은 지면에서 약 3m 높이에 있었고, 벌집이 매달린 나무는 지름이 15cm 정도였으며, 아래쪽 계곡 방향으로 20°쯤 기울어 있었다. 벌집을 손에 넣기는 식은 죽 먹기로 보였다. 그저 방충복을 입고, 손에 주머니를 하나 들고, 나무를 재빨리 타고 올라, 조심스레 벌집을 주머니에 넣고, 벌집이 매달린 가지를 자르면, 짜잔, 나는 원하는 것을 얻을 것이다. 하지만 벌집 주인은 내 생각에 동의하지 않는 것 같았다. 내가 나무에 오르자마자 그 진동이 녀석들에게 전해졌다. 그래도 녀석들이 나를 보고 날아오르거나 공격하지는 않았다. 나는 최대한 숨을 참고 있었다. 모든 것이 계획대로 진행되었다. 주머니가 날카로운 부분에 걸려 둥지 전체를 감싸는 데 실패하기 전까지만.

내 뻔뻔함이 너무 지나쳤는지, 말벌들이 폭발하듯 벌집에서 나와 내게 달려들었다. 다행히 녀석들은 벌 망을 뚫지 못했다. 대신 내 눈을 향해 독액을 분사했다. 벌 망 사이로 들어온 독이 눈에 닿자마자 나는 눈을 꼭 감았다. 그 와중에 나는 낭떠러지 쪽으로 뻗은 3m 높이 나무 위에 있었고, 벌집은 일부만 주머니 속에 있는 상태였으며, 앞을 볼 수도 없었다. 상황이 아무리 나빠도 기회를 놓치기는 싫었다. 나는 기를 쓰고 벌집 전체를 주머니에 넣은 다음, 벌집이 매달린 가지를 잘랐으며, 앞이 안 보이는 채로 나무에서 미끄러져 내려왔다. 소중한 것을 손에 들고서.

안내원이 나를 얼른 차에 태우고 출발했다. 몇 분간 통증이 이어지고 눈물이 계속 흘렀다. 다행히 그 독은 수용성이어서 얼마 뒤 눈물에 모두 씻겨 나갔다.

인간은 땅벌을 그다지 좋은 친구로 생각하지 않는다. 침에 쏘일까 두렵기 때문이다. 말벌이 등장하는 최초의 문헌 기록은 강력한 초대 이집트 파라오로서 오랜 기간을 통치한 메네스(Menes)에 관한 것이다. 기원전 2641년경, 전하는 바에 따르면, 메네스 왕은 영국 인근으로 전함을 타고 나가다가 말벌에 쏘여 죽었다고 한다. 말벌 애호가들이나 말벌 독에 알레르기가 있는 사람들에게는, 이것이 사실이었으면 싶을 만큼 창의적인 이야기이기는 하다. 그러나 왕은 말벌에 쏘여 죽지 않았다. 메네스는 나일강을 항해하는 도중 하마에게 당했을 가능성이 크다. 그런데 어쩌다 왕의 목숨을 앗은 존재가 하마에서 말벌로 둔갑했을까? 혹시 우리가 하마보다 말벌을 더 무서워하기 때문은 아닐까?

아리스토텔레스(Aristoteles)는 2,300여 년 전에 땅벌과 왕벌에 관해 기록한 최초의 과학자다. 그는 땅벌이나 왕벌 침이 꿀벌 침보다 더 강하다고 썼으며, 녀석들의 생애사 중 많은 부분을 정확하게 설명했다. 또 수컷은 침이 없으며, 여왕에게는 침이 있을 가능성이 크지만, 사용하지는 않는다고도 했다. 아리스토텔레스 이후에는 미신과 낭만적인 무지의 시대가 이어졌다. 고대 로마인은 땅벌이 죽은 말에서 생겨나고, 왕벌은 죽은 군마에서 생겨나는 특별한 존재이며, 꿀벌은 죽은 황소에서 나온다고 믿었다. 이런 믿음은 유럽에서 오랫동안 이어져 오다가 1719년이 되어서야 말벌에 관한 근대 과학적 이해가 시작되었다.[15]

이 같은 전설이나 사실이 전하고자 하는 바는 무엇일까? 사람과 말벌의 대결에서 말벌이 이겼다는 뜻일까? 여기, '그렇다'고 답하는 일련의 근거가 있다. 미국에서는 해마다 50여 명이 각종 말벌, 꿀벌, 불개미의 침에 쏘여 죽는다.[26] 동시에 이보다 1만 배나 더 많은 사람이 흡연으로 죽는다. 당뇨로 죽는 사람은 1,000배 더 많다. 칵테일파티에 갔다가 자욱한 담배 연기 속에서 어떻게 가까스로 탈출했는지, 또는 휴식 시간에 커피를 마실 때 저 달콤하고 기름진 도넛의 유혹을 어떻게 이겨냈는지 장황하게 이야기하는 사람은 별로 없다. 그보다는 말벌을 상대로 어떻게 살아남았는지 무용담 늘어놓기를 좋아하는 사람이 더 많다. 왜 그럴까? 침 쏘는 곤충이 공포를 조장하는 심리 게임에서 승리했기 때문이다. 완전히 겁에 질리는 정도까지는 아니더라도 사람들은 모두 침 쏘는 곤충을 겁낸다. 흡연이나 당뇨는 말벌보다 몇 배는 더 위험한데도 그다지 두려워하지 않는다.

사람과 말벌 간의 심리 게임은 나날이 진화했다. 어느덧 우리는 침 쏘는 곤충을 단순히 두려워하는 상태를 넘어서 그 두려움을 즐기는 경지에 이르렀다. 사람들은 한층 더 멋진 이야기를 지어내려고 공포를 과장하고 이야기를 덧붙이고는 한다. 1999년 어느 화창한 7월 오후, <코스모폴리탄(*Cosmopolitan*)>의 편집자로

부터 인터뷰 요청을 받았다. 나는 여성 사회의 문화를 잘 모르고 패션 전문가도 아닌데, 왜? 궁금한 마음에 연구실 학생에게 그 잡지의 배경 정보를 물어보았다. "뭐라고요? 코스모가 교수님을 인터뷰하고 싶어 한다고요?" 그 학생이 경악하는 표정을 독자들에게 보여 줄 수 없는 게 아쉽다. 얼마 뒤, 나는 두려움에 떨면서 인터뷰에 임했다. 다행스럽게도 <코스모폴리탄>이 원한 것은 여성 문화나 패션 정보가 아니라 침 쏘는 곤충에 관한 지식이었다. 그런데 <코스모폴리탄>이 왜 말벌에 관심을 보였을까? 어느 아름다운 가을날에 숲에서 즐거운 한때를 보낼 젊은 독자들의 안전을 염려한 편집자들이 독자들의 걱정을 덜어 주는 기사를 쓰고 싶었기 때문이었다. 말벌 1점 획득.

몇 년 전에 우리의 오랜 친구인 베스파 만다리니아(*Vespa mandarinia*), 그러니까 장수말벌이 중국 신문 기사에 올라 사회를 떠들썩하게 한 적이 있다. 헤드라인은 다음과 같았다. '살인 말벌이 중국 전역을 날뛰며 돌아다니다', '거대한 살인 말벌이 중국에서 42명을 살해하고 1,600명 이상의 사상자를 내다', '거대한 장수말벌이 중국에서 사람을 죽이고 있으며 동종 번식으로 개체 수가 어마어마하게 늘고 있다'. 한 기사에는 어떤 사람의 손바닥을 완전히 가로지르는 크기의 네 마리 장수말벌 사진이 실려 있었다. 사진을 보고 처음 든 생각은 '우와, 정말 커다란 말벌인가 보군'이었는데, 곧 내 머릿속에서 '헛소리 탐지 앱'이 알람을 울렸다.

무언가 의심스러웠다.

마침, 내 책상 옆 곤충 캐비닛에 여왕벌 두 마리가 있었는데, 장수말벌 중 가장 큰 개체, 다시 말해 모든 왕벌 중 가장 큰 것이었다. 나는 이 여왕벌을 중국 항저우 근처 윈시의 대나무 숲에서 잡았다. 채집 당시 녀석은 숲 바닥을 천천히 순항하는 벌새처럼 보일 정도였다. 이 여왕벌들은 모조품이 아니라 진짜 표본이다. 나는 그 표본들을 왼손에 올려 보았다. 손 너비의 절반을 살짝 넘을 뿐이었다. 내 손은 어른치고는 평균보다 약간 작은 편이다. 그렇다면 그 기사의 사진은 어떻게 된 것일까? 기사에는 그 사람의 나이가 명시되지 않았으며, 사진에도 손 이외의 신체는 전혀 보이지 않았다. 나는 열한 살 된 아들의 손에 그 표본을 놓아 보았다. 완벽하게 들어맞았다! 기사를 작성한 사람들은 장수말벌의 실제 크기가 성에 차지 않았는지 한층 더 커 보이게끔 연출했던 것이다. 말벌이 또 1점 획득.

땅벌은 사람의 감정뿐 아니라 법체계에도 영향을 미친다. 영국에서는 '위험하고 사나운 동물을 고의로 숨겨 주는 행위'가 불법이다. 파리, 메뚜기, 사마귀는 상관없지만, 꿀벌과 말벌은 이 조항의 '위험하고 사나운 동물'에 해당한다. 예전에 나는 어떤 소송 사건에 '전문가 증인'으로 관여한 적이 있다. 사건의 내막은 다음과 같다. 한 여성이 몬태나주 빌링스에 있는 대규모 소매 체인점에서 딸기 롤 케이크를 구매했다. 어느 날 자정 무렵, 출출했

던 여성은 롤 케이크 한 조각을 먹었다. 아무 문제가 없었다. 그 다음 날, 여성이 다시 케이크를 조금 먹었는데, 롤 케이크 안에 있던 '꿀벌'에 쏘였으며, 알레르기 반응이 일어났고, 응급실에서 치료를 받았다. 이 사건에서 배상 책임을 져야 하는 사람은 누구인가?

나는 객관적으로 증언했다. 우선 케이크 속의 벌은 꿀벌이 아니라 독일땅벌(German yellowjacket)이며, 그녀가 벌침에 쏘인 것으로 추정되는 시각에 케이크 속 땅벌이 살아 있기는 불가능하다. 그 케이크는 며칠 전에 동쪽으로 2,500km 떨어진 지역에서 제조되어 비닐로 밀봉되었기 때문이다. 또 그 땅벌은 분홍색 케이크 설탕 속에 완전히 파묻혀 있었는데, 이는 녀석이 제조 과정에서 케이크에 들어갔다는 증거다. 말벌은 그런 상태에서 기껏해야 몇 시간밖에 못 견딜 것이다. 그리고 녀석이 상점에서 케이크 안으로 들어갔을 가능성은 없다. 그 케이크는 밀봉된 상태로 유통, 판매되었기 때문이다. 추가 검사를 해 보니 땅벌 침은 복부 안쪽에 완전히 틀어박혀 있었다. 침 끝은 온전한 상태 그대로였고, 구부러지거나 꺾이지도 않았다. 사건은 종결되었다. 땅벌 무죄. 인간과의 심리전에서 땅벌이 또 1점을 올렸다.

불개미와 마찬가지로 인간은 땅벌과도 지난한 전투를 벌였다. 땅벌에 쏘일까 봐 겁먹은 사람들이 공원과 리조트를 찾지 않자 경영자들은 문을 닫을 수밖에 없었고, 벌목꾼은 작업을 중단했으며, 소방관이 산불을 끌 때도 땅벌을 피하느라 진화 작업에 애를 먹었다. 땅벌 때문에 피해를 본 과수업자는 화가 나서 손상 작물을 폐기했고, 양봉업자의 벌집도 땅벌의 공격에 시달렸다.[17] 혐오 감정에 경제적 손실을 더하면 전쟁의 명분이 생긴다. 땅벌을 없애자! 전쟁을 선포한 사람들은 먼저, 비산납 살충제를 투입했다. 실패. 그다음에는 기적의 살충제인 DDT와 클로르데인을 말고기 미끼와 함께 투입했다. 집중적으로 미끼를 놓은 덕분에 국지적으로는 일벌 개체 수가 줄어들었다.[18] 그러나 살충제는 환경을 파괴한다. 불개미 살충제인 미렉스도 효과는 있었지만, 환경에 해를 끼쳐서 퇴출당했다. 살충제를 개선하는 동시에 땅벌이 좋아할 만한 완벽한 미끼를 찾아야 했다. 참치부터 다양한 고양이 사료와 삶은 햄 등 갖가지 제품이 우위를 다퉜다. 1995년, 뉴질랜드에서는 아홉 가지 생선과 일곱 가지 고기를 가지고 어느 것이 땅벌을 가장 잘 유인하는지 알아보았다.[19] 땅벌은 사슴고기를 가장 좋아했고, 토끼와 말이 그 뒤를 이었다. 소고기가 가장 인기 없었고, 생선 종류는 모두 소고기와 말고기 사이였다. 소풍을 준비하고 있다면 사슴고기나 토끼고기 샌드위치는 일단 피하고, 소고기를 선택하시라.

뉴질랜드에서는 독일땅벌이 폭발적으로 증가해 몸살을 앓게 되자, 땅벌이 군집을 세우지 못하게 여왕 땅벌을 잡으면 포상금을 주는 제도를 시행했다. 포상금이 어찌나 효과적이었는지 어

른, 아이 할 것 없이 석 달 동안 11만 8,000마리의 여왕을 잡아들였다. 모두 이 모험을 즐겼다. 그다음 철에 개체 수가 전혀 줄어들지 않은 채 땅벌이 출몰하기 전까지는 말이다. 사이프러스 공화국에서도 겨울 동안 이와 비슷한 포상 프로그램을 추진했고, 사람들은 역시 열정적으로 참여했으며, 어마어마한 포상금을 지급했다. 그러나 그 이듬해는 지난 몇 년 가운데 최악의 땅벌 시즌으로 기록되었다.[9] 이번에도 땅벌 승.

땅벌 전쟁을 치른 장수들은 새로운 접근법이 필요함을 깨달았다. 그때까지는 땅벌이 독성을 함유한 미끼를 벌집으로 가지고 가서 군집을 독살하게끔 유도했는데, 이 작전에는 두 가지 단점이 있었다. 첫 번째는 미끼와 함께 독성 물질을 사용해야만 한다는 것, 두 번째는 미끼가 너무 빨리 상하거나 말라 버려서 땅벌의 입맛에 맞지 않게 변한다는 점이었다. 그렇다면 미끼를 발견한 정찰병이 집으로 돌아가지 못하게 막으면 어떨까? 정찰병을 직접 잡아들이는 것이다! 이에 따라 땅벌이 들어갈 수만 있고 나올 수는 없는 함정에 독성이 없는 화학적 유인 물질을 넣어 두기로 했다. 해리 데이비스(Harry Davis)가 이끄는 연구팀이 땅벌 유인 물질을 찾기 위해 293개나 되는 물질을 일일이 검사한 결과,[20] 대망의 1위는 2,4-헥사디에닐부티레이트(2,4-hexadienyl butyrate)였고, 그다음이 헵틸부티레이트(heptyl butyrate), 3위는 옥틸부티레이트(octyl butyrate)였다. 이들 유인 물질을 사용한 결과 나흘 만에 20만 마리의 정찰 땅벌이 함정에 빠졌는데, 외바퀴 손수레 하나를 다 채울 만한 양이었다. 이로써 8ha의 복숭아 과수원을 무사히 지킬 수 있었다. 드디어 땅벌과의 소규모 전투에서 승리를 거두었다. 전쟁은 이 정도면 충분할 것이다.

땅벌이 사람을 쏘는 까닭은 대개 우리가 녀석들의 군집에 너무 가까이 갔기 때문이다. 이유가 무엇이건 땅벌에 쏘이면 아프다. 그렇다고 땅벌을 무턱대고 미워해야만 할까? '원수를 사랑하라'는 가르침을 땅벌에게 적용할 수는 없을까? 원수를 사랑해야 하는 까닭은 상대가 아무리 나의 적이라 해도 그의 내면에는 선이 존재하기 때문이다. 땅벌이 인간에게 전율과 흥분, 짜릿한 이야깃거리를 제공하는 것 말고 좋은 점이 뭐가 있냐고 반문하는 사람이 있을 수 있겠다. 나는 땅벌이 까칠하고 까다로운 곤충이기는 하지만 얼마든지 괜찮은 친구가 될 수 있다고 말하고 싶다. 땅벌이 가장 좋아하는 두 가지 먹이는 사람에게 질병을 옮기는 파리류와 곡물 농사를 망치는 애벌레들이다. 150여 년 전, 영국의 한 저택에서 말벌을 모조리 없애 버리자 2년 뒤에 그곳에 파리 떼가 들끓게 되었다는 기록이 있다.[21] 파라과이의 목장에서는 또 다른 사회성 말벌인 폴리비아 오치덴탈리스(*Polybia occidentalis*)가 엄청난 수의 흡혈 파리를 사냥하는데, 특히 소의 눈 주변에 날아드는 성가신 파리를 없애 준다.[14]

땅벌이 좋아하는 또 다른 먹잇감인 애벌레는 생태계의 '먹보

기계'다. 애벌레들은 각종 잎사귀를 잘게 씹어 소시지 같은 몸통 속으로 쉴 새 없이 집어넣는다. 그런데 쌍살벌속 말벌류는 거의 애벌레만을 잡아먹는다. 노스캐롤라이나주의 담배 농장에서는 담배박각시나방(tobacco hornworm) 유충이 담뱃잎을 갉아 먹는 것이 큰 골칫거리였다. 니코틴을 좋아하는 이 애벌레는 담뱃잎을 먹고 급속하게 자라 제트 전투기 모양의 담배박각시나방이 된다. 애벌레의 몸무게는 약 14g이지만, 녀석들은 자기 몸무게의 12배나 되는 담뱃잎을 손쉽게 먹어 치운다. 그것도 즙 많은 최상의 잎만 골라서. 이에 머리를 맞댄 곤충학자들은 먼저, 말벌을 위해 작은 나무 쉼터를 만들어 준 다음, 그것을 담배 농장 인근으로 옮겨 놓았다. 그랬더니 정말로 담배박각시나방 유충이 감소했고, 담뱃잎의 경제적 손실도 줄일 수 있었다.[22] 끽연가들은 쌍살벌을 해치기 전에 한 번 더 생각하시길.

자, 다시 땅벌과 흰얼굴왕벌의 침으로 돌아올 시간이다. 녀석들의 침은 불개미 침보다 확실히 더 아프다. 통증 지수는 부끄럽지 않은 통증 수준인 2에 해당하며, 이는 꿀벌과 맞먹는다. 놀라운 점은 겉보기에 훨씬 더 크고 무서운 흰얼굴왕벌의 침이 땅벌보다 약간 덜 아프거나 비슷하다는 사실이다. 이는 흰얼굴왕벌이 상대를 위협하는 게임을 더 잘한다는 뜻일지도 모른다. 어쨌든 땅벌과 흰얼굴왕벌의 침은 둘 다 즉각적으로 뜨겁고 불타는 듯한 복합적인 통증을 유발해, 쏘인 사람이 무슨 생각에 골몰해 있든 상관없이 정신이 번쩍 들게 한다. 통증은 약 2분간 가라앉지 않고 이어지다가 이후 몇 분에 걸쳐 서서히 잦아든다. 그리고 쏘인 사람이 침에 관한 기억을 금세 잊을까 봐 열이 나고 오래가는 붉은 발진을 남긴다. 이만하면 지인들에게 땅벌에 쏘인 모험담을 들려주기에 적당할 것이다.

수확개미

소노라 사막의 캘리포니아수확개미는

가장 사납고, 가장 대담하며, 가장 화를 잘 내는 개미다.

또 가장 빠르게 침을 쏘며, 그 침은 무엇보다 고통스럽다.

– 조지 휠러 & 지네트 휠러, 《깊은 협곡의 개미》, 1973

누군가는 꿀벌이나 땅벌, 흰얼굴왕벌, 다양한 말벌류, 뒤영벌, 땀벌, 심지어 불개미에 쏘인 경험을 통해, 모든 곤충 침은 일종의 벌침과 같고 주로 강도만 다를 것으로 생각할지도 모른다. 하지만 수확개미(harvester ant)에 쏘여 본 사람이라면 곤충 침이 다 거기서 거기가 아니라는 사실을 잘 알 것이다. 수확개미는 차분한 개미 세계의 유순한 거인들로서, 눈에 띄지 않게 조용히 씨앗을 모아 먹이로 삼는다. 녀석들은 불개미같이 욱하는 성질도 없고, 건드리지만 않으면 해를 끼치지 않는다. 그러나 누군가 녀석들을 깔고 앉거나 꼭 집으면 침을 쏘아 대응한다. 수확개미의 침은 벌침과는 완전히 딴판이다. 극심한 통증이 매우 깊은 곳에서부터 연달아 밀려오며, 4~8시간쯤 이어진다. 4~8분이면 통증이 가라앉는 꿀벌 침과는 차원이 다르다.

개미 세계에서는 다양한 종류의 개미들이 씨앗을 모은다. 라틴어로 '거둬들이는 사람', '수확자'라는 뜻을 지닌 메소르속(*Messor*), 세계 최대 개미 속인 혹개미속(*Pheidole*), 다리가 긴 사막개미인 콕케렐리장다리개미(*Aphaenogaster cockerelli*) 그리고 일부 불개미 등이 씨앗을 모으는 개미들이다. 하지만 대개는 씨앗을 수집하는 개미 중 가장 이목을 끄는 포고노미르멕스속(*Pogonomyrmex*) 개미를 진짜 수확개미로 간주한다.

또한, 방금 언급한 개미 중에서 침을 쏘는 종은 포고노미르멕스 수확개미와 불개미밖에 없다. 나머지 개미는 침을 쏘지 않는다. 모두 고도로 성공적인 종들인데 어째서 침 쏘는 능력을 상실했을까? 정확한 원인은 모르지만, 녀석들의 침이 경쟁 상대인 다른 개미에 대항하기에는 부실했기 때문이라는 분석이 주류 의견 중 하나다. 이와 달리 불개미는 매우 효과 좋은 독을 가져서 경쟁 관계에 있는 개미들을 손쉽게 죽이거나 무력화할 수 있었기에 침 쏘는 능력이 계속 진화했을 것이다.[3] 불개미 독에 비하면 수확개미의 독은 경쟁 상대를 물리치기에 좀 불리하다. 국부적으로 독을 뿌리거나 주입하는 것으로는 다른 개미에 별 피해를 주지 않기 때문이다.

그래도 녀석들은 이 거친 세상을 잘 헤쳐 나가고 있다. 수확개미라는 이름을 들으면 열심히 일만 하고 놀 줄 모르는 삶, 지루한 삶이 연상되지만, 지루하다는 것은 어떤 면에서 최고의 미덕일 수 있다. 수확개미는 지루할 정도로 부지런한 습성으로 자연에서 공고하게 입지를 다졌다.

거리에 크리스마스 장식이 하나둘 등장하는 것을 보면 크리스마스가 다가오고 있음을 알 수 있듯이, 곤충의 이름을 보면 그 곤충의 특징을 짐작할 수 있다. 특히 사람들이 흔히 부르는 이름인 일반명*을 보면 우리가 그 곤충을 어떻게 생각하는지 알 수 있다. 이름을 붙이는 것은 매우 중요한 일이다. 미국에서는 미국곤충학회가 곤충의 일반명을 공식적으로 등록하고 관리한다. 미국곤충학회에는 약 7,000명의 곤충학자가 소속되어 있으며, 곤충의 일반명을 연구하고 이름 붙이고 감독하는 일만 전담하는 상설 위원회가 따로 있다. 일반명이 그만큼 중요하다는 뜻이다.

곤충의 일반명은 '사탕무뿌리진딧물'이나 '닭똥파리'처럼 사람들이 잘 모르는 것부터 흔히 알려진 '꿀벌'에 이르기까지 다양하다. 지구상의 수많은 곤충 중에는 학명은 있으나 일반명이 없는 것도 많다. 일반명이 많은 속은 그만큼 사람들의 관심을 끈다는 뜻으로 해석할 수 있다. 미국의 경우 수확개미의 일반명은 캘리포니아수확개미(California harvester ant), 플로리다수확개미(Florida harvester ant), 마리코파수확개미(Maricopa harvester ant), 붉은수확개

* 동식물의 명칭 가운데 특정 지역에서만 일반적으로 통용되는 이름을 일반명이라 한다. 학명은 전 세계에 공통으로 통용되는 명칭이다.

미(red harvester ant), 거친수확개미(rough harvester ant), 서부수확개미(western harvester ant) 이렇게 여섯 가지가 있다. 참고로 뒤영벌의 일반명은 36가지나 된다. 아무래도 미국인은 뒤영벌과 사랑에 빠진 게 분명하다.

개미를 연구하는 분류학자들은 아파치(Apaches), 코만치(Comanches), 마리코파(Maricopas), 피마(Pimas) 등 힘차고 멋있어 보이는 아메리카 원주민 부족의 이름을 빌린 일반명이나 데세르토룸(*desertorum*), 빅벤덴시스(*bigbendensis*), 후아쿠카누스(*huachucanus*), 안젠시스(*anzensis*) 등 해당 종이 서식하는 혹독한 환경을 드러내는 학명을 선호한다. 그런가 하면 포고노미르멕스 비콜로르(*Pogonomyrmex bicolor*)처럼 형편없는 학명도 있다. 이 개미를 처음 발견했을 때 녀석의 몸 앞부분은 붉고, 뒷부분은 검은색이어서 '두 가지 색'을 뜻하는 '*bicolor*'로 학명을 붙였다고 하는데, 사실 이 종은 근본적으로 몸 전체가 붉은색이다. 수확개미의 학명 중 가장 유명한 포고노미르멕스 바르바투스(*Pogonomyrmex barbatus*)는 '수염 기른 개미'라는 뜻이다. 그런데 이 녀석의 일반명은 '붉은수확개미'다. 그렇다, 이 개미도 붉은색이다. 색깔로 이름 짓기는 그만두는 것이 좋을 듯하다.

수확개미는 아메리카 대륙 개미들의 우상이다. 60종의 수확개미가 캐나다 서부 세 개 주에서부터 미국, 멕시코, 과테말라까지 북아메리카와 중앙아메리카에 분포하고, 남아메리카에서는 수

리남과 프랑스령 기아나를 제외하고 아르헨티나와 칠레의 남쪽 지역까지 모든 나라에 분포한다. 심지어 카리브해를 건너 히스파니올라섬까지도 진출했다. 수확개미는 대부분 크기가 커서 길이가 종종 8mm에 이르며, 가장 큰 것은 13mm에 달한다.

모든 수확개미의 생애 주기는 암수가 짝짓기를 하면서 시작된다. 대개 어머니인 여왕개미의 군집에서 암수가 대규모로 이동하며 날아올라 짝짓기 무리를 형성한 후, 그 무리 안에서 짧게 광란의 짝짓기를 한다. 예외가 있기는 하지만 수컷과 암컷 모두 여러 번 교미하는 것이 일반적이며, 일부 종은 군집 안에서 짝짓기를 하기도 한다.

애리조나주와 뉴멕시코주 사이 접경 지역 인근, 인구가 드문 미국 서부 지역에 서식하는 거친수확개미와 붉은수확개미는 짝짓기를 전투의 경지로 끌어올린다. 녀석들의 짝짓기 시스템이 작동하려면, 양쪽 모두 암컷이 한두 시간 안에 반드시 같은 종 수컷과 다른 종 수컷 둘 다와 교미를 해야만 한다. 암컷이 어느 한 종의 수컷하고만 짝짓기를 했다면 앞날이 암울하다. 만일 암컷이 자기와 같은 종 수컷하고만 교미하면 생식 능력이 있는 여왕개미만 낳게 된다. 그러면 노동력을 제공할 일개미가 없으므로 새로 시작한 군락은 제대로 성장해 보지도 못하고 소멸하게 된다. 반대로 암컷이 다른 종 수컷하고만 교미하면 일개미만 낳을 수 있고 여왕개미는 낳을 수 없다. 기껏해야 수정하지 않은 알을 낳아 수컷 개미를 키울 수 있을 뿐이다. 따라서 짝짓기 전투에 임하는 여왕은 주로 다른 종 수컷과 짝짓기를 하되, 같은 종 수컷과도 한두 마리 정도 교미하는 것을 목표로 삼는다. 그래야 다른 종 수컷의 정자를 풍부하게 획득해 일개미를 다량 생산하고, 같은 종 수컷에게 받은 약간의 정자로 새로운 여왕을 낳아 군집을 키우고, 종을 보존할 수 있기 때문이다. 그러나 수컷의 관심사는 암컷과 전혀 다르다. 수컷이 다른 종의 암컷과 짝짓기를 하면 녀석의 정자는 생식 능력 없는 일개미를 낳는 데 낭비되고, 자기 유전자를 지닌 차세대 여왕을 생산하지 못하므로 유전적 계보가 끊기고 만다. 수컷은 같은 종의 암컷과 교미를 해야만 자기 유전자를 후대에 전달할 수 있다.

이렇듯 암수가 서로 다른 목표를 품고 짝짓기에 돌입하는 까닭에 수컷과 암컷 사이에 전선이 그어진다. 즉, 암컷은 다른 종과 많이 교미하기를 바라고, 수컷은 같은 종 암컷하고만 교미하려 한다. 그런데 문제가 있다. 짧은 시간 안에 광적으로 교미하는 무리 속에서 상대가 같은 종인지 다른 종인지 구분할 틈이 없다는 것이다. 일단 아무 이성이나 잡아서 교미를 시작하고 나서야 상대가 같은 종인지 다른 종인지 구별할 여유가 생긴다. 그러면 이제부터 본격적인 작전에 들어간다. 암컷은 짝짓기 상대가 같은 종이면 다른 종과 짝짓기할 때보다 빨리 교미를 끝내 버린다. 그래서 수컷은 같은 종과 교미하게 되면 다른 종과 교미할 때보다

훨씬 빠른 속도로 정자를 전달한다. 결국, 암수 간의 짝짓기 전투는 어느 쪽의 승리도 패배도 아닌 상태로 막을 내린다. 어느 한쪽이 압승할 경우 결국에는 군집이 몰락하게 되는 결과를 생각하면 양쪽 모두에 다행스러운 일이다.[4]

짝짓기를 하고 갓 여왕이 된 암컷은 이제 살아남아 군집을 만들 준비를 해야 한다. 수컷은 짝짓기가 이루어진 장소 주변에 하루나 이틀 더 남아 있다가 죽는다. 개미 종이 대부분 그러하듯, 새로운 여왕은 짝짓기를 마치고 새 삶을 시작한 직후 스스로 날개를 떼어 낸다. 수컷은 이런 행동을 하지 않는다. 사실, 할 능력도 없다. 여왕의 날개는 구조적으로 수컷과 살짝 달라서 정해진 방식대로 아래로 구부리면 날개 아랫부분에 있는 한 부위가 약해져 날개가 부러진다. 평소에는 힘차게 퍼덕여서 여왕을 공중으로 띄워 올리면서도 부러지지 않고, 여왕이 원할 때는 쉽게 분리되는 날개라니! 이것이 개미의 공학 기술이다.

날개 없는 여왕은 생애 가장 중요하고도 위험한 시기를 맞이한다. 할 수 있는 한 빠르게 집 지을 장소를 찾아야 한다. 그런 다음 굴을 파서 안전한 방을 만들어야 한다. 여왕을 노리는 포식자의 눈에 띄기 전에, 뜨거운 태양 아래 바싹 구워지기 전에, 어서 몸을 숨겨야 한다. 여왕개미는 대부분 혼자서 그 일을 해낸다. 단, 캘리포니아수확개미는 예외다. 캘리포니아에서는 몇몇 여왕이 힘을 합쳐 새로운 보금자리 하나를 만들어 공유하는 일이 종종 있다. 이들이 다른 종과 달리 복수 여왕 체제를 설립하는 데는 다 이유가 있다. 녀석들이 극도로 가혹한 환경과 경쟁에 직면하고 있으며, 거기에 적응해야만 하기 때문이다.[5]

보금자리가 완성되면 여왕은 개미굴 입구를 봉하고 은둔 군집 단계에 접어들어 첫 일꾼을 길러 낸다. 맨 처음 낳은 몇 개의 알에서 유충이 부화하면 여왕은 자기 몸에 저장해 둔 양분을 먹여 애벌레를 키운다. 이때를 대비해 여왕은 혼인 비행을 하기 전에 탐욕스럽게 먹이를 먹어서 지방을 많이 비축한다. 그 양은 여왕의 총 몸무게 중 고체 무게의 40% 이상을 차지하기도 한다.[5] 여왕이 달고 있던 날개를 기억하는가? 날개는 거대한 가슴 근육으로 움직였다. 이제 날개가 없으니 그 근육은 필요 없다. 여왕은 가슴 근육의 고급 단백질과 몸속에 미리 저장해 둔 지방과 단백질을 이용해 10~12마리 정도의 소형 일꾼을 그럭저럭 길러 낸다. 이 시기에 여왕은 안전한 방에서 절대 떠나지 않는다. 물론 이번에도 예외가 있으니, 캘리포니아수확개미다. 여러 여왕 중 불운한 한 마리는 안전한 집을 떠나서 유충에게 줄 먹이를 구해 와야 한다.

초소형 일꾼들이 자라 몸이 단단해지면 여왕은 일꾼들에게 군집 일을 인계하고, 알 낳는 일과 일부 페로몬을 생산하는 일에만 전념한다. 초소형 일개미는 봉인된 개미굴의 문을 열고 나가 먹이를 구하기 시작한다. 그리고 아래쪽으로 땅을 더 파고 새 방을

더 만들어서 여왕과 유충의 방, 먹이를 저장할 공간을 마련한다. 여왕의 첫 후손인 초소형 일개미는 수명이 그리 길지 않다. 하지만 모든 일이 무사히 진행되면 두 번째 세대가 온전한 크기로 자라나 군집 내에서 각자의 몫을 수행한다. 군집을 세운 첫해가 끝날 무렵, 아직은 비교적 소수의 일개미와 여왕으로 이루어진 작은 군집이지만, 2~3년 차에 접어들면 개체 수와 개미집의 규모 모두 급속하게 성장한다. 대개 4년 차 즈음에 군집은 성숙 단계에 이르고 여왕은 생애 주기를 이어 나갈 수컷과 암컷을 기르기 시작한다.[6]

차세대 여왕을 길러 내고 나면 여왕개미는 수명을 다하는 것일까? 개미는 얼마나 오래 살까? 가장 오래 사는 개미는 어느 종일까? 지금까지 알려진 바로는 수확개미가 가장 오래 살고, 꿀단지개미(honeypot ant)가 두 번째다. 꿀단지개미는 사막에 살면서 수확이 적은 시기에 포도알만 한 개체의 몸에 꿀을 저장하는데, 이들은 군집 안에서 살아 있는 식품 저장고 역할을 한다. 일부 수확개미 군집은 수십 년간 한자리를 지키기도 하지만, 한 군집의 수명을 정확히 밝히기란 몹시 화가 날 정도로 어려운 일이다. 연구 결과도 들쭉날쭉 일관성이 없는데, 연구실에서 기른 군집의 수명은 평균 15~17년에서부터 22~43년, 심지어는 29~58년까지도 늘어난다.[7]

꿀벌 연구의 권위자인 찰스 미체너(Charles Michener)는 어린 시절부터 개미를 포함한 온갖 곤충에 관심이 있었다. 그는 여섯 살 때부터 자기 집 뒷마당에 있는 캘리포니아수확개미 군집을 관찰하기 시작했는데, 무려 16년이나 관찰 활동을 계속했다. 그가 개미 관찰을 그만둔 까닭은 그 무렵 녀석들이 아르헨티나개미(Argentine ant)의 공격에, 아니면 지독한 겨울 날씨에, 어쩌면 두 가지 모두에 굴복하고 말았기 때문이다. 1942년, 미체너는 이 관찰 결과를 바탕으로 캘리포니아수확개미에 관한 책을 출간했으며, 그 책에서 수확개미의 수명이 16년이라고 결론지었다.[8] 그러면서 마지막 각주를 달아 다음과 같이 언급했다. "어떤 집 뒷마당에 또 다른 수확개미의 군집이 있었는데, 집주인의 말에 의하면 그 군집은 적어도 40년 이상 된 것이라고 한다." 이후 수확개미가 40년을 살 수 있다는 내용을 담은 책이 몇몇 출간되었다. 책을 쓴 사람들은 미체너가 관찰을 토대로 기록한 16년이라는 '팩트' 대신, 이웃에게서 '전해 들은' 40년을 근거로 제시하곤 했다. 과연 어느 쪽이 진실일까?

수확개미 군집의 수명, 그러니까 수확개미 여왕의 수명은 아직도 베일에 싸여 있다. 그나마 캐슬린 킬러(Kathleen Keeler)의 연구를 통해 어느 정도 추정해 볼 수는 있다. 캐슬린 킬러는 수확개미 중에서도 가장 오래 사는 것으로 추정되는 서부수확개미의 군집 56개를 15년 이상 연구했으며, 그렇게 얻은 데이터를 바탕으로 마지막 군집이 44.9년까지 살 것이라고 계산했다.[7] 이것이 수확

개미의 수명에 관한 최고의 답이다. 자, 더 장기간 연구를 수행할 사람이 있으면 손 들어 보시라. 물론 캐슬린의 연구에도 부족한 점은 있다. 수확개미 군집이 노쇠하여 소멸하는 까닭을 여전히 밝히지 못했다. 불개미처럼 수확개미도 여왕이 처음이자 마지막으로 했던 혼인 비행에서 받은 정자를 모두 소진하면 군집이 수명을 다하는 것일까? 단순히 여왕이 늙고 지쳤기 때문일까? 아니면 다른 이유가 있을까? 미래에는 이런 질문에 답을 구할 수 있는 도구를 사용할 수 있으리라 기대해 본다. 아직은 수확개미 군집이 오래 산다는 것만 알 뿐이다.

~~~~~~~~~~~~

수확개미 여왕이 45년을 살기 위해서는 반드시 안전이 보장되어야 한다. 여왕이 극단적으로 안전한 상태를 오랫동안 유지할 수 있는 비결은 무엇일까? 지독하게 쏘아대고 물어대는 일개미 집단에 둘러싸이는 것이 안전 보장의 출발점이다. 여왕은 혼자서는 절대로 개미집을 떠나지 않는다. 홍수 같은 자연재해로 집을 떠나야 하는 일이 생기더라도 일개미 집단에 둘러싸여 새로운 집으로 옮겨 간다. 하지만 뭐니 뭐니 해도 최고의 방어법은 요새 같은 개미집 안으로 깊숙이 숨어 버리는 것이다.

개미를 연구하던 대학원 시절, 수확개미 서식 범위의 극단에
~~~~~~~~~~~~

사는 개미와 중간 부분에 사는 개미를 비교하기 위해 살아 있는 수확개미 군집이 필요했다. 플로리다수확개미 중 가장 서쪽 끝에 사는 개체들은 루이지애나주 동쪽 작은 마을 에이미트에 고립된 채 살아가고 있었다. 대학원생 두 명이 나와 합류해 여왕을 포함한 모든 개미를 채집해서 성숙한 군집 하나를 온전히 발굴하는 작업에 착수했다. 다행히 에이미트의 흙은 거의 순수한 모래여서 땅을 파기에 완벽했다. 작업 과정은 간단하다. 한 명은 개미가 섞여 있는 흙을 한 삽 퍼 근처 땅 위에 쏟아붓는다. 다른 두 명은 흡인기를 이용해 개미를 채집한다. 참고로 개미 연구가의 필수 도구인 흡인기는 개미가 빨려 들어오는 구리관이 달린 통과 입에 대는 고무관이 연결되어 외부로 나가는 차폐 관으로 이루어져 있다. 흡인기를 사용하려면 요령을 익혀야 한다. 개미를 들어 올려 병 안에 떨어뜨릴 만큼 충분히 세게 빨아들이되, 흙덩어리가 함께 딸려 올 만큼 세면 안 된다. 만일을 대비해서 사용자는 고무관에서 나온 한 줄기 바람이 자기 혀로 향하도록 연습한다. 그래야 실수로 딸려 온 흙이 목구멍이나 폐로 넘어가지 않고 혀에 붙어서 쉽게 내뱉을 수 있다.

흙을 몇 삽 치우고 나면 깔때기꼴 모래 구덩이가 생기는데, 이때부터 개미들이 본격적으로 모습을 드러내고 개미가 모래와 함께 구덩이 아래로 굴러떨어져 채집하기가 한결 쉬워진다. 몇 시간에 걸쳐 개미 수천 마리를 채집하고 나서 보니 구덩이의 깊이

는 1.8m, 지름은 0.9m였다. 하지만 여왕개미는 아직 보이지 않았고 일개미만 바글바글했다. 이쯤 되면 평범한 삽은 쓸모가 없다. 개미학자의 또 다른 필수 도구인 군용 삽이 등장할 차례다. 진짜 군용 삽은 견고할 뿐 아니라 삽날을 손목에서 90° 각도로 고정할 수 있다. 한 사람이 구덩이 안에 쪼그리고 앉은 후 모래를 한가득 퍼서, 군용 삽을 식판처럼 잡고 위쪽으로 전달하면 땅 위에 있는 사람들은 삽의 손잡이를 잡을 수 있다. 우리는 그런 식으로 계속 파 내려가 약 2.5m 깊이에서 최후의 일개미와 함께 있는 여왕을 발견했다. 여왕에게는 그 정도 깊이가 안전한 장소인 듯하다. 행여 이 개미들이 루이지애나주에 산다 해도, 땅돼지가 먹잇감을 찾아 그렇게 깊이 땅을 파지는 않을 것이다.

당시 우리는 개미용 방호복이 아니라, 반바지와 가벼운 셔츠를 입고 있었다. 그런데도 겨우 세 번 쏘였는데, 수확개미 군집 하나를 온전히 얻은 대가치고는 매우 저렴한 비용이었다. 적어도 그날 플로리다수확개미는 남부 지방의 호의를 유감없이 보여주었다.

이어서 우리는 루이지애나주 북서쪽, 코만치수확개미 서식지 중 가장 동쪽인 럭키로 향했다. 럭키는 거주자가 300명이 채 안 되는 작은 마을이다. 땅파기 작업은 에이미트에서와 비슷했고, 여왕은 정확히 2.5m 깊이에 있었다. 우리는 개미 채집에 마냥 신났었고, 누가 쏘였는지 기억도 나지 않는다. 채집을 마치고 떠날 때는 버려진 타이어 두어 개를 구덩이 바닥에 던져 넣고 모래로 구덩이를 채웠다. 어린아이들이 구덩이 안으로 떨어지는 것을 방지하는 동시에 타이어에 알을 까는 모기의 거처도 두어 군데 없앤 셈이다.

우리가 몸소 증명한 바와 같이, 수확개미의 집은 다른 어떤 개미의 집보다 깊은 것으로 추정된다. 수확개미 집의 깊이를 정확히 재는 것은 쉬운 일이 아니다. 개미집은 대부분 쾌적한 모래가 아니라 건조하고 단단한 돌이 많은 토양에 있기 때문이다. 그래서 와이오밍대학교의 보브 라빈(Bob Lavigne)은 굴착기를 도입하는 혁신을 일으켜 33개의 개미집을 발굴했다.[9] 한편에서는 빌 매케이와 에마 매케이(Bill and Emma MacKay)가 빌의 캘리포니아대학교(리버사이드) 박사 학위 논문을 쓰기 위해 수확개미 군집 126개를 발굴했는데, 이들은 기계를 동원하지 않고 순전히 자기들 힘으로 땅을 팠다. 그 결과 전체 깊이가 4m인 개미집에서 3.7m 깊이에 있는 여왕을 발견하는 기록을 세웠다.[10] 1907년에 H. C. 맥쿡이 '깊이 파는 바람에 운 좋게 드러난' 한 개미집에 관해 "통로와 방을 4.6m 깊이까지 추적했다"[11]고 쓴 기록을 제외하면 빌과 에마의 기록이 단일 군집의 깊이로는 최고일 것이다.

수확개미의 집이 이토록 깊은 까닭은 여러 가지로 추정해 볼 수 있다. 결빙, 타는 듯한 무더위, 들불, 건조한 환경, 포식자를 피하기 위해서라는 것이 일반적인 설명이다. 하나씩 살펴보자.

먼저, 결빙을 피하려고 깊이 파 내려간다는 설명은 두 가지 이유로 반박할 수 있다. 첫째, 멕시코 남서부의 사막과 루이지애나주, 플로리다주를 포함한 많은 지역은 겨울이 온화해서 영하의 기온은 땅속으로 겨우 몇 센티미터밖에 침투하지 못한다. 그런데도 군집 깊이는 최소 2m에 달한다. 둘째, 와이오밍주 캐스퍼 주변의 고도 1,600m 초원을 포함해, 녀석들의 서식지 중 가장 추운 곳조차 지표면에서 60cm 아래는 절대 얼지 않는다. 다시 말하지만, 수확개미 군집의 깊이는 2m 이상이다. 결빙을 피하기 위해서라면 이렇게까지 깊이 내려갈 이유가 없다.

맹렬한 여름 태양과 지표면의 열기도 마찬가지다. 나는 몇 년 동안 애리조나주 윌콕스의 탁 트인 모래땅에서 다양한 깊이의 땅 온도를 측정했지만, 30cm 깊이에서 32℃ 이상의 온도를 기록한 적이 한 번도 없었다. 이는 개미의 최소 치사 온도인 40℃보다 훨씬 낮다.

또 들불이나 산불이 날 것을 대비해 깊이 내려간다는 설명도 타당하지 않다. 땅은 탁월한 단열재이고, 불이 붙은 나무가 쓰러져 개미집 바로 위를 덮치지 않는 한 몇 센티미터 깊이의 토양만 있어도 치사 온도에 이르는 열이 전달되지 않게 막아 낸다. 불타는 나무가 개미집 위에 쓰러졌다 해도 치사 온도에 이르는 열기가 땅속으로 2m씩이나 내려가지는 못할 것이다. 한 연구에 의하면 산불이나 들불이 나면 불에 타 죽은 곤충이 많이 생겨서 그동

안 씨앗만 먹던 거친수확개미의 생활에 실질적인 도움을 줄 수 있다고 한다.[12]

이제 따져 볼 항목은 건조한 환경과 포식자만 남았다. 아마 이 두 요소는 서로 영향을 미칠 것이다. 사막에 사는 개미들이 이를 잘 설명해 준다. 멕시코꿀단지개미와 씨앗을 채집하는 또 다른 개미 베로메소르 페르간데이(*Veromessor pergandei*)는 둘 다 집을 깊게 짓는데, 전자는 적어도 4m, 후자는 3.4m 이상이다. 수확개미, 멕시코꿀단지개미, 베로메소르는 모두 뜨겁고 건조한 사막 지역에 살며 집이 매우 깊다는 공통점을 지닌다. 이들 가운데 수확개미와 멕시코꿀단지개미는 여왕의 수명이 극단적으로 길다. 베로메소르 여왕의 수명은 알려지지 않았지만, 수명이 긴 것으로 밝혀진다 해도 그리 놀랍지 않을 것이다. 일반적으로 흙의 습도가 땅속 깊이에 비례한다는 사실을 바탕으로 짐작해 보면, 이 개미들은 포식자로부터 여왕을 보호하고 계절과 기후에 따라 환경이 지나치게 건조해지는 것을 방지하기 위해 땅속 깊은 곳에 집을 짓는다고 추측할 수 있다.

이름에서 알 수 있듯 수확개미는 씨앗을 모은다. 녀석들은 능숙하게 씨앗을 찾는다. 온통 메마르고 모래바람이 몰아치는 사막에서조차, 인간의 눈에는 헐벗은 땅과 약간의 관목만 보이고 굶주린 소가 풀을 뜯어 먹은 지도 오래된 그런 곳에서조차, 수확개미는 씨앗을 찾아 힘차게 길을 나선다. 어떤 종은 개미집 입구에서 30m쯤 떨어진 곳까지 길고 널따란 흔적을 능숙하게 남긴다. 넓고 길게 뻗은 '개미 아우토반'에는 요철도 별로 없어서 녀석들은 그 길로 신속하게 물자를 나를 수 있다. 인간의 고속도로와 똑같다. 집을 나선 정찰병은 부드러운 표면을 따라 스포츠카처럼 질주한다. 되돌아오는 길에 자신의 몸무게보다 몇 배 더 무거운 씨앗을 짊어지고 오더라도 고속도로에 장애물이 없으니, 마치 대형 화물 트럭처럼 육중한 덩치로 잘도 움직인다.

한편, 이름은 때때로 실체를 가리기도 하는 법. '수확개미'라는 이름은 고지식하게 곡식을 수확하는, 온순하고 헌신적인 채식주의 농부의 이미지를 심어 준다. 우리는 그 심상에 지배당해 '농사개미(agricultural ant)'라는 관점을 녀석들의 표준 이미지로 받아들이는 경향이 있다. 농사개미라는 명칭은 1879년에 H. C. 맥쿡이 붉은수확개미에 관한 책을 내면서 붙인 이름이다.[13] 이런 이미지가 강한 탓에 우리는 수확개미가 다른 행동을 보이면 이상한 예외로 치부한다. 알고 보면 수확개미도 육식을 하는데 말이다.

수확개미는 때에 따라 적극적인 사냥꾼이 되기도 하고 죽은 곤충을 먹잇감으로 삼는 사체 포식 곤충이 되기도 한다. 매우 건조한 지역에서는 우기를 제외하고 1년 내내 곤충을 거의 찾아볼 수 없다. 이 때문에 수확개미는 사냥보다 씨앗 모으기에 집중하는 것이고, 주로 그 모습이 우리 눈에 띈다. 하지만 여름 우기가 시작되면서 활동하는 곤충이 많아지면 수확개미는 공격적인 포식 활동으로 태세를 전환한다. 정찰을 나섰다가 곤충을 만나면 공격하고, 작은 곤충은 개미집으로 가지고 온다. 개미 한 마리보다 수백 배 더 큰 애벌레 같은 먹잇감을 발견하면 무리 지어 그것을 제압하고, 개미집으로 끌고 오려 노력한다. 여름에 서부수확개미는 지킬 박사와 하이드 같은 존재가 된다. 녀석들은 낮에는 대체로 씨앗을 모으는 전형적인 채집 농사꾼으로 행동하다가 밤에는 맹렬한 포식자로 돌변해 곤충 먹잇감을 찾는 데 더 집중한다. 이런 행동에는 다 이유가 있다. 낮이면 온도가 40~60℃ 또는 그 이상까지 올라가는 땅 위에 사냥할 만한 곤충이 있을 리 만무하다. 낮에 땅 위를 돌아다니는 곤충은 대부분 다른 개미들이다. 그러다 밤이 되어 기온이 내려가면 비로소 많은 곤충이 지표면으로 나온다.

북아메리카 남서부 소노라 사막에서 여름 몬순에 본격적으로 내리는 첫 비는 목마른 야생 동물과 사람에게 굉장한 흥분을 안겨 준다. 이 시기에 곤충의 생명력은 폭발적으로 증가한다. 딱정벌레가 날아다니고, 개미는 혼인 비행에 나서는 거대한 무리를 내보내며, 거미와 포식 곤충이 은신처에서 나오고, 흰개미는 무리 지어 다닌다. 흰개미가 무리를 지으면 조금이라도 포식 성향이 있는 모든 동물이 흰개미에 관심을 보인다. 어떤 새는 날아다니는 흰개미를 잡으려고 공중에서 내리 덮치고, 어떤 새는 땅으로 내려와 기어 다니는 흰개미를 쫀다. 도마뱀은 움직이는 모든 흰개미를 먹으며 땅 위를 돌아다니고, 거미는 이리저리 덤빈다. 그리고 모든 종류의 개미가 집에서 쏟아져 나와 먹이를 노리고 맹렬하게 경쟁한다.

흰개미는 왜 이렇게 특별한가? 수확개미에게 흰개미는 맛있고 영양가 높은 지방과 단백질이 가득한 '움직이는 씨앗'이다. 수확개미가 평소에 모으는 씨앗들은 대개 메마르고 단단해서 먹기가 어렵지만, 이 움직이는 씨앗은 부드럽고 먹기 쉽다. 흰개미는 커다란 씨앗과 크기가 거의 같고, 여기저기에 풍부하다. 평소 씨앗 수확에 능숙한 수확개미의 먹잇감으로 이보다 완벽한 것도 없을 것이다.

우기의 첫 비는 신나면서도 위험하다. 다른 곤충학자들처럼 나도 이 시기를 사랑한다. 이때는 무엇을 하고 있든지 간에 그 일을 멈추고, 때로는 아내가 싫어하는데도, 들뜬 마음으로 들판으로 향한다. 이맘때면 비 소식에 깨어난 방울뱀이 있다는 것과 따라서 설치류가 더 많이 활동한다는 것이 유일한 위험이다. 그렇다고 해서 수확개미가 그보다 덜 위험하다는 말은 아니다. 평소에 나는 사막에서 샌들을 신고 거리낌 없이 걷다가 개미와 군집을 만나면 멈추는데, 쏘이는 것에는 거의 신경 쓰지 않는다. 다만, 돌아다니던 개미 한 마리가 내 발에 올랐다가 우연히 샌들과 발바닥 사이에 갇히지 않기만을 바란다. 그런 경우만 아니면 수확개미가 내 맨발에 기어 올라와도 쏘는 일은 거의 없다. 그러나 우기에는 녀석들의 행동이 달라진다. 우기에는 지표면 어디에나 수확개미가 있다. 녀석들은 평소보다 더 빠른 속도로 이동하고 내 발뿐 아니라 주변에 있는 거의 모든 것에 기어오른다. 그리고 동물처럼 보이는 것을 마주치면 녀석들은 물고 쏜다. 내가 아무리 조심해도 결국 쏘인다. 이것이 수확개미를 사랑한 대가다.

나처럼 침에 쏘이면서도 수확개미를 사랑하는 사람이 있는가 하면, 정반대인 사람도 많다. 녀석들이 씨앗을 모으는 습성은 수확개미와 인류가 경쟁 관계에 있다는 이상한 주장을 낳았는데, 근거 없는 억측일 뿐이다. 19세기에서 20세기 말까지 미국 서부에서 풀밭에 가축을 놓아 기르는 사람들은 '수확개미가 씨앗을 너무 많이 모으는 탓에 풀이 덜 자라서 가축 먹일 양이 줄어든다'고 생각했다. 게다가 여기저기 불쑥불쑥 솟은 개미탑이 아름다운 풍경을 '망친다'는 혐오의 감정이 더해지자, 인간은 수확개미에 전쟁을 선포하기에 이른다.

그러나 그 싸움에서 수확개미의 생물학적 기본 자료는 한 번도 등장하지 않았다. 과연 수확개미가 가져가는 씨앗은 작물 종자의 몇 퍼센트나 될까? 수확개미가 인류에게 재앙이라는 예측과는 달리 실제로 녀석들이 가져가는 씨앗은 아주 후하게 추산해도 10%이며, 좀 더 정확한 추산치는 2%다. 여기서 2%라는 수치는 씨앗에 표시를 하는 등 섬세하게 통제된 실험에 근거한 수치다.[14] 최고 추산치를 적용한다 해도 지나치게 많은 가축을 방

목함으로써 초원에 끼치는 피해와 비교하면 수확개미가 미치는 영향은 미미할 정도다.

그러나 수확개미에 반대하는 사람들은 이 전쟁의 정당성을 여러 방면에서 찾았다. 씨앗 손실은 기본이고, 개미 군집 주변 땅에서 초목이 사라지는 점, 어린 작물이 제거되는 점, 수확개미가 말과 가축을 공격하는 점, 농부들을 쏘는 점, 무엇보다 농장의 풀 베는 기계와 다른 장비들이 높이 솟은 개미탑에 부딪혀 손상되는 점 등 다양하고도 심각한 피해를 주장했다. 비행기 활주로와 도로 표면에 손상을 입힌다는 말까지 불쑥 던지면, 수확개미를 박멸해야 할 완벽한 명분이 생긴다. 하지만 이 같은 주장을 펼친 사람들은 개미집 근처 토양의 통기성이 좋아지고 질소와 인이 농축된다는 사실, 개미탑 인근 식물이 점점 더 풍성해진다는 사실처럼 수확개미가 주는 이점은 무시했다. 또 수확개미를 주로 잡아먹는 뿔두꺼비와 놀기를 좋아하는 아이들의 즐거움 역시 간과했다.

수확개미의 씨를 말리려는 노력은 현대적 살충제가 나오기도 전에 시작되어서 처음에는 독성이 매우 강한 독극물을 무차별적으로 퍼부었다. 그러다가 산업 화학자들이 DDT, 클로르데인, 알드린, 디엘드린, 헵타클로르, 톡사펜 같은 기적의 살충제를 만들어 냈으나 수확개미의 군집이 너무 깊어서 여왕이 있는 곳까지 닿지는 못했다. 사람들은 그래도 실망하지 않고 불개미 전투 지침서에서 도움이 될 만한 정보를 찾아냈다. 미렉스, 키폰, 암드로를 사용하라! 암드로는 지금도 수확개미를 죽이는 데 쓰인다. 이렇듯 전쟁에 뛰어든 사람들은 끈질기게 노력해서 원하는 물질을 찾아냈다. 그러나 그 모든 노력이 정말 필요한 것이었는지는 의문이다.

~~~

수확개미는 쏜다. 자신은 물론이고 동료 개미들, 특히 여왕을 보호하기 위해 쏜다. 수확개미의 포식자는 다른 종의 개미를 먹는 포식자와는 좀 다르다. 녀석들의 생활 방식을 살펴보면 그 이유가 드러난다. 수확개미는 사방이 트이고 땅이 드러난 지역에 사는데, 그런 곳에는 다른 먹잇감이 드물고, 군집을 이루는 수확개미는 단연 눈에 띈다. 녀석들은 한곳에서 오래 살고, 군집을 다른 장소로 옮기기가 어렵다. 무엇보다 수확개미 군집은 거대해서 개체 수가 많고, 녀석들의 몸집도 비교적 커서 크고 작은 포식자 모두에게 좋은 영양 공급원이 된다. 그러니 포식자가 군침을 흘릴 만도 하다.

수확개미가 포식자에 대응하는 방어 수단은 여러 가지다. 침은 물론이고 강력하게 무는 아래턱과 다양한 방어 행동 그리고 경고를 보내고 동료를 불러 모으는 페로몬 등에 의해 방어력은

~~~

배가 된다. 녀석들은 포식자 유형과 상황에 따라 다른 방식으로 대응한다. 특정 유형의 포식자에는 효과적인 방법이 다른 유형의 포식자에는 무용지물인 경우가 있기 때문이다. 예를 들어 침은 인간에게는 정말 효과적이지만, 거미줄을 치는 거미한테는 소용없다. 다른 개미가 공격해 올 때는 강하게 물어서 제압할 수 있지만, 온몸이 깃털로 덮인 새는 물어도 효과가 없다. 이 같은 상황들을 보편화해 보면, 침은 일반적으로 척추동물에 유용하고 곤충이나 다른 절지동물에는 쓸모가 없다. 물어뜯는 아래턱은 일반적으로 다른 곤충과 절지동물 또는 경쟁 관계에 있는 개미를 상대할 때는 효과적이지만, 커다란 척추동물에는 아무 소용이 없다.

생물학적 규칙이 늘 그렇듯 여기에도 예외가 있다. 나는 채찍꼬리전갈(whiptail scorpion)이 수확개미 침에 쏘여 죽은 것을 본 적 있다. 자그마한 개미가 그 큰 전갈의 무시무시한 다리수염* 마디 사이의 막을 성공적으로 찌른 결과였다. 또 하나의 예외는 뿔도마뱀인데, 일반적인 대형 척추동물과 달리 뿔도마뱀을 상대할 때는 물어뜯기 전략이 효과적이다.

사회성 곤충은 초유기체로서 군집 전체가 마치 하나의 유기체

* 입 근처에 있는 부속 기관으로, 곤충의 저작형 입틀의 큰턱에 해당하며 먹이를 부수는 데 쓰인다.

인 것처럼 행동한다. 각 개체는 따로 떨어져 움직이지만, 그 행동 하나하나가 모두 군집의 이익을 위한 것이다. 사람의 피부 조직이 우리 몸의 다른 부분을 보호하기 위해 작동하듯이, 일개미는 여왕과 나머지 군집을 위해 움직인다. 수확개미 초유기체는 일반적으로 작은 곤충이나 다른 포식자의 영향을 거의 받지 않는다. 우리가 빈대에 물려도 심각한 피해를 보지 않는 것과 같다. 빈대에 물리는 것은 분명 성가신 일이고 몸속의 혈구 일부가 죽기도 하지만, 그 외에는 우리의 생존이나 활동에 별다른 영향을 미치지 않는다. 마찬가지로 작은 포식자가 일개미를 몇 마리 잡아먹어도 수확개미 군집 전반의 생존이나 번영에는 거의 영향이 없다.

몸집이 작은 무척추동물은 수확개미 군집 전체를 노리기보다 개별 단위인 일개미를 주로 위협한다. 개미귀신은 모래땅에 깔때기꼴 구덩이를 만들고 그 안에 숨어 개미가 함정에 빠지기를 기다리는 것으로 유명하다. 운 나쁜 수확개미 한 마리가 그 구덩이의 헐거운 모래 비탈로 미끄러지면, 한 쌍의 얼음 집게 같은 아래턱이 제물을 꼬챙이에 꿰려고 기다리고 있다. 개미는 본능적으로 위험을 알아차리고 재빨리 위로 올라가 구덩이 밖으로 나가려고 한다. 작은 개미들은 계속되는 산사태에 휘말려 결국 아래에서 기다리고 있는 턱 쪽으로 떨어지고 만다. 다행히도 수확개미는 대부분 크고 빨라서 미끄러져 내리는 모래 급류를 빠져

나와 구덩이에서 달아날 수 있다. 개미귀신은 다음 기회에 더 작은 개미를 노려야 할 것이다.

다양한 절지동물 중에서는 파리매, 침노린잿과의 흡혈충, 여러 종류의 거미가 수확개미의 주요 포식자들이다. 이들은 매복하거나 덫을 놓아 일개미를 잡는데, 검은과부거미(black widow)와 가짜과부거미(false black widow) 같은 몇몇 거미는 수확개미 군집에 중대한 변화를 일으키기도 한다. 가짜과부거미는 뻔뻔하게도 수확개미 군집의 출입구 바로 위에 거미줄을 치고는 겨우 몇 센티미터 위에서 일개미를 낚아챌 준비를 하고 잠복한다. 이 작전의 성공 여부는 거미줄의 성능과 사냥꾼의 잠복 능력에 달렸다. 거미 한 마리는 보통 하루에 수확개미 대여섯 마리를 잡는다. 겨우 이 정도로 수확개미 군집의 개체 수가 줄어드는 일은 없지만, 개미들은 가만히 있지 않는다. 수확개미는 출입구를 다른 데로 옮기거나 며칠간 모든 바깥 활동을 중단하는 식으로 그 거미가 굶주려 떠날 수밖에 없게 만든다.

얼핏 생각하기에 수확개미의 대응이 지나치게 과도하며 경제적으로도 손해인 것처럼 보인다. 하지만 이 작전은 결과적으로 군집 전체에 이득을 안겨 준다. 거미줄을 치는 거미뿐 아니라 다른 포식자들도 기왕이면 개미집 입구에서 가까운 곳에 잠복하기를 원하는데, 어쩌면 이것이 서부수확개미가 군집 주변 식물을 모두 없애는 중요한 이유 중 하나일지 모른다. 초목을 없애는 것은 거미들이 거미줄을 치는 데 필요한 고정 장치를 제거하는 일이고, 개미집 주변에 잠복한 포식자를 더 상위 포식자에게 노출하는 방법이다. 개미 포식자들이 겨우 일개미 몇 마리를 얻자고 목숨을 걸 가능성은 크지 않으니까.[15, 16, 17]

자연은 놀라운 모습을 계속 보여 준다. 나나니벌(digger wasp)의 하나인 클리페아돈속(*Clypeadon*) 일부 종은 오직 수확개미의 일개미만 잡아먹는다. 클리페아돈은 개미집 근처에서 일개미를 잡기도 하지만, 밖에서 잡을 개미가 없으면 직접 안으로 들어가 아래쪽 은신처에 있는 개미들을 공격한다. 사냥은 언제나 성공이다. 개미는 말벌 침에 쏘여 깊고 영원한 마비 상태로 말벌 굴로 끌려간다. 말벌 정도는 쉽게 으스러트릴 가공할 만한 아래턱이 있는데도 개미는 공격을 받기만 할 뿐 방어하는 일이 드물다. 이유는 모른다. 어쩌면 수확개미가 클리페아돈의 냄새를 감지하지 못해서 공격하지 않는 것일지도 모른다. 마치 우리가 어둠 속에서 검은 물체를 잘 볼 수 없는 것처럼 개미도 그 말벌의 냄새나 맛을 감지할 수 없는 게 아닐까? 보이지 않거나 냄새 맡을 수 없는 위협은 알아차릴 수 없다. 개미는 시각이 그다지 발달하지 않은 곤충이다. 녀석들은 시각보다 후각에 의존해 살아간다.

클리페아돈은 적게는 16마리에서 많게는 26마리의 개미를 마비시켜 집으로 가져가서는 각각의 애벌레용 방에 먹잇감을 넣고, 알을 낳은 다음 방을 봉한다. 알을 까고 나온 애벌레는 개미

를 모두 먹고 번데기가 되고 성충이 된다. 이렇게만 보면 클리페아돈의 생애사는 다른 나나니벌과 별 차이가 없는 것 같다. 하지만 자연은 그리 단순하지 않다. 클리페아돈과 다른 나나니벌의 차이는 마비된 개미를 옮기는 방법에 있다. 일반적으로 나나니벌은 사냥한 먹잇감을 옮길 때 아래턱과 한 쌍의 가운뎃다리로 먹잇감을 잡거나 미늘이 있는 침에 끼워서 붙든다. 그런데 클리페아돈은 턱이나 다리를 전혀 이용하지 않고 복부 끝에 개미를 붙인 듯한 모습으로 날아간다. 클리페아돈 암컷에는 동종의 수컷이나 다른 어떤 말벌에도 없는 독특한 구조가 있다. 이름하여 '개미 죔쇠(ant clamp)'다. 개미를 꽉 조여 잡을 수 있는 이 기관 덕분에 클리페아돈은 이동하는 데 아무런 방해도 받지 않고 개미를 운송할 수 있다. 그런데 불행히도 개미를 복부 끝에 붙잡고 가는 구조는 기생파리가 그 개미 위에 재빨리 알을 낳고 달아나기에도 이상적이다. 그렇게 클리페아돈 집에 잠입한 구더기는 방에 있는 개미를 무단으로 전용해 말벌이 아닌 파리로 자라난다.[18] 자연에 새로운 발명품이 생기면 그 가치를 알아보는 또 다른 누군가가 나타나기 마련인가 보다.

이제 몸집이 큰 포식자를 알아볼 차례다. 놀랍게도 수확개미 군집을 제대로 먹는 새는 거의 없으며, 포유동물 중에는 하나도 없다. 유타주립대학교의 조지 놀턴(George Knowlton)은 수확개미를 포함해 곤충을 먹는 척추동물을 연구하는 데 일생을 바쳤다. 그런데 바위굴뚝새, 사막개똥지빠귀, 서양들종다리, 검은찌르레기, 멧새, 붉은배딱따구리 등이 이따금 수확개미를 먹을 뿐, 그 외에는 이렇다 할 만한 주요 포식자가 없었다.[19] 이 새들이 수확개미의 침과 물어뜯기 공격을 어떻게 피하는지는 확실하지 않다. 짐작할 수 있는 것은 속도, 민첩함, 특히 미끄러운 깃털과 단단하고 치명적인 부리 덕분이 아닐까 하는 정도가 전부다.

한편, 이제는 멸종 위기종이 되어 버린 세이지뇌조(sage grouse) 역시 가끔 서부수확개미를 먹는데, 녀석들은 식사 외에 다른 용도로 개미탑을 이용하기도 한다. 세이지뇌조는 수컷이 눈에 잘 띄는 높은 곳에 올라 뽐내며 걷는 동작으로 암컷을 유혹하는데, 이런 구애 작전을 펴는 데는 땅 위로 불쑥 솟은 개미탑이 제격이다.[20] 딱따구리도 서부수확개미에 대해 흥미로운 행동을 보인다. 녀석들은 주로 아침에 원뿔 모양 개미집을 습격한다. 아침이면 개미 유충과 번데기가 따뜻하게 해가 드는 쪽으로 옮겨져 있기 때문이다. 딱따구리는 얇은 토양층을 걷어 내서 하얀 유충과 번데기를 골라 먹는다. 번데기와 유충은 단백질과 지방이 풍부하고 섬유질 함량은 낮은 훌륭한 아침거리다. 비록 식사 도중에 저단백, 저지방, 고섬유질 일개미 몇 마리가 의도치 않게 잡아먹히는 것이 좀 성가시기는 하지만.[21]

파충류 중에서는 도마뱀이 가장 만만찮은 수확개미 포식자다. 옆면얼룩도마뱀(sideblotched lizard), 긴코표범도마뱀(long-nosed leopard

lizard), 술발가락도마뱀(fringe-toed lizard) 등이 수확개미의 일개미를 먹는다. 산쑥도마뱀(sagebrush lizard)은 특히 개미를 좋아해서 해부해 보면 대부분 위에 수확개미가 들어 있다. 뿔도마뱀은 극단적으로 개미만 먹는다. 제왕뿔도마뱀(regal horned lizard)의 경우 먹잇감의 89%가 수확개미다.[22] 뿔도마뱀은 땅딸막하고 퉁퉁한 몸집에 머리 뒤로는 사나운 돌기가 나 있는데, 몸이 둥글고 달리기 실력이 한심하도록 형편없어서 인간에게 쉽게 잡힌다. 이런 특징 때문에 애완동물 애호가들의 사랑을 너무 과하게 받은 나머지 몇몇 지역에서는 멸종하고 말았다. 녀석들의 또 다른 특징을 꼽자면 몸무게의 13.4%까지 담을 수 있는 커다란 위를 들 수 있다.[22] 사람으로 치면 몸무게 90kg인 사람이 12kg의 음식을 먹는 것과 같다. 일본 스모 선수들이 단거리 경주나 마라톤을 뛸 수 없듯이 뿔도마뱀도 빨리 달리거나 멀리 달리는 능력을 잃었다. 이것이 수확개미 전문 포식자가 되기 위해 치른 대가다.

뚱뚱하고 굼뜬 동물이 사방이 트인 곳에서 날쌘 개미를 잡아먹으려면 특별한 기술 한 가지쯤은 쓸 줄 알아야 한다. 뿔도마뱀은 완벽한 위장술을 이용해 개미를 잡는다. 녀석들은 주변 지표면 환경에 꼭 어울리는 색깔과 무늬를 띠고 있으며, 몸매가 땅딸막하고 폭이 넓어서 그림자를 남기지 않는다. 어떤 종은 얼룩덜룩한 비늘 조각 덕분에 지표면과 거의 완벽하게 섞인다. 그래서 뿔도마뱀이 달리지 않는 한 거의 알아채기가 어렵다. 게다가 녀석들은 선천적으로 동작이 매우 느리고 경계심도 대단해서 웬만해서는 포식자나 개미가 거의 감지하지 못한다. 그래도 하루에 100마리에 이르는 개미를 먹으려면 위장술 하나만으로는 부족하다. 사냥감을 낚아챌 전술도 있어야 한다. 뿔도마뱀은 수확개미의 군집 입구에서 정면 공격을 하는 대신, 개미가 지나간 길의 끝이나 군집 주변부에 주로 잠복한다. 뿔도마뱀이 혀를 한 번 날름거리면 지나가던 개미는 사라지고 없다.

수확개미의 독은 지금껏 알려진 곤충 독 중에서 포유류에 가장 해로운 것으로 꼽힌다. 수확개미 한 마리의 독은 뿔도마뱀 정도 크기의 쥐를 여러 마리 죽일 정도로 강력하다. 그런데 뿔도마뱀은 어떻게 수확개미를 100마리씩 먹고도 무사할까? 나와 아내는 최고의 뿔도마뱀 생물학자 웨이드 셔브루크(Wade Sherbrooke)와 맥주잔을 기울이다가 이 문제를 풀어 보자고 머리를 맞댔다. 그즈음 웨이드는 뿔도마뱀이 주변 환경에 맞춰 피부 색깔을 바꾸는 메커니즘에 관한 박사 학위 논문을 거의 완성해 가고 있었다. 나는 웨이드에게 연구 방법을 물었다.

"도마뱀 한 마리를 희생해서 녀석의 피부를 호르몬과 그 밖의 분석용으로 배양하지."

"그럼 나머지 부위는 어떻게 해?"

"그냥 버리는데."

"뭐? 나머지를 다 버린다고? 안 돼! 그 혈액을 내게 주게."

그렇게 수확개미와 뿔도마뱀 프로젝트가 시작되었다. 웨이드는 도마뱀 혈액을 공급했고, 개미를 해부해 독을 채취하는 데 전문가인 데비가 수확개미 수천 마리를 해부했다. 나는 도마뱀이 개미 침에 대해 내성을 띠는 생리학적 메커니즘을 알아내는 데 주력했다.

첫 번째 확인 사항, 뿔도마뱀이 수확개미 독에 민감한가? 쥐 100마리를 죽일 만큼의 독으로 시험했을 때 도마뱀은 전혀 영향을 받지 않았다. 즉, 뿔도마뱀은 수확개미 독에 민감하지 않다. 이 말은 삽과 양동이를 꺼내야 한다는 뜻이다. 할 일이 생겼다. 애리조나주의 작열하는 태양 아래서 마리코파수확개미를 몇 양동이 잡아 온 그때처럼, 아니 그보다 더 많은 독을 채취하기 위해 우리는 곧 작업을 시작했다. 그리고 마침내 뿔도마뱀의 반수 치사량(半數 致死量)*을 알아냈다. 뿔도마뱀 한 마리를 죽이기 위해서는 생쥐 한 마리 치사량의 1,500배가 넘는 독이 필요했다. 이것은 수확개미 200마리에서 나온 독과 같은 양이다.

뿔도마뱀의 친척으로, 잉글랜드 동북부의 항구 도시 자로에 사는 가시도마뱀(spiny lizard)은 수확개미 독에 뿔도마뱀보다 훨씬 더 민감했다. 하지만 수확개미가 없는 지역에서 갓 태어난 뿔

* 실험 대상인 동물 집단의 절반이 죽는 데 필요한 시험 물질의 1회 투여량. 쥐에게 시험 물질을 먹여 도출되는 값을 표준으로 사용하는 경우가 많다.

도마뱀은 수확개미를 먹고 사는 도마뱀과 저항성이 거의 같았다. 이 말은 수확개미 독에 대한 뿔도마뱀의 저항력은 면역적으로 형성된 것이 아니라, 타고난 것이라는 뜻이다. 녀석들이 수확개미를 먹고 살 수 있었던 까닭은 독을 중화하는 혈액 인자를 지닌 덕분이었다. 이 사실은 독과 해독제에 관한 고전적인 실험을 통해 확인했다. 쥐 치사량의 3.6배에 해당하는 수확개미 독을 도마뱀의 혈장과 혼합해 쥐에게 주사했는데도 쥐들은 아무런 거부 반응을 보이지 않았다. 뿔도마뱀은 척추동물 중 곤충 독에 선천적인 저항력을 지닌 것으로 밝혀진 첫 사례다.[23]

또한, 뿔도마뱀은 미끈하고 끈적이는 특수 점액을 분비하는데, 이 점액이 그들의 입과 소화 기관을 막처럼 싸고 있다. 그래서 수확개미를 먹을 때 독침이 목이나 위장을 찌르지 않고 별 탈 없이 미끄러진다.

그렇다고 수확개미가 뿔도마뱀 앞에서 꼼짝도 못 한다고 생각하면 오산이다. 독침 따위는 신경 쓰지 않는 뿔도마뱀이라 해도 개미에 물리면 견디지 못한다. 이 사실을 잘 아는 수확개미는 도마뱀의 존재를 알아차리면 아래턱밑샘에서 경고 페로몬을 방출해 동료들을 불러 모아 총공격을 개시한다. 이렇게 떼 지은 공격에 도마뱀은 달아난다. 최선을 다해 달아나는 뿔도마뱀은 뻐꾸기를 비롯한 상위 포식자의 눈에 띌 확률이 높다. 개미는 그렇게 상대의 위장술을 무력화할 뿐 아니라 도마뱀의 발가락이나 부드

러운 아랫배를 영원히 꽉 깨물어 죽고 난 후에도 오랫동안 떨어지지 않는다. 마치 수확개미의 따끔한 맛을 오래오래 상기시키려는 듯 말이다.

또 다른 수확개미인 포고노미르멕스 안젠시스(*Pogonomyrmex anzensis*)는 환경 조건이 매우 혹독한 곳에 사는 것으로 유명하다. 녀석들은 캘리포니아주 안자보레고 사막에서도 아주 가혹한 위치에 집을 짓고 산다. 뿔도마뱀은 살 엄두도 못 낼 환경이다. 고든 스넬링(Gordon Snelling)은 수년간 이 개미를 찾아다녔는데, 녀석들이 사는 곳은 남향의 단단한 바위투성이 산비탈로, 유난히 해가 내리쬐고 뜨겁고 건조한 경사지였다. 주변에는 도마뱀은 고사하고, 그런 곳에 살면서 개미를 잡아먹을 만한 그 어떤 포식자도 보이지 않았다. 곤충을 잡아먹는 척추동물이 없는 곳에 사는 종은 어떤 독을 지녔을까? 고든은 이 궁금증을 해결하기 위해 포고노미르멕스 안젠시스를 채집해 나에게 보냈다.

살펴보니 녀석의 독주머니는 구겨진 채 거의 비어 있었고, 전체 용량의 6분의 1 정도의 독액만 남아 있는 것으로 추정되었다. 독주머니의 크기는 보통이었으나 독은 아주 조금밖에 들어 있지 않았던 것이다. 고든은 이 개미가 매우 겁이 많고 여간해서는 침을 쏘려 하지 않았다고 기록했다. 그런데 독성을 분석했을 때 우리는 깜짝 놀랐다. 녀석들의 독은 여느 수확개미의 독보다 유독한 편으로, 조지 휠러와 지네트 휠러(George and Jeanette Wheeler)가 북아메리카의 수확개미 중 가장 크고 공격적이라고 했던 캘리포니아수확개미의 독보다 3배쯤 더 강했다. 포고노미르멕스 안젠시스는 혹독한 자연과 포식자가 없는 환경에 대응해 독성 기능을 없애거나 약화하는 쪽을 택하지 않고, 독 생산량을 줄임으로써 에너지를 절약하는 방식으로 진화한 것이었다.[24]

앉은 자리에서 수확개미를 100마리씩 먹는 것은 도마뱀만의 특기가 아니다. 사람도 그렇게 했던 역사가 있다. 1994년 어느 화창한 오후, 캘리포니아대학교(로스앤젤레스) 석사 과정 학생 케빈 그로크(Kevin Groark)에게서 전화가 왔다. 케빈은 유럽에서 아메리카로 백인이 대거 들어오기 전 캘리포니아 원주민의 전통문화를 연구하고 있었다. 그의 설명에 의하면 과거에는 부족의 젊은 남자들이 '비전 퀘스트(vision quest)'라는 영적 여행을 떠났는데, 이 의례를 통해 자신의 삶을 이끌어 줄 '드림헬퍼(dream helper)'를 찾았다고 한다. 비전 퀘스트에 착수하기 전, 청년들은 며칠 동안 음식을 먹지 않고 구토를 해서 의례 치를 준비를 했다. 준비를 마치면 나이 든 여인들이 부드러운 독수리 털로 만든 공을 가져다주었고, 그 안에는 수확개미가 들어 있었다. 청년들은 그 공을 받아 삼켰다. 케빈이 궁금했던 것은 수확개미를 삼킨 청년들이 개미 독에 중독되어 환각 상태로 영적 체험을 한 것이 아닌가 하는 점이었다.

"설마, 아닐 겁니다. 사람이 수확개미 독에 중독되려면 거의

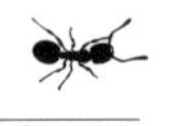

1,000번은 쏘여야 할걸요. 그 정도면 통증만 해도 극도에 달해서 무아지경에 빠질지도 모르죠."

케빈은 그 청년들이 먹은 개미가 한두 마리가 아니라고 했다.

"그럼 얼마나 많이요?"

"350마리쯤요."

"와! 그 정도면 거의 치사량에 가깝군요. 거기에 다른 의식을 더하면 환각을 유발하고도 남겠어요."

세상에, 나는 그런 의식을 치르겠다는 결단은 고사하고 그 통증을 상상하고 싶지도 않다. 초기 인류학자들이 남긴 세심한 현장 기록과 그것을 뒷받침하는 표본을 분석한 결과, 문제의 개미는 캘리포니아수확개미로 확인되었다.[2]

일부 원주민 부족은 비전 퀘스트보다 더 고통스러운 의식으로 젊은이들을 '단련'했다. 1933년, 존 해링턴(John Harrington)이 묘사한 의식은 다음과 같다.

> 이제 막 청소년기에 들어선 남자아이를 쐐기풀로 채찍질하고 개미 떼로 뒤덮었다. 소년들이 강인해지도록 단련하는 이 의식은 항상 여름에 행했는데, 쐐기풀이 가장 억센 7, 8월이었다. …… 어른들은 소년이 걷지도 못할 때까지 채찍질을 하고는 가장 맹렬한 종의 개미집 한가운데로 옮겨 놓았다. 의식이 진행되는 동안 소년의 친구들은 막대기로 개미집을 들쑤셔 곤충들이 더 광분하

게 했다. 소년들은 세상 모든 고통을 다 겪었을 것이다. 말할 수 없이 고통스럽고 지옥 같았을 것이다. 그러나 소년들은 신념이라는 미명 아래 신음 한 번 내지 않고 모든 고통을 견뎠다.[2]

다행히도 캘리포니아의 젊은 남자들은 이제 더는 그런 의식을 치르지 않는다. 개미한테도 다행스러운 일이 아닐 수 없다.

수확개미는 모든 면에서 특별하지만, 침과 독은 특히 독특하고 비범하다. 녀석들과 처음 만났을 때, 나는 '첫눈'이 아니라 '첫침'에 사랑에 빠졌다! 수확개미의 침이 어떤 효과를 내는지는 개미에 관한 여러 연구서에 잘 기록되어 있다. 1879년, H. C. 맥쿡의 설명부터 들어 보자.

쏘이고 나면 꿀벌 침 통증과 비슷한 날카롭고 심한 통증이 느껴진다. 그런 다음 짧은 간격으로 두 번, 냉한 신경성 감각이 뒤따르는데, 위쪽으로 쓸어 올리는 것 같았고 모근 주변에서 꽤 강하게 느껴졌다. 이것은 매우 이상한 느낌이었다. 마치 갑작스러운 경고를 받거나 공포에 휩싸일 때 흥분되는 것과 비슷하다고 할까? 그러고 나서는 쏘인 곳 주위로 심한 통증이 세 시간 정도 이어졌고, 약간의 마비 증세가 동반되었다. …… 녀석의 침은 정말이지 고통스러웠고, 24시간 이상 통증이 느껴졌다.[13]

1938년, D. L. 레이(D. L. Wray)는 플로리다수확개미에 쏘인 반응을 다음과 같이 기록했다. "쏘인 지점이 붉게 변했고, 곧바로 피부에서 끈적한 물 같은 분비물이 나왔다. 마치 심하게 땀을 흘리는 것처럼 분비물이 나오더니 팔을 타고 흘러내렸다. 쏘인 부분은 화끈거렸고 열이 났으며 극심한 고통이 종일, 심지어 밤에도 계속되었다."[25]

윌리엄 크레이턴(William Creighton)은 1950년에 펴낸 대표작 《북아메리카의 개미(*Ants of North America*)》에 다음과 같이 썼다. "포고노미르멕스속 개미의 침은 대부분 매우 고통스럽다. 벌침처럼 국부적인 반응에 그치지 않고, 통증이 림프관을 타고 퍼져, 맨 처음의 통증이 멎고 난 후에도 오랫동안 겨드랑이나 사타구니 림프샘에 몹시 불편한 느낌을 유발한다."[1]

그런가 하면 1968년, 아서 콜(Arthur Cole)은 《포고노미르멕스 수확개미(*Pogonomyrmex Harvester Ants*)》 서문에 다음과 같이 증상을 묘사했다. "침에 쏘이고 나면 매우 고통스럽다. 국부적 부종과 염증이 재빠르게 뒤따른다. 곧 욱신거리는 통증이 몇 시간 이어지는데, 쏘인 위치에 따라 사타구니나 겨드랑이, 자궁 경부에 있는 림프샘까지 통증이 미친다. 침에 쏘인 주변 피부가 축축해지는 경우가 많다."

마지막으로, 위대한 부부 연구팀인 조지 휠러와 지네트 휠러는 1973년에 다음과 같이 썼다.

> 나는 윗입술 가장자리를 쏘였다. …… 쏘이고 나서 10분 동안은 통증 없이 평범하게 타는 듯한 감각만 있었다. 한 시간 뒤에 입술과 앞니, 턱에서 무지근한 통증이 시작되었다. 입술 3분의 1이 약간 부어오르고 붉어졌다. …… 침에 쏘인 후 여섯 시간이 지나자 통증은 잦아들었지만, 윗입술이 화끈거리며 쐐기풀로 찌르는 듯한 통증이 뒤따랐다. 다음 날 아침, 침에 쏘인 지 열 시간이 지났을 무렵, 윗입술 가장자리 55mm 부위의 통증이 줄어들었다. 부종이 있었지만 붉어지지는 않았다. 55mm 중 가운데 10mm는 만져도 감각이 느껴지지 않았다. 12시간 후, 감각은 돌아왔으나 입술 가장자리는 여전히 둔감했고, 살짝 부풀어 올랐으며 약간의 통증이 있었다. 24시간 뒤, 보기에는 부풀어 오른 것 같지 않았어도 입술이 당기는 느낌이 들었다. 통증은 없었다. …… 침에 쏘인 지 이틀 후, 입술 안쪽 표면은 민감했고 문지르면 열감이 느껴졌다. …… 쏘인 지 26일 후, 입가 가운데 부분은 만지면 여전히 민감했다.[26]

수확개미에 쏘인 고통은 강력하고 오래간다. 대체 무엇이 그런 고통을 유발하는가? 수확개미의 침은 최소한 다섯 가지 면에서 다른 곤충의 침과 다르다.

첫째, 침에 쏘인 반응이 즉각 나타나지 않는다. 번개 같은 통증도 없고, 잉걸불이 피부를 태우지도 않는다. 그 대신 반응이 다소

지체되다가 통증이 거침없이 증가한다. 초반의 '무통증' 시간이 얼마나 되는지는 알기가 어렵다. 쏘였다는 것을 인지하지 못한 상태에서는 스톱워치를 누를 수 없기 때문이다. 내 느낌에는, 발이나 다리에 쏘이면 무통증 시간이 30초쯤 되는 것 같다. 어쨌든 쏘인 것을 알아차렸을 때는 이미 늦었다. 벌써 통증이 강렬해진 뒤니까.

통증 반응이 지연됨으로써 수확개미가 얻는 이득은 무엇일까? 쏘자마자 곧바로 통증이 일어야 포식자가 개미의 존재를 알아차리고 털어 내거나 달아날 테고, 그래야 개미도 생존에 유리하지 않을까? 이 물음에 대한 답은 통증 지연 현상이 개미와 녀석의 군집에 단기적 이득을 주는가 아니면 장기적 이득을 주는가에 달렸다. 수확개미의 독 주입 시스템은 다소 느리다. 만약 이 시스템의 초기 단계에 통증이 일면 포식자는 개미를 재빨리 없애 버리고 피해를 줄일 수 있다. 그러나 통증을 뒤늦게 일으키면 포식자가 쏘인 것을 알아차릴 때까지 개미는 독을 더 많이 주입해서 장기적 피해를 극대화할 수 있다.

둘째, 쏘인 지점 주변에 국부적으로 땀이 난다. 일반적인 땀보다 좀 더 점성이 있는 그 땀은 다른 부위에서는 나지 않는다. 침에 쏘인 부분을 가로질러 좌우로 손가락을 부드럽게 움직여 보면 끈적이는 그 땀을 쉽게 감지할 수 있다. 나는 이 감각을 좀 더 예민하게 느끼기 위해 때때로 손가락 대신 윗입술을 이용하기도 한다. 쏘였을 때 국부적으로 땀이 나는 증상을 유발하는 것은 수확개미 침밖에 없다. 따라서 어떤 개미가 침을 쏜 뒤 들키지 않고 빠져나갔다면, 침 쏘인 자리에 땀이 나는지에 따라 그 녀석이 수확개미인지 아닌지 구분할 수 있다.

셋째, 쏘인 지점 주변 털이 곤두선다. 쏘인 부위에 인접한 털이 마치 겁먹은 개의 어깨 털처럼 곤두서는데, 다른 부위에서는 털이 곤두서지 않는다. 이렇게 국부적으로 털이 곤두서는 현상 역시 수확개미 침만의 특징이다.

넷째, 쏘인 부위에서 가장 가까운 림프샘에 불쾌한 통증이 인다. 예를 들어 팔에 쏘였다면 겨드랑이 부분에 있는 림프샘이, 다리에 쏘였다면 사타구니 부분에 있는 림프샘이 쓰리고 단단해진다. 통증은 날카롭거나 못 참을 정도는 아니지만 뚜렷하게 불쾌하다. 그 느낌을 말로 표현하기는 어려운데, 쏘인 사람의 행복과 안녕을 방해한다는 사실만은 분명하다. 침에 쏘였을 때 림프샘 통증이나 각성을 일으키는 것은 수확개미가 유일하다.

끝으로, 침에 쏘인 통증의 길이와 성격이 다른 곤충의 침과는 확연히 다르다. 일단 쏘이고 나서 약 5분 안에 본격적인 통증이 시작되고 나면 몇 시간씩이나 완화되지 않고 이어진다. 그 통증은 강렬하고 몹시 고통스러우며, 이를 바드득 갈 정도의 고통으로 물결치듯 시작된다. 그러고 나서 새로운 정점으로 돌아가기 전에 조금 참을 만한 수준으로 잦아들었다가 다시 반복된다. 불

행히도 통증은 단시간에 사라지지 않는다. 통증은 수확개미의 종류에 따라서도 다르고, 녀석이 주입한 독의 양이 얼마나 되는지에 따라서도 다르다. 그리고 통증에 대한 개개인의 민감도에 따라서도 차이가 있다. 대개 거친수확개미, 붉은수확개미, 서부수확개미 침의 통증은 약 네 시간, 마리코파수확개미, 캘리포니아수확개미, 플로리다수확개미 침의 통증은 여덟 시간 가까이 지속된다. 당연하게도 나는 마리코파수확개미와 플로리다수확개미를 집중적으로 연구하기로 했다!

수확개미 침이 일으키는 반응이 통상적이지 않다는 점에서, 나는 수확개미 독의 화학 구성이 다른 곤충의 독과 분명히 다를 것이라고 짐작했다. 내가 처음 수확개미에 쏘인 것은 1970년대였는데, 당시만 해도 수확개미 독에 관한 화학적 지식은 빈 페이지나 마찬가지였다. 곤충 독의 화학 특성이 기술된 첫 번째 사례는 홍개미(horse ant)로 불리는 포르미카 루파(*Formica rufa*)였다. 칼 폰 린네(Carl von Linne)가 개미에 학명을 부여하기 90년 전인 1670년, 존 레이(John Wray)는 포르미카 루파가 개미산을 지니고 있음을 알았다.[27] 그때까지는 휘발성 있는 액체 상태인 이 산에 이름이 없었으나, 이후 개미를 뜻하는 라틴어 'formica'를 따서 포름산(formic acid)으로 불리게 되었다. 레이의 발견은 과학계에서 상당한 화제가 되었고, 과학에 종사하지 않는 대중에게도 포름산이 알려졌다. 이후 대중은 물론이고 많은 과학자가 모든 곤충의 독은 포름산이라고 믿게 됐는데, 이는 도시 전설만큼이나 없애기 불가능한 '길거리 지식'으로 자리 잡고 말았다. 19세기 후반부터 1930년대까지 독일 과학자들이 꿀벌 독은 포름산이 아니라 고도로 활성화된 고형 독소를 함유하고 있음을 입증했지만, 포름산 신화는 아직도 사라지지 않아서 앞으로도 수십 년간 우리를 웃게 할 것 같다.

침에 쏘인 통증을 표현한 것 외에는 수확개미 독에 관해 아무것도 알려진 바가 없었으므로 내가 해야 할 첫 번째 작업은 화학적, 약물학적 분석을 위해 독을 모으는 일이었다. 개미를 채집하기는 쉬웠다. 그러나 녀석들이 지닌 독의 양은 정말 적다. 개미 한 마리는 약 25μg의 독을 생산한다. 독 1oz(온스, 1oz=약 28g)를 모으려면 개미가 100만 마리 넘게 있어야 한다. 개미를 해부해 독을 채취하는 데 필요한 시간을 한 마리당 3분으로 잡으면, 1oz의 독을 모으는 데는 밤낮으로 쉬지 않고 일해도 6년하고도 반년이 더 걸릴 것이다. 분석 작업 대부분이 적은 양의 독으로도 가능하다는 사실이 얼마나 다행인지!

독에 들어 있는 효소는 유기체에서 일어나는 화학적 결합을 갈라놓음으로써 신체 조직에 생화학적 피해를 유발한다. 플로리다수확개미의 독은 효소의 보고라 할 수 있는데, 그 효소는 다른 곤충의 독과 달리 고도로 활동적이다. 이 효소가 침을 통해 피부에 주입되면 다양한 작용을 한다. 두 종류의 포스폴리

페이스(phospholipase)는 고통 유발 물질을 방출하고, 세포막 안에 있는 인지질을 분해한다. 아얏. 또 다른 효소인 히알루로니다아제(hyaluronidase)는 피부의 결합 조직을 분해해서 다른 독성분이 쉽게 침투할 수 있게 함으로써 피해를 키운다. 에스터레이스(esterase)와 산성 인산 분해 효소 등은 피부와 몸에 있는 다른 분자를 부수어서 독성분의 활동을 돕는다. 마지막으로, 지방 분해 효소인 리페이스(lipase)가 특히 흥미롭다.[28, 29] 리페이스는 다른 독에는 없는 효소로, 정확한 기능은 수수께끼로 남아 있다. 어쩌면 리페이스가 에스터레이스와 함께 쐐기풀로 찌르는 듯한 날카로운 고통과 발진을 일으키는 것이 아닐까 짐작된다.

수확개미의 독성 작용은 활발하고 직접적이다.[30] 녀석들의 독은 용혈성이 강해서 적혈구의 세포막을 급속하게 파괴한다. 파괴된 혈구는 지니고 있던 헤모글로빈을 방출해 체내 산소 전달 기능을 떨어뜨리고, 신장의 여과 장치를 막는 등 복합적인 효과를 낸다. 누구라도 신장이 제 기능을 못 하면 며칠 안에 고통스럽게 죽는다. 용혈 반응은 간접적인 사망 원인이 될 수 있다.

키닌(kinin)은 고도로 활동적인 펩타이드로, 심장 활동에 영향을 주고 혈압을 떨어뜨리며 고통을 유발하는 것으로 잘 알려져 있다. 말벌 독의 키닌은 주요한 고통 유발 요인으로 추측된다. 수확개미 독에도 약물학적으로 키닌과 유사한 작용을 하는 성분이 있는데, 아마도 그 성분이 단기 통증을 일으키는 것으로 짐작된

다. 아쉽게도 정확한 분자 구조는 아직 밝혀지지 않았다.[31]

수확개미 독의 가장 심각한 작용은 신경계에 이상 반응을 일으키는 것이다. 이를 '신경 독성'이라 하는데, 피부와 척수, 뇌, 심지어 심장에 있는 신경까지 직접 겨냥하는 것으로 추측된다. 다시 말해, 수확개미에 쏘이면 즉사할 수 있다는 얘기다. 실제로 작은 척추동물은 수확개미 침에 몇 번 쏘이는 것만으로도 심각한 위험에 빠진다. 다행히 사람에게는 몇 번 정도로는 의미 있는 독성 효과가 나타나지 않는다. 고맙게도 우리의 두꺼운 피부는 독을 느리게 침투시키는 놀라운 시스템을 갖추고 있다. 몇 번 쏘인 정도의 독은 피부에 갇혀서 체내로 아주 천천히 침투하는데, 그 정도로는 전신에 영향을 미치지 못한다.

치사 독성은 실험 대상자 절반을 죽이는 데 필요한 반수 치사량으로 측정한다. 뱀의 독성이 치명적인 것은 널리 알려진 사실이지만, 꿀벌 독이 여러 뱀의 독성을 뛰어넘을 정도로 강하다는 것을 아는 사람은 많지 않을 것이다. 꿀벌은 단지 뱀보다 몸집이 작을 뿐이다. 더 놀라운 점은 수확개미 독이 꿀벌 독의 효능을 초라하게 할 만큼 강력하다는 것이다. 평범한 수확개미의 독은 꿀벌 독보다 6배 더 치명적이고, 애리조나주 윌콕스에 서식하는 마리코파수확개미의 독은 꿀벌 독보다 20배쯤 더 유독하다.[32] 수확개미의 독은 오늘날 곤충 독 가운데 가장 유독한 것으로 알려져 있으며, 심지어 몇몇 오스트레일리아산 뱀과 바다뱀을 제외

한 모든 뱀보다 더 유독하다. 만일 수확개미가 바다뱀과 같은 크기였다면, 아마 우리는 녀석들의 독에 관해 훨씬 더 많은 사실을 알고 있을 것이다.

일부 수확개미 종은 강력한 독성과 더불어 또 다른 전략으로 군집을 보호한다. 침을 쏘는 많은 곤충이 침 시스템에 결정적 단점을 지니고 있는데, 바로 목표물에 독을 주입하는 속도가 느리다는 점이다. 개미와 꿀벌은 거의 순간적으로 독을 주입할 수 있는 강력한 메커니즘을 갖추지 못했다. 이 점을 보완하기 위해 캘리포니아와 플로리다의 수확개미는 다른 시스템을 갖추었다. 자기 침을 스스로 절단해 목표물의 피부에 침을 남겨 두는 것이다. 그러는 동안에 개미는 털려 나가거나 으스러지고 잡아먹힐 수도 있다. 하지만 무슨 일을 당하든 간에 온전한 독 시스템은 포식자의 몸에 그대로 남아서 독을 계속 주입한다. 침을 절단한 개미는 죽는다. 그러나 끝까지 포식자에게 독을 주입함으로써 여왕과 군집이라는 초유기체를 보호하는 데 일조한다. 생식 능력이 없는 일개미의 자살은 번식 능력을 갖춘 다른 개체들을 보호함으로써 군집의 재생산 확률을 높이는 이타적인 행위다.

수확개미 침의 통증 지수는 매우 높은 3단계로, 꿀벌 침보다 훨씬 아프다. 처음에는 누군가가 치과의사의 주사기로 소량의 물을 급소에 주사하는 것과 약간 비슷한 느낌을 받을 수 있다. 그러나 그 감각은 곧 날카롭고 찌르는 듯한 통증으로 변한다. 마치

납을 채운 곤봉으로 무지근하고 육중하게 툭 하고 맞은 느낌과 같다. 어떨 때는 마법사가 피부 아래 깊이 침입해 근육과 힘줄, 신경을 갈가리 찢는 것 같다. 게다가 근육과 힘줄, 신경이 한 번만 찢기는 것이 아니라 연속해서 찢긴다. 지금 찢기는 느낌이 들고 다소 약해졌다가 이내 다시 찢긴다. 그 고문은 4~8시간 정도 완화되지 않고 쭉 이어진다. 수확개미의 침은 심각하게 불쾌하며 고통스럽다. 누구라도 이 침에 쏘이면 가족이나 친구들에게 보살핌과 동정을 호소하게 될 것이다.

타란툴라대모벌과 단독성 말벌

철학자들이 사랑하는 저 꿀벌에 한 번 쏘이느니

차라리 나나니벌에 수백 번 쏘이는 게 낫겠다.

– 하워드 에번스, 《말벌 농장》, 1973

감전된 듯 찌릿. 난데없는 날벼락. 타란툴라대모벌(tarantula hawk)에 쏘인 고통을 이렇게 표현하면 될까. 타란툴라대모벌의 침은 '왜' 그리고 '어떻게' 다른 곤충 침과 다른가. 과학에서는 '왜'라는 질문이 종종 문제가 된다. '왜'라는 물음은 겉으로 드러난 현상의 이면에 어떤 목적이 있음을 암시하는데, 그 목적이 과학적 방법론을 잘 따르지 않기 때문이다. 머리가 아픈가? 일단은 방법론 어쩌고 하는 한계를 무시하고, 자유로운 상상력을 '왜'라는 질문에 입혀 보자. 그러면 이해를 향한 문이 열릴 테고, 그 문을 통과해 나오는 아이디어를 검증할 수 있을 것이며, 운이 좋다면 이해에 도달할 수 있을 것이다.

타란툴라대모벌의 침에 관해 '왜'라는 문제를 탐구하려면 녀석이 다른 단독성 말벌과 생물학적으로 어떻게 다른지 살펴보는 것이 좋은 출발점이 된다. 말벌 생물학에서 '단독성'이라는 말은 사회성의 결여를 뜻한다. 이는 동종의 암컷, 수컷, 여왕벌과 자라나는 어린것들이 군집에서 함께 살지 않는다는 뜻이다. 단독성 말벌류는 암컷 홀로 살면서 자손을 키우고, 그 자손이 살아남아 자기 혈통을 이어가도록 하는 데 필요한 모든 일을 직접 다 한다. 수컷은 단지 암컷과 교미해 정자를 제공할 뿐, 다음 세대를 키우는 데 도움이 되는 일은 아무것도 하지 않는다. 일은 하지 않고 계속 구애하는 수컷은 암컷에게 그저 성가시기만 한 것들이다. 꿀벌 중에는 수컷이 둥지 입구를 지키거나 머리로 입구를 막아 기생충의 침입이나 집을 빼앗으려는 다른 벌의 침입을 막는 등 약간의 도움을 주는 종도 있다. 단독성 말벌은 다른 암컷과 둥지를 공유하는 일이 없고, 꿀벌처럼 수컷이 둥지를 보호하기 위해 머리를 사용하는 일도 없다.

단독성 말벌은 대개 적극적으로 사냥하고 먹잇감을 압도하는 포식자다. 반면 꿀벌은 꿀이나 그 밖의 달콤한 액체를 홀짝거리고 꽃가루를 아삭아삭 씹어 먹는 채식주의자다. 단, '독수리벌(vulture bee)*'로 불리는 스캅토트리고나속(*Scaptotrigona*) 꿀벌은 죽은 동물 고기를 좋아해서 꽃가루를 채집하지 않는다. '꿀벌은 채식주의자'라는 법칙의 예외에 해당하는 셈이다. 단독성 말벌 중에

* 'vulture'는 동물의 사체를 주로 먹는 독수리를 가리킨다.

도 이런 예외 종이 있다. 호리병벌(potter wasp)의 친척으로, '꽃가루말벌(pollen wasp)'이라고 부르는 마사리나에아과(Masarinae) 벌들은 꽃가루를 채집해 새끼에게 먹인다. 이 말벌은 꿀벌류와 수렴진화**한 사례로, 진화 계통수***에서 다른 가지에 자리 잡고 있어 꿀벌류와 밀접한 연관이 없다.

혼자 생활하는 말벌은 사회생활을 하는 말벌보다 여러 면에서 불리하다. 사회성 곤충 무리에는 한 가지 임무를 수행하는 다수의 개체가 있고, 여럿이 함께하면 혼자 하는 것보다 임무를 수행하기가 쉽다. 벌 한 마리가 커다란 메뚜기 사체나 새로운 꽃밭 같은 노다지를 발견했다고 가정해 보자. 그 녀석 혼자서는 먹잇감의 아주 작은 부분만을 거둘 수 있고, 운이 나쁘면 경쟁자에게 몽땅 빼앗길 수도 있다. 하지만 사회성 곤충은 동료를 불러 모아 먹잇감에 우위를 점하고, 커다란 메뚜기 한 마리를 전부 거두어들일 수 있다. 단독성 곤충은 음식이나 물을 찾는 데 실패하면 곤경에 빠질 수 있다. 사회성 곤충은 한 개체가 먹이 구하기에 실패하더라도 다른 동료가 구해 온 먹이를 나눠 먹을 수 있다. 단독성 곤충은 팔방미인이 되어 모든 일을 혼자 해야만 한다. 사회성 곤충은 분업을 할 수 있다. 음식 구하기, 물 구하기, 집 지을 재료

** 계통이 다른 생물이 외견상 서로 닮아 가는 진화.

*** 생물의 진화에 따른 계통과 유연관계를 나무에 비유하여 나타낸 그림. 나무의 뿌리는 조상을, 잎은 후대를 의미한다.

구하기, 새끼를 먹이고 보살피기, 집 지키기 같은 일을 나누어 맡을 수 있다. 녀석들의 분업 목록은 이것 말고도 수두룩하다.[1] 특히 사회성 곤충은 일부가 먹이를 구하러 나가더라도 다른 구성원들이 언제나 집에 있어서 포식자, 기생자, 침입자로부터 집을 지킬 수 있다. 하지만 단독성 말벌은 어미가 먹잇감이나 물을 구하러 나가면 집은 개방된 상태가 되고 새끼는 보호자 없이 방치된다.

그렇다고 단독 생활에 장점이 없는 것은 아니다. 단독 생활의 장점 한 가지는 활동 시기를 조절할 수 있다는 점이다. 말벌의 먹잇감 중 하나인 여칫과 곤충의 애벌레가 나오는 때는 한 철이다. 1년 중 바로 그 시기에만 먹잇감이 풍부하다면, 단독성 말벌은 오직 그때만 활동하면 된다. 나머지 기간에는 위험을 무릅쓰고 돌아다니며 활동할 필요가 없다. 그렇게 함으로써 말벌은 에너지를 절약하고, 포식자나 악천후 등의 위험을 피할 수 있다.

한편, 단독성 종은 누구보다도 한 가지 일은 더 잘하는 틈새 전문가가 될 수 있다. 화려한 줄무늬가 있는 말벌 세르세리스 푸미페니스(*Cerceris fumipennis*)는 바위처럼 단단하고 금속 빛깔을 띠는 천공성 딱정벌레를 잡아 마비시키는 전문가다. 특히 이 딱정벌레를 효율적으로 찾아내는 데는 따를 자가 없다.[2] 부끄럽게도 녀석과 똑같은 딱정벌레를 연구하는 곤충 전문가들은 그 딱정벌레를 찾아내는 데 굉장한 어려움을 겪고 있어서, 과학계에서 새로

운 딱정벌레를 찾기 위해 세르세리스의 집을 채굴한 적이 있을 정도다.

전염병은 사람뿐 아니라 사회성 곤충도 괴롭힌다. 하지만 단독성 종은 서로 간의 접촉이 적은 덕분에 전염병 문제를 피해 간다. 단독 생활의 장점 가운데 가장 중요한 것을 꼽자면 포식자 눈에 덜 띈다는 점을 들 수 있다. 사회성 곤충의 부산한 활동과 커다란 둥지는 배고픈 포식자의 눈에 잘 띌 수밖에 없다. 상대적으로 활동이 덜한 단독성 말벌은 원치 않는 주목을 받을 가능성이 훨씬 낮다. 특히 대형 포식자에게는 단독성 말벌의 집이 별 관심을 끌지 못한다. 먹잇감이 풍부한 사회성 곤충의 둥지를 발견한 포식자는 그 속에 든 식량과 유충을 먹기 위해 침에 쏘이는 고통까지 감수하면서 노력하겠지만, 별로 든 것도 없는 단독성 곤충의 둥지는 애써 파낼 가치가 없다.

사회성 종의 일벌은 둥지 근처에 포식자가 나타나면 달아나지 않고 요새를 방어하고 지키려 한다. 일벌이 여왕을 지키지 않으면 모든 것을 잃고 말기 때문이다. 반면 단독성 말벌은 둥지가 위험하면 그냥 달아나 자기부터 살고 본다. 단독성 말벌의 집은 작아서 포식자의 눈에 잘 띄지도 않을뿐더러, 그것을 발견한 포식자가 너무 가치 없다고 판단해 그냥 포기할 가능성이 크기도 하거니와, 설사 집이 망가지더라도 단독성 말벌은 손쉽게 또 다른 집을 짓고 계속 살아갈 수 있다.

아이러니하게도 생명체의 가장 큰 위협은 '살아가는 것'이다. "살아가라, 그리고 살도록 내버려 두라"와 "먹어라, 그러나 먹히지는 말아라" 등의 표현은 이 문제의 정수를 잘 드러낸다. 생명체는 살아가면서 재생산이라는 숙제를 하도록 요구받지만, 살아가는 과정이야말로 가장 큰 위험이다. 어느 때라도 누군가의 위장으로 들어가는 것으로 삶이 끝날 수 있다. 오래 살수록 잡아먹힐 위험은 커진다. 잡아먹히지 않고 임무를 완수하는 비결은 할 수 있을 때 빠르게 재생산을 하고, 임무를 마치면 죽는 것이다. 하루살이가 이 극단을 잘 보여 준다. 하루살이 중 일부는 성체로 한 시간도 살지 않고 짝짓기를 하고는 알을 쏟아내고 물 위에서 죽는다.[3]

자연은 재생산에 직접 관여하지 않는 활동에는 최소한의 시간만을 쓰는 방식으로 재생산 효율을 극대화한다. 단독성 말벌의 수명이 대체로 짧은 이유도 이 때문이다. 말벌류는 대부분 특정 먹잇감을 전문적으로 사냥한다. 만약 그 먹잇감이 1년 중 겨우 한 철만 나타난다면 어떤 전략을 쓰는 것이 가장 효율적일까? 바로 그 먹이가 나타나기 시작할 때 성체 말벌이 되어 열심히 먹이를 구하고, 재생산하고, 먹이 시즌이 끝나면 죽는 것이다. 그 이상 계속 머물러 봤자 포식자에게 먹힐 위험만 있을 뿐, 살 의미가 없다. 하지만 사회성 종은 대개 이와 반대되는 전략을 택한다. 사회성 말벌은 재생산 시즌이 아니어도 1년 내내 군집을 유지해야

하며, 그러는 내내 포식자에 노출되어 있으므로 성체로 살아가는 기간이 짧으면 곤란하다.

~~~~~~~~~~~~~~

타란툴라대모벌에 쏘였는가? 그렇다면 체면 차릴 것 없이 드러눕고 소리 지르기 바란다. 녀석의 침은 심신을 너무나 무력하게 하고 고통스럽게 하는 탓에 자칫하면 길바닥의 움푹 팬 지점이나 돌출한 물체에 걸려 발을 헛디디거나 선인장 위 또는 철조망 울타리 쪽으로 넘어져 더 크게 다칠 위험이 있다. 그 고통을 느끼는 와중에 통상적인 조정 능력을 유지하고 인지적으로 신체를 통제해 돌발적인 부상을 방지할 수 있는 사람은 거의 없다. 소리를 지르면 심리적으로 만족을 느끼고, 침에 쏘인 통증에 집중된 신경을 분산하는 데 도움이 되므로 조금이나마 고통을 덜 수 있다.

타란툴라대모벌에 자발적으로 쏘이겠다는 사람은 거의 없을 것이다. 과학자들조차 연구를 위해 그렇게 큰 용기를 낸 사례는 없는 것으로 알고 있다. 타란툴라대모벌의 명성이 생물학 공동체에 이미 잘 알려져 있기 때문이다. 대개는 열성적인 수집가가 타란툴라대모벌의 표본을 얻기 위해 분투하는 과정에서 쏘이는데, 늘 그렇듯 쏘인 사람이 욕설을 뱉고 포충망을 내던지며 소리
~~~~~~~~~~~~~~

를 지르는 것으로 상황이 마무리된다. 그 통증은 쏘인 즉시 밀려오고, 전기에 감전된 듯 몹시 고통스러우며 쏘인 사람을 완전히 무력화해 버린다.

위대한 박물학자이자 곤충학자인 하워드 에번스(Howard Evans)는 단독성 말벌 전문가다. 여윈 체격에 부스스하게 헝클어진 흰 머리를 하고 눈을 반짝이는 내성적인 사람 하워드는 타란툴라대모벌을 특히 좋아했다. 이 말벌을 조사하는 데 몰두해 있던 어느 날, 그는 꽃 하나에서 여남은 마리의 암컷 타란툴라대모벌을 포충망으로 쓸어 담았다. 오직 녀석들을 손에 넣겠다는 열성으로 포충망 안으로 손을 뻗은 하워드는 침 한 방을 쏘이고도 단념하지 않고 계속 시도하다가 몇 차례 더 쏘인 뒤, 고통이 너무 커서 그 모두를 내팽개치고 도랑으로 기어들어가 흐느껴 울었다. 후에 그는 욕심이 너무 과했다고 자책했다.[4]

타란툴라대모벌은 대모벌과(Pompilidae)에서 가장 커다란 종으로, 대모벌과에는 거미만 잡아먹는 강력한 5,000여 종이 속해 있다.[7] 타란툴라대모벌을 너무나 특별하게 만드는 특징은 녀석들이 모든 거미류 중 가장 크고 사납고 무서운 타란툴라를 먹이 목표로 삼는다는 점이다. "당신이 먹는 것이 바로 당신입니다"라는 옛말은 타란툴라대모벌에 딱 들어맞는 것 같다. 큰 거미를 먹은 대모벌은 큰 대모벌이 되고 작은 거미를 먹은 대모벌은 작은 대모벌이 되기 때문이다. 그런데 말벌 유충이 어떤 거미를 먹을지

는 어미 말벌이 결정한다. 벌목 곤충은 유전학계의 괴짜들이다. 암컷은 수정란에서 나오고 수컷은 미수정란에서 나온다. 이는 수컷이 지닌 유전 정보가 암컷의 절반밖에 되지 않는다는 뜻이며, 어미가 짝짓기 때 비축한 정자를 선택적으로 이용해 수정란을 낳을지 미수정란을 낳을지 결정할 수 있다는 이야기다.

타란툴라대모벌의 세계에서는 암컷이 가치가 크다. 암컷은 모든 일을 한다. 위험을 무릅쓰고 거미를 사냥하며, 때로는 자기 몸무게보다 8배나 더 무거운 거미를 둥지까지 끌고 온다. 이런 일을 효과적으로 수행하고 새끼를 많이 키우려면 암컷은 크고 강해야 한다. 그래서 어미는 잡아 온 먹잇감 중에서 크고 통통한 타란툴라를 어린 암컷에게 준다. 반대로 수컷이 하는 일이라고는 주로 꽃에서 꿀을 홀짝거리며 다른 수컷을 몰아내고 암컷과 짝짓기를 하는 것이 고작이다. 덩치가 작아도 암컷과 교미하는 데는 문제가 없으므로 크기는 그리 중요하지 않다. 물론 몸집이 큰 녀석이 짝짓기 기회를 더 많이 얻기는 하지만 말이다. 어쨌거나 어미는 작고 앙상한 타란툴라를 어린 수컷에게 준다.

타란툴라대모벌의 한살이는 여느 단독성 말벌과 대체로 비슷하다. 암컷은 땅속 둥지의 자기 방에서 성충으로 자라 꿀을 찾아 먹고 짝짓기를 한다. 수컷 역시 성충이 되면 꽃을 찾고 짝짓기 행동을 시작한다. 애리조나주에 서식하는 펩시스속(*Pepsis*) 타란툴라대모벌은 흰 유액을 분비하는 밀크위드나무 또는 서양무환자

나무, 메스키트나무 주변에서 주로 짝짓기를 한다. 헤미펩시스속(*Hemipepsis*) 타란툴라대모벌 수컷은 언덕 꼭대기나 산마루, 그 밖에 눈에 잘 띄는 높은 곳에 올라가서 짝짓기 영역을 정한다. 수컷은 자기가 정한 장소에서 암컷을 향해 구애 행동을 하는데, 기왕이면 좋은 장소를 차지하고 자기 영역을 지키기 위해 다른 수컷들과 싸운다. 대개는 몸집이 큰 녀석이 가장 좋은 영역을 차지한다. 암컷은 짝짓기를 위해 수컷의 영역으로 찾아오고, 평생에 단 한 번, 짧은 교미를 마치고 계속해서 삶을 이어간다.

짝짓기를 마친 암컷은 타란툴라 사냥에 착수한다. 타란툴라대모벌은 사냥할 때 타란툴라의 다리 기저부와 다리를 받치는 흉골 사이에 침을 쏜다. 다리와 독니를 통제하는 커다란 신경절을 직접 겨냥한 그 침은 1.5~2.5초 안에 거미를 완전히 무력화하고 영구적으로 마비시킨다. 타란툴라대모벌은 침에 쏘여 축 늘어진 타란툴라를 자기 땅굴로 가져가기도 하고, 희생된 타란툴라의 땅굴로 끌고 가 아예 그곳에 자리를 잡기도 한다. 타란툴라대모벌이 엄청나게 큰 타란툴라를 끌고 땅 위로 먼 거리를 이동하는 장면은 해 질 무렵 펼쳐지는 자연의 위대한 드라마 중 하나다. 이 장면을 운 좋게 목격한 사람이 있다면, 그는 평생 기억할 만한 진기한 경험을 한 셈이다.

타란툴라를 끌고 땅속 둥지로 돌아온 말벌은 맨 아래쪽 방에 제물을 넣고 그 위에 알을 낳는다. 그런 다음 굴을 흙으로 채우고

입구를 막는다. 어미의 의무를 다한 타란툴라대모벌은 이제 또 다른 먹잇감을 찾아 떠난다.

알은 며칠 안에 부화한다. 알에서 갓 나온 1령(齡)* 애벌레는 아직 살아 있는, 마비된 타란툴라의 피를 빨아먹는다. 그다음 20~25일 동안 애벌레는 네 번 허물을 벗고 마침내 5령 애벌레가 된다. 이때까지도 타란툴라는 살아 있다. 애벌레는 피, 근육, 지방, 소화 기관, 생식 기관을 먹어 치웠고, 심장과 신경계는 남겨두었다. 이제 5령 애벌레 상태로 남은 타란툴라를 썩기 전에 재빨리 먹어 치운다. 먹이를 다 먹은 애벌레는 고치를 만들어 번데기가 된다. 타란툴라대모벌이 활동하는 시즌의 초기라면 단 몇 주 만에 번데기에서 성체가 나온다. 만약 활동 시즌 후반이라면 녀석은 고치 단계로 겨울을 나고, 이듬해 봄에 나온다. 성체로 자란 타란툴라대모벌 수컷은 몇 주를 살고 생을 마감하며, 암컷은 4~5개월을 산다.[8]

이상, 타란툴라대모벌의 한살이를 훑어보았다. 그런데 한 가지 의문이 든다. 타란툴라대모벌이 공격할 때 타란툴라는 왜 맞서 싸우지 않는가? 거대한 바퀴벌레나 단단한 딱정벌레를 쉽게 으스러뜨릴 수 있는 크고 강력한 엄니를 가진 녀석이 어째서 자

* 애벌레가 탈피를 거듭하는 동안의 각 단계 또는 애벌레의 나이를 세는 단위. 1령은 영과 영 사이로, 보통 5령 끝에 가서 고치를 만들기 시작한다.

그마한 말벌 한 마리를 물리치지 못하는가? 심지어 최소한의 방어 태세도 취하지 않고 굴복해 버리는 까닭이 대체 무엇이란 말인가?

인간이 모르는 것은 이것만이 아니다. 우리는 타란툴라가 바퀴벌레나 딱정벌레 같은 곤충과 타란툴라대모벌을 어떻게 구분하는지도 전혀 모른다. 논리적으로 추측해 볼 뿐이다. 사람은 대개 눈으로 세상을 '보고' 그다음에 소리를 듣거나 만지고 맛보는 등 다른 양식들을 감지한다. 이와 달리 거미와 곤충, 무척추동물 대부분은 주로 냄새로 세상을 감지한다. 이들에게 시각이나 청각은 부차적이다. 거미와 곤충은 더듬이, 촉수, 다리, 그 밖에 몸의 다른 부분에 있는 접촉 수용기를 통해 냄새를 감지한다. 이 수용기는 먹잇감 표면에 있는 화학 물질을 감지하며, 곤충이나 거미는 그 특징에 따라 먹잇감을 구분한다. 우리는 냄새만으로 말벌이나 딱정벌레, 나방, 파리 따위를 거의 구분하지 못한다. 구분은커녕 아무 냄새도 못 맡는다. 그러나 거미나 곤충은 그것들을 구별한다. 거의 앞을 못 보는 타란툴라는 아마도 냄새로 타란툴라대모벌을 인지할 것이다. 더불어 말벌 특유의 '느낌'과 말벌이 지표면이나 기압파를 통해 일으키는 진동을 감지할 것이다.

말벌은 때로 사람도 감지할 수 있는 뚜렷한 냄새를 일부러 풍긴다. 대개 말벌이 잡혔거나 위협받았을 때 그 냄새를 풍기는데, 톡 쏘는 듯하면서도 너무 강하거나 맵거나 역겹지는 않다. 그런

데도 인간은 그 독특한 냄새를 맡으면 강한 반발심을 느끼곤 한다. 말벌이 내뿜는 냄새에 관해 언급한 박물학자들의 기록을 살펴보자.

예일대학교의 저명한 거미학자 알렉산더 페트런케비치(Alexander Petrunkevitch)는 타란툴라대모벌의 몸에 타란툴라의 털이 닿자 "녀석은 날개를 들어 올렸고, 갑자기 약간 톡 쏘는 듯한 냄새를 풍겼다. …… 타란툴라대모벌이 냄새 물질을 분비하는 행동은 분노 또는 경고의 표시임이 분명하다"고 썼다.[9] 타란툴라대모벌의 행동을 누구보다 폭넓게 연구한 F. X. 윌리엄스(F. X. Williams)는 이 냄새를 '펩시스 냄새', 즉 펩시스 종의 보편적인 냄새로 정의했다.[8] 하워드 에번스는 펩시스 수컷과 암컷 모두 "이 독특한 냄새를 풍기며, 어쩌면 말벌이 포식자를 물리치는 수단일지도 모른다"고 썼다.[5]

우리는 이 냄새가 말벌의 아래턱 기저부에 있는 큰턱샘에서 나온다는 것을 알고 있지만, 아쉽게도 아직 그 화학 성분을 식별해 내지 못했다. 노력이 부족해서가 아니다. 나는 뛰어난 화학자 몇 명과 함께 30년 넘게 이 문제에 매달렸는데도 수수께끼를 풀지 못했다. 화학 성분뿐 아니라 그 냄새가 정확히 어떤 역할을 하는지도 수수께끼다. 한 가지 확실한 것은 냄새가 포식자에 대항하는 화학적 방어 수단이라는 점이다. 이는 큰코다치기 전에 썩 물러나라는 경고의 표시일 뿐, 냄새 자체가 공격자에게 직접 위해를 가하지는 않는다. 한편, 그 냄새는 꽃이 흐드러진 곳, 모여서 쉴 만한 곳, 또는 짝짓기 장소에 수컷과 암컷 모두를 불러 모으는 집합 페로몬일 수도 있다. 또는 그 냄새로 타란툴라를 유인하거나 방어 행동을 못 하게 차단하는 것인지도 모른다.[10] 생물의 진화에서 흔히 볼 수 있는 것처럼 그 냄새도 처음에는 한 가지 목적으로 발달했다가 나중에 여러 가지 역할을 더 수행하는 방향으로 거듭 진화했을 것이다.

타란툴라가 왜 반격하지 않는가, 하는 물음으로 다시 돌아가 보자. 어떤 식인지는 모르겠으나 말벌이 거미를 공포의 도가니에 빠뜨려 꼼짝달싹 못 하게 하는 것은 아닐까? 사실이라고 하기에는 너무 무모한 추측일까? 그러나 누가 알겠는가. 우리는 타란툴라가 느끼는 공포와 그로 인한 행동 변화에 관해 아는 것이 거의 없다. 우리가 아는 한 가지는 이 싸움이 말벌에 유리한 쪽으로 심하게 일방적이라는 것이다. 어쩌다 타란툴라가 반격하는 일도 있지만, 녀석의 송곳니는 말벌을 상대하는 데는 대체로 쓸모가 없다. 타란툴라대모벌의 몸은 단단하고 매끄럽고 미끈거린다. 또 거친 부분이나 움푹 들어간 부분, 솟아오른 부분 없이 둥그렇다. 타란툴라가 송곳니로 말벌의 몸통을 공격하는 것은 사람이 한 손에 맥주병을 쥐고 다른 한 손으로는 전기 드릴을 이용해 맥주병 옆면에 구멍을 내려고 하는 것과 같다. 송곳니와 드릴 비트는 목표물을 뚫지 못하고 그저 옆으로 미끄러진다. 실제로 타란툴라가 타란툴라대모벌을 깨물고 으스러뜨리려 시도하는 것을 목격한 사람들은 '탁' 하는 분명한 소리를 들었다고 보고했다. 그것은 엄청난 힘을 받은 송곳니가 갑자기 그리고 반복적으로 말벌 몸에서 미끄러질 때 나는 소리였다. 결국, 말벌은 아무런 해를 입지 않고 타란툴라의 송곳니 공격에서 벗어난다.[9] 아마도 거미가 택할 수 있는 최고의 전략은 싸우기보다 달아나거나 말벌이 흥미를 잃기를 기대하며 꼼짝하지 않는 것인지도 모른다. 인간이 이와 비슷한 상황을 거의 마주치지 않아서 정말 다행이다.

인간은 생존의 대가다. 우리는 동물에게 잡아먹힐 걱정을 하지 않으며 이미 오래전에 그런 위협을 대부분 처리했다. 수많은 질병을 정복했고, 식량을 안정적으로 얻기 위해 동물을 길들이고 식물을 조작해 왔다. 생활을 편리하게 하는 의복과 주거지를 만들었으며, 즐거운 놀이를 개발하고 장난감을 만들었다. 타란툴라대모벌은 사람만큼 삶에 통달하지는 않았지만, 만일 순위를 매긴다면 한 끗 차이로 사람에 이어 2위를 차지할 것이다. 물론 '통달했다'는 표현은 타란툴라대모벌이 사람처럼 자기 삶을 개선하고자 의식적 결정을 내렸다는 뜻이 아니다. 그보다는 자연이 녀석들을 생존의 대가로 만들었다는 얘기다. 타란툴라대모벌은 오래 살며, 암컷 성체에 대해서라면 아직 알려진 포식자가 없다. 녀석들은 시간과 장소에 상관없이 원하는 대로 활동할 수 있다. 이토록 훌륭한 삶을 성취한 비결이 무엇일까?

자연에서 자유롭게 오래 살기 위해서는 포식자에 대항하는 방어 수단이 필수다. 좋은 방어 수단이 없는 동물들은 포식자의 눈을 피해 숨어 살거나 잡아먹히기 전에 얼른 재생산을 시도하고 임무를 마치면 바로 죽는다. 그런데 지금껏 건강한 암컷 타란툴라대모벌을 성공적으로 잡아먹은 포식자는 하나도 없다.[6] 유독 몸집이 작은 수컷이 밀크위드꽃 위에서 커다란 사마귀에 잡아먹히는 것을 딱 한 번 본 적 있을 뿐이다. 박물학자 피노 멀린(Pinau Merlin)은 방울뱀도 잡아먹는 어느 대범한 뻐꾸기가 타란툴라대모벌의 손아귀에서 마비된 타란툴라를 훔쳐 자기 새끼에게 먹이는 것을 본 적 있다고 보고했다. 이때도 타란툴라대모벌은 건드리지 않았다고 한다.

뻐꾸기와 다른 새, 도마뱀, 두꺼비, 포유동물같이 덩치 큰 포식자가 타란툴라대모벌을 먹지 않는 명백한 이유는 녀석의 침 때문이다. 하지만 침 하나만으로는 새의 강력한 부리나 도마뱀의 턱에 으스러지지 않고 견디기에 충분하지 않을 것이다. 이럴 때, 두 번째 방어 수단이 필요하다. 새나 도마뱀이 타란툴라대모벌을 산 채로 삼키려 하다가는 입이나 혀를 쏘일 것이 뻔하므로 일단 녀석을 부리나 턱으로 재빨리 으깨야 하는데, 그러기에는 타란툴라대모벌이 너무 단단하다. 타란툴라의 송곳니도 뚫지 못하는 단단하고 미끈거리며 둥근 껍데기가 시간을 벌어 주는 덕분에 타란툴라대모벌은 포식자에게 침을 쏠 기회를 잡을 수 있다.

게다가 포유동물의 치아는 타란툴라대모벌 몸에서 자꾸 미끄러지며 시간만 끈다. 그 덕에 말벌은 침을 쏠 시간을 충분히 확보하게 된다. 또 타란툴라대모벌은 다른 곤충이나 거미와 비교해 몸집이 큰 편이어서 절지동물을 방어하는 데 유리하다. 크기로 상대할 수 없는 포식자에 대해서는 침과 단단한 외피, 강력하고 날카로운 턱 등을 얼마든지 활용할 수 있으므로 절지동물쯤이야 방어하는 데 아무 문제가 없다.

아무리 뛰어난 방어 수단을 지녔어도 포식자와 싸우는 것보다는 애초에 싸움을 피하는 것이 언제나 더 낫다. 타란툴라대모벌도 마찬가지다. 새나 도마뱀과 싸우다가 다리나 더듬이, 날개 하나를 잃는 것보다 처음부터 공격을 피하는 것이 상책이다. 공격을 피하는 가장 좋은 방법은 경고다. 타란툴라대모벌은 의사소통의 대가로서, 방어 효과가 있는 다양한 경고 신호를 사용한다. 밝고 눈에 띄는 색깔 패턴인 빨강, 노랑, 주황 또는 흰색과 검은색의 조합은 고전적인 경고색이다. 두드러지게 반짝이고 빛을 반사하거나 보는 각도에 따라 색이 변하는 어두운 색깔도 마찬가지다. 녀석이 전하는 메시지는 분명하다. "나를 봐, 나는 빈틈없고 대담하고 위험하지. 나를 공격했다간 고생깨나 할 거야."

색상 경고가 통하지 않는 포식자를 위해 타란툴라대모벌은 땅 위에 있는 동안 독특하게 요동치며 움직인다. 녀석은 주변을 돌아다닐 때 날개를 자꾸 까딱거리는데, 이는 자신을 확실하게 보여 주려는 동작이다. 만약 포식자의 위협을 받게 되면 날개를 붕붕거려서 경고성 소리를 낸다. 그뿐 아니라 녀석은 후각에 호소하는 경고 신호도 사용한다. 앞에서도 언급한 그 냄새 말이다. 인간은 후각이 별로 발달하지 않은 종이어서 위협받은 말벌이 냄새 물질을 엄청나게 분비할 때만 겨우 알아챈다. 타란툴라대모벌은 냄새 물질을 조금씩 계속 뿜고 있었을 테고, 인간이 알아차렸을 때쯤이면 멀리 있는 포유동물도 접근 금지 조기 경보를 감지했을 것이다. 시각, 청각, 후각 경보가 모두 발령되면 그 어떤 잠재 포식자라도 타란툴라대모벌을 알아채지 않을 수 없다.

잡아먹힐 위험이 없는 자유가 무엇을 의미하는지 잠시 상상해 보자. 포식자가 없으면 짝을 찾고 번식을 하는 데 서두를 까닭이 없다. 포식자를 피하느라 짧고 효율적인 삶을 택할 필요도 없다. 시원하게 탁 트인 공간, 달콤한 꿀이 있는 꽃, 땅 위의 그 어디라도 마음껏 활보할 수 있고, 포식자의 눈치를 살피며 활동 시기를 제한할 이유도 없다. 타란툴라대모벌의 삶에는 그런 자유가 필수 조건이다. 먹잇감인 타란툴라는 수가 많지 않고, 찾기 어려우며, 드문드문 흩어져 있는 대신 연중 대부분 구할 수 있다. 타란툴라대모벌이 자기도 먹고 새끼도 먹일 타란툴라를 구하는 데는 많은 시간이 필요하다. 만일 타란툴라대모벌이 수명이 짧고 포식자를 피하느라 활동에 제약을 받았다면 녀석들은 다음 세대로 유전자를 전달하기가 너무도 어려웠을 것이다.

타란툴라대모벌의 침 독은 곤충 중에서도 거의 유일무이할 정도로 특이하다. 대개 말벌, 개미, 꿀벌의 독은 한 가지 역할만 수행한다. 먹잇감을 포획하기 위해 공격하거나 아니면 포식자에 대항해 방어하거나. 침 독이 방어용으로 기능하려면 상대에게 해를 입히거나 죽일 수 있어야 하고, 더불어 통증을 유발해야 한다. 먹잇감을 공격하는 기능을 하려면 통증을 유발하는 것이 오히려 손해일 수 있다. 통증 때문에 먹잇감이 스트레스를 받으면 좋을 게 없으니까. 특히 타란툴라대모벌처럼 새끼에게 줄 먹이를 생포하고 신선한 상태를 유지해야 한다면 먹잇감에 해를 입히거나 죽이면 안 된다. 사냥용 독은 먹잇감을 마비시키기만 하면 된다. 그런데 타란툴라대모벌의 독은 먹잇감은 영구적으로 마비시키고, 포식자에게는 통증을 유발함으로써 공격과 방어라는 두 가지 기능을 모두 훌륭하게 수행한다.

타란툴라대모벌에 쏘이면 정말이지 엄청나게 아프지만, 독성은 그리 강하지 않아서 포유동물에 대한 치명률이 기껏해야 꿀벌 독의 3% 정도에 불과하다. 녀석의 독은 왜 치명적이지 않은가? 자연 선택에 따라 독성이 약한 쪽으로 진화했을 가능성이 크다. 포유동물에 해를 끼치는 독은 타란툴라에게도 유독할 것이다. 죽은 타란툴라는 타란툴라대모벌의 유충을 길러 낼 수 없다.[8] 또한, 타란툴라대모벌은 방어해야 할 집이 없고 포식자에 해를 입히거나 죽일 이유가 거의 없다. 그저 포식자가 공격을 멈추고 얼른 입을 벌리게 해서 탈출하기만 하면 된다. 그런 목적이 라면 따끔한 맛을 보여 주기만 해도 충분하다.

그런데 타란툴라대모벌의 독에서 통증을 유발하는 화학 물질은 아직 밝혀지지 않았다. 녀석의 독은 다른 곤충의 독에도 모두 들어 있는 구연산염(citrate)이 최고로 농축된 것으로 알려져 있다. 그러나 그것이 통증을 유발하는지, 또 어떻게 작용하는지는 분명하지 않다.[11] 한편, 녀석의 독에는 신경 전달 물질인 아세틸콜린과 키닌도 들어 있는데, 둘 다 통증을 유발할 수 있는 화합물이다.[12] 그러나 이 화합물이 타란툴라를 마비시키지는 않을 것이다. 마비 작용은 독에 있는 다양한 단백질 중 하나가 일으킬 가능성이 크다.[13] 타란툴라대모벌 독의 유효 성분은 다 모르지만, 사람과 타란툴라 둘 다 침에 쏘여도 죽지 않는다는 것은 분명하다. 다만, 타란툴라는 산 채로 타란툴라대모벌 유충의 먹이가 되고, 우리는 그렇지 않다는 것이 다르다.

~~~~~~~~~~~~

또 다른 단독성 말벌을 만나 보자. 매미를 죽이는 매미나나니(cicada killer). 이름은 심상치 않게 들리지만, 녀석은 말벌 세계의 점잖은 거인이다. 일찍이 시어도어 루스벨트(Theodore Roosevelt)는 "부드럽게 말하되 커다란 몽둥이를 들고 다녀라." 하고 말했다.

~~~~~~~~~~~~

말로 떠벌리거나 위협하지 않되 힘은 과시하라는 의미다. 그런데 매미나나니는 시끄럽게 말하고 작은 몽둥이를 가지고 다닌다. 아니, 큰 몽둥이라고 해야 하나? 녀석의 몽둥이(침)는 인간이 보기에는 아주 작지만, 매미가 보기에는 분명 커다랗고 위협적인 무기일 테니까. 20세기 초의 겁 없는 말벌 박물학자 필립 라우는 매미나나니가 "우리가 들어 본 말벌 소리 중 가장 시끄러운 소리를 내서 자기들이 화났음을 알렸다"고 쓴 적이 있다.[1] 그럴 만도 한 것이 매미나나니는 타란툴라대모벌에 필적하는 대형 말벌이다.

매미나나니는 크라브로니데과(Crabronidae) 스페시우스속(*Sphecius*) 구멍말벌(sphecid wasp)이다. 스페시우스속은 아메리카 대륙에 5종이 있는데 이 가운데 4종이 미국에 서식한다. 이름에서 알 수 있듯 녀석들은 매미를 사냥해서 새끼의 먹이로 땅속 방에 저장한다. 엄밀히 따지면 매미나나니 성충은 '킬러'가 아니다. 녀석들은 그저 제물을 마비시킬 뿐, 죽이는 일은 마비된 매미를 먹는 애벌레의 몫이다. 매미나나니는 길이가 2.5~5cm에 달하는 거대한 단독성 말벌로, 때로 '땅왕벌(ground hornet)'이라고 불리기도 한다. 하지만 이 이름은 딱히 매력이 없고, 오해의 소지가 있다. 우선 녀석들은 왕벌처럼 고약하고 고통스러운 침을 쏘지 않는다. 또 모래가 있는 쾌적한 지역을 선호하므로 땅바닥을 대체로 좋아하지 않는다.

매미나나니는 여름이 한창인 가장 더운 시기에 활발하게 활동하는 말벌로, 매미가 출현할 무렵 한살이를 시작한다. 알다시피 매미는 땅속에서 수년 동안 유년기를 보낸 후 여름에 나온다. 매미나나니 수컷은 땅속 방에서 굴을 파고 올라와 꿀이나 식물에서 스며 나온 분비물을 먹고, 자기가 나온 곳 근처에 영역을 만든다. 일주일쯤 지나면 암컷이 나타나기 시작하는데, 자기가 겨울을 지낸 방에서 수직으로 땅을 파고 올라온다.

매미나나니는 단독성이면서 군거성 생활을 한다. 즉, 다른 개체와 서로 협력하지 않고 암컷 홀로 일해서 새끼를 키우는데, 여러 암컷이 한데 모여 둥지를 만든다. 둥지 사이의 간격은 보통 1m 정도 된다. 집합 생활의 규모는 매우 다양해서 어떤 곳에는 여남은 개체가 모여 살고, 때로는 국지적인 한 지역에서 1,000여 개의 땅굴집이 발견되기도 한다. 녀석들은 둥지 인근에서 사방으로 날아다니고 잦은 상호 작용을 하지만, 서로 협력하는 개체는 하나도 없다. 이들 세계에서 예외적으로 다른 개체와 협력하는 경우는 딱 한 가지, 다음 세대를 위한 수컷과 암컷의 짧은 협력뿐이다.

생애 단 한 번의 짝짓기가 끝나면 암컷은 꿀과 그 밖의 달콤한 액체를 먹고 주변을 탐색해 둥지를 만들기 시작한다. 둥지는 땅굴 형태로, 길이가 30~50cm, 깊이는 15~25cm 정도다.[2] 앞다리로 모래를 파고, 단단한 장애물이 있으면 아래턱으로 느슨하게

부순 뒤, 뒷다리에 난 며느리발톱을 이용해 굴 밖으로 밀어낸다. 수컷은 땅파기 같은 노동을 하지 않으며, 당연하게도 수컷의 며느리발톱은 암컷보다 훨씬 작다. 필요한 깊이 만큼 땅굴을 판 암컷은 이제 매미 사냥에 집중한다.

매미나나니는 매미가 있는 곳을 어떻게 알아낼까? 인간은 수컷 매미의 시끄럽고 활기찬 노랫소리를 듣고 위치를 짐작한다. 그래서 매미나나니도 우리와 같을 것으로 생각하기 쉽다. 그러나 녀석들의 세계에서 소리는 별 가치가 없다. 더군다나 우리는 매미나나니가 소리를 들을 수 있는지 없는지조차 제대로 모른다. 어쩌면 소리를 못 듣는 것이 녀석들에게는 유리할 수도 있다. 매미의 경고 압박 소음은 최대 105dB까지 이르는데, 일반적으로 구급차 소리는 120dB, 전기톱 소리는 115dB, 자동차 경적은 110dB 수준이다. 사람이 이 정도 소음에 장시간 노출되면 청력에 손상을 입을 수 있다. 매미가 이처럼 크게 압박 소음을 내는 까닭은 포유동물의 포식 활동을 방해하기 위해서라고 알려져 있다.[3] 그러니 매미나나니가 포유동물과 똑같이 매미 소리를 들을 수 있다면 시끄러운 사냥감을 잡는 데 애를 먹을 것이다.

매미나나니는 청각이 아니라 시각으로 매미의 위치를 파악한다. 추측건대 매미와 접촉하면 알아볼 수 있는 화학 물질의 도움을 받는 것이 아닐까 싶다. 사냥감을 탐색하는 매미나나니는 먼저, 매미가 붙어 있을 만한 나뭇가지를 천천히 위로, 아래로, 양

옆으로 가로질러 훑어본다. 매미 비슷한 것을 감지하면 좀 더 정확히 알아보기 위해서 그 앞을 재빠르게 왔다 갔다 움직인다. 마치 사람이 양안시(兩眼視)로 사물을 정확하게 보는 원리와 같다. 그리고 확인한 사냥감을 덮치는데, 공격당한 매미가 수컷이면 녀석은 귀가 찢어질 듯 시끄럽게 운다. 말벌은 재빨리 침을 쏜다.[2] 시끄럽던 매미는 1~2초 안에 마비된다.

매미나나니는 매미를 뒤집어서 가운뎃다리로 배와 배가 맞닿게 붙잡고 자신의 땅굴집 쪽으로 날아간다. 하지만 대개 매미는 매미나나니보다 훨씬 커서 붙들고 날아가기가 여간 어려운 일이 아니다. 매미나나니 중에서도 크기가 아주 큰 녀석들만 힘들게나마 둥지로 매미를 운반할 수 있고, 작은 녀석은 실패할 때가 많다.[4] 종종 나무 아래에 마비된 채 누워 있는 매미를 볼 수 있는데, 말벌이 운반에 실패해 떨어뜨린 것이다.

매미나나니 전문가인 조 코엘류(Joe Coelho)는 매미나나니와 다른 말벌들이 불가능하도록 무거워 보이는 짐을 가지고 어떻게 비행할 수 있는지 분석하는 데 오랜 시간을 들였다. 이 물음은 '뒤영벌은 날 수 없다'는 유명한 계산식*을 떠올리게 한다. 하지만 실제로 뒤영벌은 난다. 조 코엘류는 매미나나니가 자기 몸무

* 공기 역학 법칙에 따라 뒤영벌의 날개 크기나 초당 날개가 퍼덕이는 수 등의 관점에서 보면 뒤영벌은 날 수 없다는 계산이 나온다는 일화.

게의 1.42배인 매미를 붙잡고 가까스로 날 수 있음을 밝혀냈다. 조가 관찰한 바로는 매미나나니가 중량을 초과한 매미를 힘껏 들어 올리고는 둥지를 향해 활공하는 경로로 이동했다고 한다. 만일 둥지에 도달하기 전에 땅에 닿으면 녀석은 근처의 나무나 키 큰 식물 위로 매미를 가지고 올라가 다시 활공하기를 반복했다. 매미나나니는 이 같은 계단식 방법으로 마침내 둥지에 이를 수 있었다. '불가능할 정도로 커다란' 수하물을 들고서 말이다.[5] 이런 까닭에 매미나나니는 자기 둥지에서 약 100m 이내에 있는 매미만 노린다.

존 헤이스팅스(Jon Hastings)와 척 홀리데이(Chuck Holliday)는 플로리다주 북부에 서식하는 동부매미나나니(eastern cicada killer) 두 집단을 연구했다. 두 집단은 서로 약 100km쯤 떨어져 있었고, 양쪽 지역 모두에 네 종류의 같은 매미가 같은 비율로 분포해 있었다. 매미의 크기는 작은 것, 중간 것, 큰 것까지 다양했는데, 한쪽 집단은 중간 크기 매미와 큰 매미를 주로 잡았다. 반면 다른 쪽 집단은 거의 절대적으로 작은 매미만 잡았다. 당연하게도 큰 매미를 잡는 쪽이 작은 매미를 잡는 쪽보다 몸집이 훨씬 더 컸다. 두 집단 간의 크기 차이가 이렇게 지역적으로 고정된 정확한 이유는 모른다. 다만, 녀석들의 유충이 먹은 매미의 크기가 영향을 끼치기는 했을 것이다.[6] 두 가지 분명한 사실은, 작은 말벌이 커다란 매미를 운반할 수 없었다는 것과 커다란 말벌은 작은 매미가 풍부해도 선별적으로 커다란 매미를 골랐다는 것이다. 그런가 하면 작은 말벌은 몸집이 작다는 이유로 먹이를 구하는 데 큰 불이익을 겪었다. 작은 매미만 채집할 수 있는 까닭에 몸집이 큰 말벌이 한 번에 채집하는 것과 같은 수준의 먹잇감을 구하려면 매미 사냥을 곱절로 해야만 했다. 이처럼 먹이 구하기에 엄청난 추가 비용이 들어가는데도 녀석들은 작은 후손을 생산한다. 대체 이 집단에 어떤 선택 압력이 작용한 것일까?

매미를 운송하는 데 성공한 매미나나니는 땅굴집 끝에 미리 파 둔 방 안에 제물을 넣는다. 이제 새끼의 성별을 결정할 차례다. 수컷을 낳기로 했다면 잡아 온 매미 위에 미수정란을 낳고 방을 봉한 다음, 새로운 방을 만든다. 알다시피 미수정란에서는 수컷이 나오고 수정란에서는 암컷이 나온다. 수컷은 암컷의 절반 정도로 크기가 작으므로, 대개 매미 한 마리면 수컷 유충을 키우는 데 충분하다. 반대로 새끼의 성을 암컷으로 선택했다면 아직 알을 낳지 않고 제물이 있는 방을 봉하지도 않은 채, 다시 매미를 잡으러 간다. 기생충과 침입자, 도둑이 들 위험이 있지만 어쩔 수 없다. 무사히 두 번째 매미를 잡아 오면 비로소 수정란을 낳고 방을 봉한다. 이것이 일반적인 그림이다. 상황에 따라 각 방에 매미를 두 마리 이상 넣기도 한다. 플로리다주에서 관찰한 것처럼 작은 매미만 채집하는 일부 종은 방 하나에 매미가 4~8마리씩 필요할 수도 있다.[6]

먹잇감을 충분히 마련하고 알을 낳은 매미나나니는 근처에 새로 방을 만들면서 파낸 흙으로 먼저 완성한 방은 물론이고 두 방 사이의 통로까지 다 봉한다. 그런 다음 새로 만든 방에 넣을 매미를 사냥하러 다시 날아간다. 암컷 매미나나니는 성체로 살아가는 약 한 달 동안 조건이 좋다면 16개 정도 방을 만든다. 방마다 알을 낳은 지 하루 이틀이면 애벌레가 나와 4~10일 동안 매미를 먹는다. 번데기가 되기 전 먹이 활동을 하지 않는 비활성 단계의 애벌레로 겨울을 나고, 이듬해 봄에 약 25~30일 동안 번데기가 되었다가 그 여름 매미 철에 성체로 자란다.[2]

인간 사회처럼 매미나나니의 사회도 성 문제로 시끄러울 때가 많다. 소동을 피우는 쪽은 언제나 수컷이다. 암컷은 그저 짝짓기 후에 눈에 띄지 않게 후손을 생산하는 임무를 계속해 나갈 뿐이다. 둥지를 만들고 사냥하는 등 할 일이 많은 암컷과 달리 수컷이 후대를 위해 하는 일은 단 하나, 짝짓기뿐이다. 녀석들은 암컷과 짝을 짓기 위해 굉장한 에너지를 들여 애쓴다. 수컷은 암컷보다 먼저 나와서 기존 둥지 인근에서 가장 적합한 장소에 자기 영역을 구축한다. 수컷의 개체 수가 암컷보다 2배 이상 많아서 경쟁이 치열하다. 수컷 한 마리가 식물 꼭대기나 가지 끝처럼 높은 곳, 또는 땅 위의 바위나 맨땅 주변에 작은 영역을 정하고 나면 그곳을 노리는 다른 수컷들에 맞서 싸워야만 한다. 날아서 지나가는 곤충이나 작은 새는 물론이고, 표본을 채집하러 온 생물학자도 조심해야 하며, 무엇보다 다른 수컷이 침입하는지 잘 살펴야 한다.

자기 영역에 들어온 침입자가 같은 종의 수컷이 아니라면 큰 소동은 일어나지 않는다. 하지만 동종 수컷이 침입했다면 그 영역의 주인은 우선 박치기를 해서 침입자를 쫓아 버리려 한다. 그래도 불청객이 떠나지 않으면 그 둘은 상대방을 서로 빠르게 돌며 나선형으로 하늘을 향해 올라간다. 그러다가 드잡이 싸움으로 발전해 다리나 날개 등 물어뜯을 수 있는 부위라면 가리지 않고 공격한다. 싸우다 보면 두 마리 다 땅으로 떨어지기도 하는데, 땅에서도 여전히 격투를 이어 가고 때로는 붕붕거리는 소리가 크게 들리기도 한다. 더러는 영역의 주인이 침입한 수컷을 암컷으로 오인해서 상대를 잡아 두려고 하는 바람에 격투가 벌어지기도 한다. 이유가 무엇이건 이 같은 영역 경쟁에서는 대개 몸집이 큰 녀석이 이긴다. 그래서 몸집이 작은 수컷들은 다른 수컷의 영역 주변을 순찰하면서 암컷을 가로챌 기회를 노리기도 하고, 더 작은 녀석들은 아예 둥지 주변 풀숲에 숨어서 어쩌다 그곳으로 나오거나 지나가는 암컷과 마주치기를 기다리는 전략을 택하기도 한다.

땅속 방에서 올라온 암컷은 특유의 행동을 하며 둥지를 떠난다. 근처 나무를 향해 일직선으로 천천히 비행하는 것이다. 이미 짝짓기를 한 암컷은 좀 더 빠르게 지그재그를 그리며 날거나 비

행 방향을 갑작스럽게 바꾸며 날아간다. 이 같은 동작 차이로 처녀 암컷을 알아본 수컷은 뒤를 쫓아가며 암컷 등에 내려앉아서 함께 쉴 만한 곳으로 날아가 생식기가 맞물리도록 애쓴다. 그런 다음에 수컷은 암컷을 꼭 잡았던 힘을 느슨히 하고 뒤쪽으로 떨어지는데, 이때 종종 암컷 밑에 매달리게 된다. 그래서 마치 마비되었거나 거의 죽은 것처럼 보인다. 짝짓기 시간은 평균 한 시간쯤이며,[7] 최고 기록은 두 시간 하고도 16분으로, 나는 이 기록 보유자 한 쌍을 애리조나주 루비에서 관찰했다. 행여 짝짓기 도중에 위협을 받거나 다른 수컷 때문에 방해를 받으면 암컷은 수컷을 끌어당기고 수컷은 자기 몸을 끌어올리며 수평으로 나란히 날아간다. 참으로 이상적인 시나리오다.

하지만 열정적인 수컷이 가득한 둥지 영역에서는 이런 일이 드물다. 대개는 여러 마리 수컷 떼가 암컷 한 마리를 둘러싸고는 서로 암컷을 껴안으려 들끓는 하나의 덩어리가 되어 공처럼 땅에 떨어진다. 그 와중에 수컷 한 마리가 암컷과 생식기를 맞물리는 데 성공하면 녀석은 다른 수컷들 덩어리에서 암컷을 끌어내야 한다. 척 홀리데이는 짝짓기를 하느라 서로 얽혀 있는 무리에서 암컷이나 수컷이 과열로 죽는, 드물고 극단적인 사례를 관찰하기도 했다.

'짧게 살고, 젊어서 죽는다'는 생존 전략을 가진 수컷은 때로 그 생활 방식 때문에 패배자가 되고 만다. 수컷은 평균 11~15일까지 산다. 암컷은 우화(羽化) 즉, 번데기에서 날개 있는 성충이 되는 데 23~49일이 걸린다. 따라서 짝짓기 기회를 극대화하기 위해서는 수컷의 짧은 삶이 암컷의 우화 주기 정점과 맞아떨어져야 한다. 그러나 우화 주기의 정점은 해마다 매우 크게 달라진다. 어떤 해는 암컷 우화의 정점이 다른 해보다 2~3주까지 앞서거나 뒤처져서 일어난다. 때를 못 맞춰 세상에 나온 수컷은 몸 크기에 상관없이 실패한 삶을 살다 갈 수밖에 없다. 반대로 몸집이 작은 수컷이라도 시기를 잘 타고 나오면 얼마든지 잘해 나갈 수 있다.[8] 수컷 매미나나니의 삶이 혼돈으로 가득할 수밖에 없는 이유를 알 것 같다.

짝짓기를 마친 암컷 앞에는 포식자와 기생충, 질병의 위협이 도사리고 있다. 커다란 덩치, 붕붕거리는 큰 소리, 밝은 노랑과 밀크초콜릿색 또는 적갈색의 조합은 경고성 효과를 발휘하기도 하지만, 오히려 포식자의 눈에 띄는 역효과를 내기도 한다. 애리조나주 루비에 서식하는 서부산적딱새는 매미나나니 전문 포식자다. 좀 더 정확히 말하자면 녀석들이 먹는 것은 매미나나니가 다음 세대를 위해 마련한 식량이다. 산적딱새는 매미를 잡아 집으로 돌아가는 암컷 매미나나니를 쫓아가 공격해서 말벌이 매미를 떨어뜨리도록 한 다음, 그 매미를 먹는다. 그래서 먹잇감을 운송하지 않는 말벌은 공격하지 않는다.

땅속에 마련한 둥지도 안전하지 않다. 여러 종류의 파리가 매

미나나니의 둥지 근처에 숨어서 말벌이 매미를 사냥해 오기만을 기다린다. 둥지로 들어오는 매미 위에 재빨리 구더기를 낳고자 기회를 엿보는 것이다. 이런 파리들은 난태생(卵胎生)으로, 뱃속에 알을 품은 채 부화시켜 구더기를 잉태하고 있다가 적당한 제물을 찾으면 구더기를 낳는다. 어미 파리가 새끼 낳기 작전에 성공하면 그 구더기는 재빨리 말벌의 알을 제치고 매미를 먹는다. 파리뿐 아니라 개미벌도 매미나나니를 위협한다. 소잡이벌로 불리는 이 녀석은 개미벌 중에서도 가장 커다란 종으로, 땅속 둥지에 있는 매미나나니 유충을 훔쳐서 자기 새끼에게 먹인다.

동족도 믿을 수 없다. 매미나나니는 매미 한 마리를 방에 넣고 입구를 열어 둔 채 또 다른 매미를 잡으러 가기도 하는데, 이때 다른 암컷이 주인 없는 집에 침입해 매미를 훔친다. 심지어 땅굴집 전체를 탈취하기도 한다. 성공하기만 한다면, 직접 땅굴을 파고 매미를 잡아 오는 것보다 남이 만들어 놓은 둥지를 훔치는 쪽이 훨씬 쉽다.

그렇다면 매미나나니의 침은 어떨까? 길이가 7mm나 되는 침은 분명 방어용일 것이다. 그런데 포식 동물이 매미나나니 성체를 잡아먹는 데 성공했다는 보고는 고사하고 잡아먹으려다가 실패했다는 보고도 거의 없다. 이는 매미나나니가 방어용으로 침을 쏠 일이 거의 없다는 뜻이다. 어쩌면 모두가 두려워하고 피하는 곤충인 땅벌과 닮은 외모만으로 충분하기 때문인지 모른다.

매미나나니에 쏘인 사람이 아주 적다는 사실 역시 녀석들의 침이 방어용으로 가치가 높지 않음을 시사한다. 심지어 매미나나니에 쏘이려면 열심히 노력을 기울여야 할 정도다. 나는 몇 년씩이나 매미나나니와 녀석들의 독을 연구하면서도 한 번도 쏘이지 않았다. 그 당시에 내가 매미나나니를 연구하고 있다고 말하면 사람들은 모두 굉장한 두려움과 걱정을 표하고는 녀석들 침이 얼마나 아픈지 물었다. "저는 한 번도 쏘인 적이 없습니다만, 그다지 아플 것 같지 않아요." 나는 늘 이렇게 대답했는데, 왠지 질문자에게도 나에게도 만족스럽지가 않았다. 나는 곤충 침 전문가였다. 전문가가 그런 불만족스러운 답을 내놓다니, 그래서는 안 될 것 같았다. 뭐라도 해야만 했다. 그런데 뭘 하지? 아, 조 코엘류에게 물어보자! 조는 매미나나니 전문가니까. "정말 별것 아니에요. 핀에 찔린 것 같은 정도? 별로 안 아파요." 조의 대답이 내 예상을 사실로 뒷받침해 주었다. 하지만 어쩌면 조가 대수롭지 않게 말했을 뿐, 실제로는 다를 수도 있지 않을까?

이번에는 문헌을 찾아보았다. 1943년에 찰스 담바흐(Charles Dambach)가 쓴 보고서에 관련 기록이 있었다. 찰스는 오른손 검지 끝을 '커다란 표본'에 쏘였다. "처음에는 날카로운 통증이 있다가 그다음에는 감각을 잃었다. 약간 부어오르고 단단한 느낌이 약 일주일간 이어졌다."[2] 이 기록 역시 매미나나니의 침이 그다지 아프지 않음을 뒷받침해 주었지만, 만족스럽지는 않았다.

아무래도 내가 직접 확인하는 수밖에. 학계에 떠도는 현대판 전설에 의하면 '슈미트는 침 쏘는 곤충이라면 무엇에나 직접 쏘여 보는 것을 좋아하는 사람'이니까. 그렇다, 나는 전설에 부응하기 위해서라도 매미나나니 침의 통증 수준에 관한 데이터를 확보할 필요가 있었다. 그런데 어떻게? 나는 전투가 한창일 때에도 쏘인 적이 없었는데 말이다. 그리고 솔직히 말하면 일부러 쏘이고 싶지는 않았다. 그렇다면 무엇을 해야 할까?

어느 날 기회가 찾아왔다. 서부매미나나니(western cicada killer) 한 마리가 마침 꽃에서 꿀을 빨고 있었고, 나에게는 포충망이 없었다. 참고로 조는 동부매미나나니에 쏘였었다. 나는 맨손으로 서부매미나나니를 잡았다. '꽝' 아니, '찰싹'이라고 해야 할까? 어쨌든 나는 말벌에 쏘였다. 총알이나 횃불이 떠오르는 느낌은 아니었다. 그보다는 압정에 손바닥을 찔린 것 같았다. 타는 느낌은 전혀 없었고, 날카롭고 즉각적인 통증이 약 5분간 이어졌을 뿐이다. 부어오르지도 않았고, 20분 안에 통증이 완전히 사라졌다. 통증 지수를 매기자면 1.5 수준으로, 꿀벌 침보다 훨씬 낮았다. 커다란 덩치에 어마어마한 침을 가진 말벌치고는 통증 수준이 형편없었다.

매미나나니는 인간을 공격하지 않고, 여간해서는 쏘지 않으며, 쏘여도 별로 아프지 않은데, 우리는 어쩌다가 녀석을 그토록 무서워하게 되었을까? 답은 간단하다. 크기 때문이다. 매미나나니는 큰 몸집으로 작고 위험한 땅벌을 흉내 냄으로써 우리 마음에서 '거대한 땅벌'로 둔갑하고 사람의 마음에 두려움을 심어 준다. 침의 성능을 보여 줄 필요도 없이 말이다. 매서운 침을 쏘는 땅벌을 똑같이 흉내 내는 것은 사람뿐 아니라 다른 커다란 동물을 겁주는 데도 효과가 있는 것으로 보인다. 비슷하게 생긴 작고 고약한 친구를 주변에 두는 것만으로 득을 보는 셈이다.

~~~~~~~~~~~~

미국에서 가장 유명한 단독성 말벌인 애검은나나니(*Sceliphron caementarium*)는 사람의 건축물을 장식하는 데 일가견이 있다. 학명의 '체멘타리움(*caementarium*)'은 '석공'을 뜻하는 라틴어에서 왔으며, 미국에서는 흔히 미장이벌(mud dauber)이라는 일반명으로 부른다. 이름 그대로 녀석은 건물 벽이나 지붕 밑에 진흙으로 우아한 벌집을 짓곤 한다. 옛날에는 건물 밖에 있는 변소 안에도 종종 집을 지었다.

이렇게 인간에게 친숙한 존재인데도 우리는 녀석에 관한 잘못된 정보에 둘러싸여 있다. 특히 미국 남부 지역 사람들은 애검은나나니의 침을 몹시 두려워한다. 애검은나나니에 쏘이면 아프다거나 알레르기 반응으로 사망할 수도 있다는 괴담이 떠돌지만, 실제로는 애검은나나니 침에 의한 알레르기로 사망했다는 기록

~~~~~~~~~~~~

이 한 건도 없다. 녀석의 억울함을 풀어 주기 위해 덧붙이자면, 사람이 벌침에 쏘여 알레르기 반응을 보이려면 두 번 이상 쏘여야 하는데, 두 번은 고사하고 애검은나나니에 한 번 쏘이는 데도 비상한 재주가 필요하다.

1745년, 미국의 초기 박물학자 존 바트럼(John Bartram)은 애검은나나니를 관찰하고, 단독성 말벌에 쏘인 먹잇감은 죽은 것이 아니라 '마비된 상태'라는 기록을 처음으로 남겼다. "어떤 방식인지 특정할 수는 없으나 거미를 불구로 만들 뿐 죽이지는 않는다. …… 아마도 알이 부화할 때까지 먹잇감을 산 채로 신선하게 보관하기 위해서일 것이다."[2] 또 바트럼은 애검은나나니가 "일을 하는 동안 특정한 '음악적 소음'을 내는데, 이 소리는 10yd(야드, 1yd=약 0.9m) 밖에서도 들릴 것"이라고 기록했다. 바트럼이 관찰한 사실은 그 시대는 물론 오늘날의 지식으로도 정확하다.

애검은나나니는 재주가 많다. 진흙으로 집 짓는 작업을 할 때면 건축술에 음악적 재능을 접목한다. 바트럼이 '음악적 소음'이라고 표현한 이 소리는 애검은나나니가 가슴 부위의 비행 근육을 수축해서 내는데, 근육을 수축하면 머리와 아래턱을 떨게 되고, 높은 음조의 소리가 난다. 재료에서 흙을 파서 그것을 벌집에 바를 때는 다른 주파수의 소리를 낸다. 애검은나나니는 이런 과정을 통해 흙을 파고, 바르고, 매끄럽게 하는 작업을 완벽하게 해낸다.[3] 그런데 자연에는 이 건축가의 흙집을 넘보는 불청객이 있다. 제비 역시 애검은나나니처럼 진흙으로 집을 짓는데, 때때로 애검은나나니의 둥지에 흙을 이어붙여 자기 집을 짓곤 한다.[4] 그래도 이 정도는 애교다. 북아메리카의 솜털딱따구리(downy woodpecker)는 애검은나나니의 둥지에 구멍을 내고 방 안에 든 내용물을 꺼내 먹는다.[5]

애검은나나니는 뛰어난 건축가일 뿐 아니라 화학자이기도 하다. 녀석은 머리에 있는 큰턱샘에서 제라닐아세테이트(geranyl acetate)와 2-데센-1-올(2-decen-1-ol)을 만들어 낸다.[6] 제라닐아세테이트는 상쾌한 꽃이나 과일 같은 향이 나는 화합물이고, 2-데센-1-올은 기름진 냄새를 풍긴다. 애검은나나니는 이 냄새로 화학적 경고를 보내거나 포식자를 방어하는 역할을 하는 것으로 짐작된다.

이 밖에 애검은나나니는 유타주에서 당근의 꽃가루받이를 책임지는 중요한 수분 매개자 가운데 하나다.[7] 그리고 방사성 동위원소인 코발트60이 만들어 내는 감마선에서 살아남는 능력은 곤충 중에서 평균 수준이다. 핵전쟁이 나면 최후의 생존자가 바퀴벌레일 것이라는 이야기가 전설처럼 떠도는데, 당시의 연구에서 미국바퀴벌레는 시험 대상이었던 모든 곤충 가운데 방사선에 가장 민감했다.[8] 역시 도시 전설은 믿을 게 못 된다.

뭐니 뭐니 해도 애검은나나니의 최고 재능은 새로운 땅에 적응해서 번성하는 능력이다. 단독성 말벌 중에 애검은나나니의

확산 능력에 대적할 만한 종은 하나도 없다. 벌 가운데 가장 근접한 경쟁자는 아마도 꿀벌이겠지만, 꿀벌이 세계적으로 확산한 것은 고유한 능력이라기보다 녀석들을 의도적으로 다른 대륙에 데려다 놓은 인류의 손길 덕분이었다. 애검은나나니는 사람에 의해 의도적으로 번지지 않았다. 그런데도 유럽, 일본, 심지어 갈라파고스 제도까지 뻗어 나갔다. 짐작건대 각종 상거래 과정에서 배송 상자에 진흙 둥지가 붙어 운송되는 것이 주요 원인인 듯하다. 프랑스와 일본에서 애검은나나니에 관한 첫 번째 기록이 등장한 것은 둘 다 1945년이었는데, 이때는 제2차 세계 대전이 끝난 후 북아메리카에서 운송된 미국산 물자들로 유럽과 일본이 재건되기 시작한 때였다. 북아메리카는 애검은나나니의 고향이다. 어쨌거나 녀석들은 일단 새로운 장소에 가면 성공적으로 적응해 번성하는 것으로 보인다. 비결이 무엇일까?

해답을 찾기 위해 애검은나나니의 발달사를 살펴보자. 애검은나나니는 진흙으로 집을 짓고 거미를 잡아 유충의 먹이로 공급한다. 진흙과 거미 모두 세계 어디에나 일반적으로 있는 요소들이다. 애검은나나니가 가장 좋아하는 먹이는 나선형 거미줄을 짜는 무당거미이고, 그다음이 게거미와 깡충거미다.[9] 애검은나나니는 거미의 위치를 시각적으로 확인하고 덤벼드는데, 거미의 외골격에 있는 표피 요소로 먹잇감을 인식한다. 행여 공격한 대상이 거미가 아니면, 공격을 중단하고 탐색을 계속한다. 녀석들은 단서를 활용해 거미와 다른 동물을 구별할 뿐 아니라 특정 거미의 종류까지 구분한다. 이 같은 사실은 디비아 우마(Divya Uma)의 실험으로 밝혀졌다. 디비아는 몇 가지 종류의 거미 외피에서 왁스 같은 성분을 추출해 종이로 만든 인체 모형에 바르고, 애검은나나니가 어떤 성분에 덤벼드는지 관찰했다. 실험 결과, 애검은나나니는 무당거미처럼 평면형 거미줄을 만드는 거미와 그 거미의 추출물을 바른 모형을 쏘았다. 반대로 입체형 거미줄을 만드는 거미와 그 추출물로 만든 모형은 거의 쏘려고 하지 않았다.[10] 한편, 깡충거미는 일반적으로 애검은나나니가 좋아하는 먹잇감이지만, 그중 한 종은 예외였다. 그 거미는 포식자를 '앞질러' 진화해서 애검은나나니가 '거미'로 인식하지 못하게 하는 화학적 외투를 두르고 있었다. 심지어 변장술도 뛰어나서 마치 왕개미처럼 보였다.[11]

애검은나나니가 적당한 거미를 찾으면 녀석은 먹잇감을 아래턱과 앞다리로 잡고 거미의 두흉부(머리가슴)* 아랫부분을 쏜다. 턱과 다리의 움직임을 통제하는 신경절을 겨냥해 세 번 침을 쏘는 것이 통상적인 패턴이다. 거미는 침에 쏘이자마자 축 처지고 마비된다. 애검은나나니는 사냥한 거미를 곧바로 둥지로 가져가

* 머리와 가슴 부분이 구별 없이 하나로 합쳐진 부분. 절지동물문의 갑각강과 주형강에서 볼 수 있다.

지 않고 체액을 마신다. 거미의 입에 자기 입을 대고 눌러서 마시거나, 거미의 다리 기저 부분이나 복부를 씹어서 뚫고 체액을 마신다. 거미의 체액을 마셔 버리면 새끼에게 줄 먹이의 품질이 떨어질 텐데 왜 그렇게 하는 것일까? 이유는 분명하지 않다. 어쩌면 단백질을 섭취하기 위해서일지 모른다. 거미를 사냥하기 전까지는 주로 달콤한 꿀만 먹어서 단백질을 섭취할 일이 거의 없었으니 말이다. 간혹 거미의 체액을 모조리 마셔 버리고는 그냥 버리는 녀석도 있다. 그런 경우가 아니라면 애검은나나니는 거미를 집으로 가져와 미리 만들어 둔 방 안에 밀어 넣는다. 녀석은 첫 번째 제물 위에 알을 낳고 또 다른 거미를 잡으러 간다. 그렇게 6~15마리 정도 거미를 채우고 나면 진흙으로 방을 덮고 그 방에 연결해 새로운 방을 만든다. 암컷은 6주에서 3개월까지 사는데, 그동안 이런 식으로 여남은 개의 방을 만들고, 거미로 채우고, 봉한다.

방 안에서는 거의 투명하고 아주 작은 애벌레들이 알에서 나와 어미가 마련해 놓은 거미를 먹기 시작한다. 거미를 모두 먹고 통통해진 애벌레는 비단 고치를 자아내고 며칠 쉰다. 그러는 동안에 소화관과 직장이 연결되어 마침내 배변을 한다. 이제 애벌레와 번데기 사이의 중간 단계인 비활성 애벌레, 즉 전용(prepupa) 상태로 조용히 겨울을 난다. 겨울 끝 무렵, 전용은 허물을 벗고 번데기가 되었다가 비로소 성체로 변한다. 성체는 피부층이 견고해질 때까지 며칠 동안 방 안에서 쉬다가 단단한 진흙 뚜껑을 뚫고 나오며 우화한다. 구멍벌과에 속한 말벌류 대부분이 그렇듯 애검은나나니도 수컷이 암컷보다 작고, 첫 암컷이 우화한 직후에 수컷이 나온다. 암컷은 우화한 직후에 짝짓기를 하고, 여름을 보낼 집을 짓고, 먹이를 구하는 행동을 시작한다.

애검은나나니가 거미를 사냥할 때 침을 쏘는 것은 분명하다. 그렇다면 방어 목적으로도 쏘는가? 그럴 수도 있지만 분명하지는 않다. 만약 녀석이 포식자에게 잡히면 쏘는 자세를 취하며 상대를 향해 복부를 한껏 웅크릴 것이다. 침이 없는 수컷도 똑같이 행동한다. 애검은나나니가 이런 행동을 하기만 해도 곤충학자는 물론 사람들 대부분이 녀석을 즉시 놓아 버릴 것이다. 결과적으로 애검은나나니는 침을 쏘지 않고도 이긴다.

그렇다면 녀석의 행동은 엄포일 뿐인가, 아니면 그 행동 뒤에 실질적인 피해가 뒤따르는가? 나는 엄포 쪽에 한 표를 던진다. 암컷과 수컷 둘 다 매섭게 침을 쏘는 꿀벌과 땅벌을 흉내 내며, 침이 없는 수컷도 암컷만큼이나 순조롭게 놓여나기 때문이다. 그리고 사람이 애검은나나니에 쏘였다는 기록이 드물다는 사실 역시 녀석들의 행위가 엄포일 뿐이라는 것을 뒷받침한다. 쏘인 뒤에 확실한 고통이 뒤따른다면 경험담이 이렇게나 없지는 않을 테니까. 나는 개인적으로 애검은나나니에 쏘였다는 사람을 본 적도, 이야기를 전해 들은 적도 없다. 그래도 애검은나나니가 사람을 쏠 수 있다는 생각에는 동의한다. 오래전에 로드 오코너(Rod O'Connor)가 '무시해도 될 만한 통증과 부어오름'을 유발하는 애검은나나니의 침에 관하여 쓴 바가 있으니 말이다.

애검은나나니의 독을 분석해 보면 그 침의 방어 효과에 관한 실마리를 찾을 수 있다. 방어 효과를 내는 독성을 가진 곤충의 침은 아프거나, 피해를 유발하거나, 아프면서 피해도 유발한다. 통증을 유발하는 물질은 기본적으로 알카라인, 펩타이드 등을 함유하고 있으며, 히스타민이나 아세틸콜린, 세로토닌 같은 소량의 신경 전달 물질을 함유하기도 한다. 말벌 독에 흔한 고통 유발 펩타이드는 브래디키닌(bradykinin) 유사체로, 심장에 작용해 강렬한 통증을 유발한다. 그런데 애검은나나니의 독에는 이런 물질이 하나도 없다.[1, 12] 포유동물이나 절지동물에 해를 입힐 만한 성분이 전혀 없다는 말은 애검은나나니의 침에 유의미한 독성이 없다는 뜻이다. 침에 쏘인 거미는 완전히 마비된다. 하지만 마비된 거미의 독성 수치는 최소치이고, 심장과 소화 기관, 혈구는 독의 영향을 받지 않는 것으로 보인다. 즉, 생명을 위협하는 직접적 독성 효과나 신체 조직을 망가뜨리는 효과가 없다는 뜻이다.[13]

그렇다면 애검은나나니는 위험한가? 녀석의 침이 아픈가? 애석하게도 우리에게는 애검은나나니의 침이 잠재적으로 위험한지 아닌지는 고사하고 그 침의 통증에 관한 근거도 거의 없다. 게다가 나는 통상적인 현장 작업이나 연구 과정에서 애검은나나니에 쏘이는 불운(어쩌면 행운)을 겪은 적도 없다. 녀석들을 다룰 때마다 아주 세심하게 주의를 기울인 것도 아닌데 말이다. 매미나나니 때와 같은 이 기시감은 무엇이란 말인가? 나는 쏘인 적이 없었고, 그다지 아프지 않으리라 예측했으며, 몇 가지 사실 확인이 필요했다. 단지 이번에는 그 침에 관해 물어볼 조 코엘류 같은 사람이 없었다. 기껏해야 반세기도 전에 로드 오코너가 쓴 부실한 언급만 있을 뿐이었다. 좋다, 이를 악물고 참을 시간이다. 애검은나나니를 잡고, 궁금했던 것을 확인한 다음, 새로운 데이터와 지혜를 얻어, 집에 가면 된다.

6월 어느 화창한 날, 애리조나주 윌콕스. 몇 달째 비가 오지 않아 주변에서 물을 볼 수 있는 곳이라고는 송아지를 위해 비축해 둔 물탱크뿐이었다. 당시 나는 한 물탱크를 둘러보고 있었는데, 그 탱크는 압축 공기를 이용해 움직이는 풍차가 지하에서 물을 퍼 올려 커다란 금속 여물통에 채워 넣는 구조로 이루어져 있었다. 여물통은 오래전에 어느 주유소에서 사용했던 연료 탱크를 지하에서 파내 절반으로 갈라 만든 것이었다. 그런데 유입 확인 밸브가 고장 나는 바람에 여물통에서 물이 넘쳐 주변에 널따란 진흙 웅덩이가 생겨 있었다.

이 상황을 행운이라고 해야 할까? 수많은 애검은나나니가 그 웅덩이 가장자리에서 바쁘게 진흙을 모으고 있었다. 나는 커다란 애검은나나니 한 마리를 붙잡아 녀석의 복부 끝을 내 왼쪽 팔뚝으로 안내했다. 약간의 실랑이 후에 녀석은 침을 쏘았고, 독이 내 피부 속으로 주입되었다. 나는 볼일을 마치자마자 애검은나나니를 놓아 주었으며, 녀석은 날아갔다.

뭐지? 전혀 감동이 없었다. 이것이 애검은나나니에 쏘인 통증을 묘사할 수 있는 유일한 표현이다. 침에 쏘였을 때 즉시 찌르는 통증이 감지되기는 했으나 너무나 사소해서 주의를 끌지 못했다. 통증 지수를 매기자면 0에서 1 사이 어딘가의 통증이었다. 그나마 잠시 후에 약간의 열감이 생겨서 통증 지수를 1로 확정했다. 통증은 곧 사라졌고, 피부가 붉어지거나 부어오르는 등 시각적으로 확인할 수 있는 어떤 자국도 남기지 않았다. 중요한 측정 데이터치고는 평범하도록 가벼운 통증이었다.

~~~

단독성 말벌은 너무 많아서 모든 종을 연구하기는 어렵다. 그러나 길이가 25~30mm에 달하는 커다란 몸집에, 보는 각도에 따라 색이 변하는 푸른색 몸, 자줏빛 도는 검은 날개를 지닌 구멍벌과의 나나니벌이라면 사람들의 관심을 끌고 겁먹게 하는 데 충분할 것이다. 우리가 클로리온 치아네움(*Chlorion cyaneum*)을 겁내는 까닭은 크기와 색깔 때문만은 아닐 것이다. 어쩌면 녀석의 날씬한 허리 때문일 수도 있고, 빠르고 갑작스러운 동작 때문일 수도
~~~

있다. 아니면 이 모든 이유로 녀석을 두려워하는 것일지 모른다. 클로리온 치아네움은 단순히 인간의 관심을 끄는 것에 그치지 않고, 1970년 엘살바도르에서 녀석을 기리는 30센트짜리 우표를 발행할 정도로 깊은 인상을 남겼다. 대체 이 형형색색 말벌의 정체는 무엇인가? 녀석은 실처럼 가는 허리를 한 말벌류 8종에 속하는 작은 규모의 종으로 대부분 유럽, 아시아, 아프리카에 산다. 클로리온에 관한 연구 결과는 그리 많지 않으나, 소수의 연구에 의하면 녀석들은 귀뚜라미를 전문으로 사냥한다. 클로리온 중에서도 어떤 종은 귀뚜라미를 일시적으로 마비시키고, 또 다른 종은 장시간 마비시킨다고 한다.[1]

널리 퍼진 아프리카 종인 클로리온 막실로숨(*Chlorion maxillosum*)은 극단적이라 할 만큼 육아에 신경을 쓰지 않는다. 새끼를 키울 땅굴을 파지도 않고, 먹잇감을 안전한 장소로 운반해 오지도 않는다. 단지 귀뚜라미에 침을 쏘아 잠시만 마비시킨 뒤, 그 위에 알을 낳고는 그냥 떠난다. 어미 말벌이 떠나고 나면 귀뚜라미는 곧 마비 상태에서 회복해 자기 집으로 돌아가거나 새로운 땅굴을 판다. 그리하여 클로리온 유충은 귀뚜라미의 집에서 안전하게 귀뚜라미를 먹는다. 북아메리카에 사는 또 다른 종은 클로리온 막실로숨보다는 조금 더 새끼를 위해 힘을 쓴다. 녀석은 귀뚜라미를 굴에서 끌어내 침을 쏘아 마비시킨 뒤, 그 위에 알을 낳고는 귀뚜라미를 다시 굴속에 밀어 넣고 땅굴을 봉한다.

북아메리카에는 클로리온이 딱 3종 서식하는데, 연구가 이루어진 2종은 모두 먹잇감을 장시간 마비시켰다. 북아메리카에 흔한 푸른귀뚜라미나나니(blue cricket killer)는 대개 모래가 많은 땅에 6~44cm 길이의 땅굴을 파고, 인근에서 귀뚜라미를 사냥한다. 귀뚜라미를 잡고 가슴 아랫부분에 침을 쏘아 완전한 마비 상태로 만든 다음, 미리 파 둔 땅굴 속으로 끌고 간다. 여기까지는 사냥을 하는 단독성 말벌류에서 볼 수 있는 일반적인 행동이다. 그런데 푸른귀뚜라미나나니는 이제부터 예상 밖의 독특한 전개를 펼친다. 녀석은 종종 매미나나니의 땅굴 안에 자기 땅굴을 깊게 판다. 말벌 세계에도 게으름이라는 단어가 있다면 푸른귀뚜라미나나니의 습성에 딱 어울리는 말일 것이다. 게으름이 아니라면 효율성 또는 타인의 집을 이용한 보안 작전이라고 부를 수도 있겠다. 어느 쪽이든 매미나나니는 침입자에 주목하는 것 같지 않고, 둘 다 평화롭게 공존한다.[2]

다시 클로리온 치아네움으로 돌아가자. 녀석은 클로리온 중에서도 가장 독특한 종이다. 다른 클로리온과 달리 이 녀석은 귀뚜라미를 마다하고 바퀴벌레를 잡는다. 이제부터 클로리온 치아네움을 광택바퀴벌레나나니(iridescent cockroach hunter)라고 부르겠다. 광택바퀴벌레나나니는 모래 언덕과 모래가 많은 지역을 특히나 좋아하며, 모래 온도가 50℃까지 올라도 견딜 수 있다.[3] 녀석은 모래바퀴벌레(sand cockroach)를 주로 사냥하는데, 이 바퀴벌레는 부드러운 모래 속에 땅을 파고 헤엄치듯 움직인다. 몸은 납작하고 색깔은 황갈색에, 암컷은 날개가 없고 수컷만 날개가 있으며, 밤에 불빛에 이끌린다. 광택바퀴벌레나나니는 모래바퀴벌레를 암컷, 수컷, 유충 가리지 않고 잡아서 완전히 마비시킨 후 미리 파 놓은 15~30cm 길이의 땅굴 속으로 밀어 넣는다.[1]

내가 현장에서 광택바퀴벌레나나니를 보았을 때, 녀석들은 날개를 까딱거리며 으스대는 듯 주변을 기어 다니고 있었다. 마치 "나를 봐, 나 여기 있어"라고 말하는 것 같았는데, 사실 그 행동이 함의한 메시지는 "건드리지 말 것"이다. 그런데 이 같은 행동은 진실일까? 방울뱀 흉내를 내느라 나뭇잎 속에서 쉿쉿거리며 꼬리를 흔드는 땅다람쥐뱀(gopher snake)처럼 허세를 부리는 것인가, 아니면 진짜인가? 아, 이 단독성 말벌들이 점점 나를 피곤하게 하는구나. 녀석들은 요란한 외모와 행동으로 잔뜩 겁을 주고 있지만, 침 쏘기를 실행에 옮기는 개체는 하나도 없었다. 나를 더 피곤하게 하는 것은 이들의 침에 관한 기록이 거의 없다는 사실이다. 그렇다, 내가 나설 때다. 이 말벌은 나뿐 아니라 다른 사람도 자발적으로 쏘지는 않을 테니까.

나는 포충망에 손을 뻗어 괜찮은 암컷을 붙잡았다. 녀석을 꺼내는 과정에서 손끝을 두 번 쏘였다. 이어서 나는 말벌을 내 오른쪽 팔뚝에 갖다 대었다. 통증은 날카로웠고 쐐기풀에 긁힌 것처럼 피부가 달아올랐다. 다행히 진짜 쐐기풀에 찔린 것보다는 통

증이 훨씬 덜했고, 3~5분간 통증이 이어지다가 발진을 동반한 마지막 욱신거림이 사라졌다. 통증 지수는 1+ 정도로 애검은나나니의 침보다는 아팠지만, 꿀벌 침에는 한참 못 미쳤다. 그렇게 나는 또 한 번의 시련에서 살아남았다.

~~~

쌍살벌은 침이 아프기로 유명한 사회성 말벌류로, 처마 밑이나 현관 지붕, 그 밖의 쉴 만한 장소에 풀을 먹인 듯 딱딱하고 두꺼운 종이로 둥지를 짓는다. 신경이 온전한 사람이라면 누구라도 그 벌침의 고통을 믿어 의심치 않는다. 녀석들은 세대를 겹쳐서 사회적 군집을 이루고 살며 분업을 하고 새끼를 양육한다.

한편, 같은 말벌과(Vespidae) 안에 단독성인 쌍살벌의 친척들이 있는데, 이들은 쌍살벌과 모습이 비슷하고 주로 애벌레를 먹고 산다. 쌍살벌은 이 단독성 말벌류의 계통에서 진화했다. 그렇다면 쌍살벌은 조상 대대로 고통스러운 침을 쏘았을까, 아니면 녀석들이 단독성 친척들에게서 분화한 이후에 고통스러운 침을 쏘게 되었을까? 사회성이 먼저냐, 고통스러운 침이 먼저냐 하는 이 물음은 닭이 먼저냐, 달걀이 먼저냐 하는 물음과 같다. 다행히 쌍살벌의 단독성 친척들이 존재하는 덕분에 우리는 이 문제의 해답을 찾아 나설 수 있다.
~~~

여기, 수상보행말벌(water-walking wasp)을 소개한다. 몇몇 말벌류, 그중에서도 혀가 꼬일 것 같은 이름을 지닌 에우오디네루스속(*Euodynerus*) 말벌은 물을 마시기 위해 일상적으로 물 위에 내려앉는다. 그중에서도 특히 쌍살벌을 닮은 에우오디네루스 크립티쿠스(*Euodynerus crypticus*)는 야외의 너른 수면에 와서 마치 작은 헬리콥터처럼 공중에서 몸을 낮추고, 다리는 넓게 벌린 뒤, 언제라도 이륙할 준비가 되어 있다는 듯 날개를 비스듬히 뒤로 들어 올린 채로, 물 위에 사뿐히 내린다. 이런 모습 때문에 '물 위를 걷는 말벌' 또는 '예수 말벌' 같은 이름으로 불리는데, 실제로 물 위에서 걷지는 않고, 그저 12~15초 동안 한자리에 가만히 머물며 한껏 물을 마신다. 그런 다음 무거운 물탱크를 달고 산불을 끄러 가는 헬리콥터처럼, 천천히 수면에서 이륙해 날아간다.

에우오디네루스속 말벌은 어째서 빠져 죽을지도 모르는 위험을 감수하며 탁 트인 수면에 내려앉아 물을 마시는가? 그리고 녀석은 왜 그렇게 많은 물을 원하는가? 첫 번째 질문에는 확실히 답하기 어렵지만, 포식자에게 잡아먹힐 위험을 줄이는 한 방편인 것으로 짐작된다. 물 위에 내려앉음으로써 다양한 포식자, 특히 물가에 숨어 있는 개구리의 습격을 피할 수 있기 때문이다. 자연환경에서 에우오디네루스속 말벌이 물에 빠지는 일은 거의 일어나지 않는다. 아마도 일반적인 조건에서는 물에 빠질 위험이 그다지 크지 않은 것 같다. 하지만 사람이 만든 수영장처럼 인공

적인 조건에서는 녀석들이 종종 물에 빠져 죽은 채 발견된다. 활발한 아이들이 무릎을 안고 다이빙을 하고 나면 특히 그렇다. 개구리를 피하려다 인간에게 희생된 것이다.

에우오디네루스속 말벌이 왜 물을 많이 필요로 하는지는 그들의 생활사에 답이 있다. 1913년, 드와이트 이즐리(Dwight Isely)는 캔자스주에 서식하는 에우오디네루스 크립티쿠스의 생활사를 자세히 묘사했다.[1] 크립티쿠스 암컷은 맨땅에, 그것도 아주 단단하고 건조한 표면을 골라 땅굴을 판다. 그렇게 뜨겁고 건조한 지역은 다른 지역에 비해 침입자나 포식자, 기생충에 해를 입을 가능성이 작다. 대신 땅바닥은 바위처럼 단단하다. 그래서 크립티쿠스는 물로 흙을 적셔 땅을 파고는 커다란 진흙 공을 약간 떨어진 곳으로 치워서 땅굴 주변의 맨땅을 지저분하게 만드는 방식으로 집을 짓는다. 아래로 뻗은 땅굴은 약 10cm까지 내려가고, 방은 한두 개뿐이다. 이즐리는 크립티쿠스 한 마리가 굴을 파는 40분 동안, 물이 있는 곳까지 16회 왕복하고 86개의 흙덩어리를 치웠다고 기록했다. 굴 파기를 마친 말벌은 팔랑나비(skipper butterfly) 애벌레를 사냥하는데, 구겨진 나뭇잎 안, 질긴 비단으로 만든 피난처에 몸을 숨기고 있는 애벌레를 끌어내 목과 다리, 턱을 통제하는 신경절을 겨냥해 서너 번 침을 쏜다. 크립티쿠스는 애벌레를 5~7마리쯤 잡아다가 땅굴 방에 넣고 그 위에 알을 낳은 후 방을 봉한다.

크립티쿠스와 놀랍도록 닮은 애리조나주의 노란 쌍살벌, 폴리스테스 플라부스(*Polistes flavus*)도 물을 모으는 동안 수면 위를 부유한다. 두 말벌의 주요한 차이점은 크립티쿠스의 체격이 좀 더 다부지다는 것뿐이다. 녀석들이 닮은 것은 의태일까, 아니면 단순히 같은 조상에서 파생된 종이어서 유사하게 생긴 것일까?

다시 침 통증에 관한 의문으로 돌아가 보자. 고통스러운 침이 먼저 생겼을까, 아니면 쌍살벌의 사회성이 먼저 생겼을까? 이 물음의 답을 찾기 위해 두 가지 특징을 살펴보자. 먼저, 사회성 말벌인 쌍살벌의 집은 모든 종류의 포식자, 특히 커다란 포식자에 노출되어 있어 취약하다. 반면에 단독성 말벌인 크립티쿠스는 둥지가 노출되어도 방어할 것이 별로 없다. 게다가 커다란 포식자가 겨우 말벌 한두 마리를 얻겠다고 바위처럼 단단한 땅을 팔 가능성은 거의 없다.

두 번째, 크립티쿠스는 장차 부화할 새끼를 위해 애벌레를 마비시켜 산 채로 신선하게 보관할 필요가 있다. 이와 달리 쌍살벌은 잡은 애벌레를 죽여서 씹은 후 고깃덩어리로 만들어 즉시 어린것에게 먹인다. 따라서 크립티쿠스에게는 커다란 포식자를 고통스럽게 하거나 해를 입히는 독이 그다지 필요치 않다. 오히려 독성이 너무 강하면 먹잇감이 죽어서 썩을 수 있으므로 새끼에게 신선한 먹이를 공급할 수 없게 된다. 반대로 쌍살벌은 먹잇감을 산 채로 보존할 필요가 없고, 포식자를 물리쳐야 하므로 고통

스럽고 강력한 독을 가지는 것이 유리하다.

이렇게 볼 때, 쌍살벌의 사회성이 진화하는 과정에서 고통스러운 침이 형성되도록 선택 압력이 작용했을 것이며, 그 시기가 완전히 단독성이던 시절은 아니었을 것으로 예측할 수 있다. 닭이 달걀보다 먼저인 셈이다.

이제 이를 검증해 볼 차례다. 다시 말하지만, 크립티쿠스를 비롯한 쌍살벌의 단독성 친척들은 자발적으로나 방어용으로나 누군가를 쏠 가능성이 별로 없다. 준비하고, 이를 악물고, 가자. 윌콕스의 물탱크로 돌아가 이번에는 수면에 내려앉은 초록빛 도는 말벌들을 채집했다. 세 종류의 크립티쿠스를 팔 위에 놓고 녀석들이 나를 쏘도록 유도했다. 모두 낮은 수준으로 화끈거렸는데, 비교하자면 극소량의 쌍살벌 독과 유사했다. 통증 지수는 후하게 쳐도 기껏해야 1 정도.

나는 크립티쿠스만으로는 만족하지 못해서 남아프리카공화국 엘리스라스 근처의 한 카라반 공원에서 커다란 호리병벌을 잡았다. 녀석은 내 손을 쏘려고 하지 않았는데, 어쩌면 쏠 수 없는 것 같기도 했다. 녀석이 내 손목을 쏘게끔 유도해서 겨우 쏘인 결과는 역시나 통증 지수 1 정도의 수준이었다.

두 번 경험했으니 이제 만족하고 결론을 내리려 했으나, 운명은 그렇지 않았다. 어느 날 샌들을 신고 메스키트나무 평원을 걷고 있었는데, 왼발 가운뎃발가락 아래에서 예상치 못한 통증이 느껴졌다. 통증은 날카로웠고 약간 가려웠지만, 쌍살벌의 침에 쏘인 것처럼 화끈거리지는 않았다. 통증 지수를 매기면 1.5 정도. 범인은 노란색 호리병벌이었다. 세 번의 경험으로 결론을 내리자면, 호리병벌과나 구멍벌과의 단독성 말벌은 방어 효과를 낼 만큼 고통스러운 침을 쏠 수 없는 것으로 보인다.

~~~~~~~~~~~~

아들이 막 여덟 살이 됐을 즈음이었다. "아빠, 전차 같은 벌레는 없어요?" "글쎄다, 네 말이 탱크같이 단단하고, 빠르고, 화력이 센 곤충을 뜻한다면, 있지. 개미벌(velvet ant)이라고 부르는 녀석들이란다."

개미벌은 무엇인가? 그들은 개미가 아니라, 건장한 개미처럼 생긴 말벌이다. 그리고 흔히 빨강, 주황, 노랑, 하양, 또는 검은색 벨벳(velvet) 같은 털이 빽빽하게 나 있다. 하지만 생김새만 개미일 뿐, 녀석들은 사회적 군집을 이루어 살지 않는다. 여왕도 없고, 엄격하게 단독성 삶을 산다. 사람들이 흔히 알아보는 개미벌은 날개가 없는 암컷이다. 개미벌 암컷은 곤충 중에서 가장 길고 민첩한 침을 가졌으며, 서슴없이 쏜다. 녀석들이야말로 여섯 개의 강력하고 짧은 다리를 가진 초소형 전차다.

개미벌은 바위처럼 단단하다. 어찌나 단단한지, 때로 곤충학

~~~~~~~~~~~~

자들이 표본을 고정하는 데 쓰는 강철 핀이 녀석들의 몸을 뚫지 못하고 구부러진다. 모험과 도전을 좋아하는 어린이들과 함께 있다가 개미벌을 발견하면 나는 아이들을 도발하곤 한다. "장담하는데, 너는 저 벌레를 박살 낼 수 없을걸." 그러면 아이들은 내 말이 떨어지기가 무섭게 개미벌을 쿵 하고 짓밟는다. 하지만 땅 위에 개미벌 자국이 하나 남을 뿐, 개미벌은 금세 몸을 추스르고 달아난다. 다시 한번 쿵, 또다시 쿵, 쿵. 결과는 같다. 단, 맨발로는 절대 도전하지 말 것!

수컷 개미벌은 암컷과 전혀 다르게 생겼다. 수컷은 멋지고 기능적인 날개를 걸치고 있으며, 몸 색깔은 대개 검은색이나 갈색인데 때로 다른 색깔이 점점이 박혀 있다. 분명 말벌이지만 느리고, 털 많고, 그저 날아다니는 애매한 곤충처럼 보인다. 말벌다운 윤기와 날렵한 모습은 온데간데없고 정처 없이 거닐다가 날아다니는 작은 테디 베어를 닮았다. 녀석들은 암컷처럼 쏘지도 못하고, 물지도 못해서 잡히면 노래를 하고 냄새를 뿜는다. 꽤 귀엽고, 무해하다. 정말 테디 베어 같다. 암컷도 귀엽기는 하지만, 무해한 것과는 거리가 멀다.

1758년, 현대 분류학의 아버지 린네는 여러 종의 개미벌을 묘사했는데, 그 가운데 무틸라 에우로페아(*Mutilla europaea*)가 있었다. 이 개미벌은 흔치 않을 뿐 아니라 아주 특이하다. 약 6,000종의 개미벌 중에서 고도로 사회적인 곤충을 숙주로 삼는 종은 오직 무틸라 에우로페아와 이들과 밀접한 1~2종뿐인 것으로 알려져 있다. 나머지 개미벌의 숙주들은 모두 단독성이거나 기껏해야 원시적인 사회성을 띠는 곤충이다. 무틸라 에우로페아가 초기에 관심을 끈 이유는 뒤영벌과 꿀벌 군집에 기생하는 버릇 때문으로 보인다. 18세기, 설탕과 꿀은 비싸고 공급량도 적어서 대단히 귀한 대접을 받았다. 그러니 꿀벌을 공격하는 존재가 일찌감치 사람들의 관심을 끌어 연구 대상이 되는 것은 당연했다. 다행히 무틸라 에우로페아가 꿀벌을 공격해 양봉 마을에 커다란 손해를 입히는 일은 거의 없었던 듯하다. 간혹 꿀벌 군집에 알을 낳기는 하지만, 녀석들이 주로 기생하는 대상은 꿀벌보다는 다양한 뒤영벌 종의 군집이다.

그런데 지키려는 뒤영벌과 침입한 개미벌 사이에 싸움이 일어나는 경우는 드물다. 개미벌을 공격하는 뒤영벌의 운명은 죽음으로 귀결되는 경향이 있으므로 싸움이 벌어지지 않는 것이 뒤영벌에게는 다행이라고 할 수도 있다. 어쨌거나 일단 벌집 안으로 들어온 개미벌은 뒤영벌의 방해를 받지 않고 편안하게 돌아다니면서, 먹이 활동을 마치고 비단 고치 안에서 쉬고 있는 유충과 번데기에 알을 낳는다. 개미벌의 알은 부화해서 유충이 되고, 체외 기생충으로 뒤영벌 유충을 먹고 자라나면서 네 번 허물을 벗는다. 먹이를 다 먹고 나면 뒤영벌 유충의 고치 안에서 자기 고치를 만들어 번데기가 되고, 어미가 알을 낳은 지 30일 만에 성체

가 되어 밖으로 나온다. 뒤영벌 군집 하나에서 많게는 76마리의 개미벌이 나올 수 있는데, 이 정도면 뒤영벌 집단에 심각한 위협이 될 수 있다.[1]

북아메리카에서 가장 유명한 개미벌은 소잡이벌(cow killer)로 불리는 다시무틸라 오치덴탈리스(*Dasymutilla occidentalis*)다. 녀석의 침에 쏘이면 어찌나 아픈지, 사람들은 그 침이 '소를 죽일 수도 있겠다'고 느껴서 소잡이벌이라는 이름을 붙여 주었다. 개미벌 중에서도 특히 매력적인 소잡이벌은 빨간색과 검은색이 깔끔하고 가지런하게 배열된 짧은 벨벳 코트를 걸치고, 복부에는 경쾌한 활 모양의 커다랗고 빨간 점 두 개를 지니고 있다. 그 아름다움은 한 번 보면 잊지 못할 정도이며, 곤충의 옷을 어떻게 디자인해야 하는지 알려 주는 자연의 지침을 가장 잘 따른 것이라 단언할 수 있다.

개미벌의 생애사는 다른 단독성 말벌과 많은 부분이 비슷하고 조금 다르다. 암컷 개미벌은 기생할 숙주를 활발하게 탐색하는데, 한 종류의 곤충에 집착하기보다는 융통성 있게 다수의 여러 종을 숙주로 활용한다. 그러면서도 아무 개체나 노리지 않고 먹이 활동을 마친 유충이나 초기 단계 번데기만을 골라 숙주로 이용한다. 알이나 먹이 활동을 하는 유충, 성숙한 번데기, 단순한 식량만 있는 방은 거들떠보지도 않고, 반드시 고치 또는 단단한 껍데기 안에 들어 있는 숙주만 선택해서 알을 낳는다. 개미벌의 숙주가 되는 곤충은 대부분 단독성 말벌이나 꿀벌이고, 드물게 다른 곤충을 이용하는데 파리, 나방, 딱정벌레, 바퀴벌레 등 종류가 매우 다양하다. 적당한 단계에 있는 적절한 숙주를 찾아낸 암컷은 일단 그 고치나 껍데기에 작은 구멍을 내고 침을 넣어 내부의 여건을 살핀 다음 알을 낳는다. 이때 암컷은 고치 안의 애벌레나 번데기를 쏘지 않는 것으로 짐작된다. 간혹 어떤 번데기의 발달을 멈추게 하려고 쏘는 경우가 있기는 하지만, 일반적이지는 않다.[2] 알을 낳은 뒤에는 둥지를 구성하고 있는 원료와 자신의 타액을 섞어서 고치의 구멍을 막고, 또 다른 숙주를 찾는다.

알은 2~3일 안에 부화하고 유충은 고치 안에서 쉬고 있던 숙주를 먹고 자라면서 허물을 벗는다. 숙주를 다 먹고 나면 자기 고치를 짓고, 배설을 하고, 번데기가 되었다가 마침내 성체로 탈바꿈한다. 따뜻한 계절에는 이 순환이 연속적으로 일어난다. 겨울이 다가오면 어린 개미벌은 배설 후의 전용 상태로 겨울을 나고, 봄이 되면 번데기가 되어 이 순환을 계속한다. 최근까지는 숙주 하나당 개미벌 한 마리라는 원칙이 엄격하게 지켜졌다. 그러나 자연은 언제라도 예외를 만들어 내는 법. 최근 두 종류의 오스트레일리아 개미벌이 진흙으로 집을 짓는 말벌 숙주의 방 하나에서 새끼 네 마리를 키워 냈다.[3]

개미벌의 생명 순환 주기에서 짝짓기는 되도록 빨리 해치워야 하는 과업과 같다. 성체가 된 수컷은 약속의 땅 위로 날아올라 주

로 냄새로 처녀 암컷을 찾는다. 처녀 암컷은 성페로몬을 분비하고, 수컷은 하늘 높이 나는 와중에 이 냄새를 감지한다. 수컷은 땅으로 내려와 극도로 흥분한 상태로 페로몬이 이끄는 대로 암컷을 찾아간다. 개미벌의 시각은 거의 아무런 역할을 하지 않아서 수컷은 종종 암컷을 알아채지 못하고 지나쳐서 달려간다. 그렇게 좌충우돌하다가 우연히 암컷을 만나게 되면 접촉성 화학물질로 상대를 알아보고 즉시 올라탄다. 그동안 수컷은 복부에 있는 기관을 이용해 찌르륵찌르륵 노래를 부르고, 날개로는 붕붕거리는 소리를 낸다. 수컷은 자신의 생식기로 암컷의 복부 끝을 탐색한다. 이를 받아들인 암컷은 자기 침을 놀랍도록 길게 밀어내고 복부 끝쪽의 골판을 열어, 수컷의 생식기와 자신의 생식기가 맞물리도록 한다. 이제 숨 가쁜 짝짓기가 시작되는데, 교미 시간은 겨우 15초 정도다. 할 일을 마친 암컷은 달아나 버리고 다시는 짝짓기를 하지 않는다. 버려진 수컷은 혼자 남아 다른 암컷을 찾는다.

이 짝짓기 이야기는 개미벌 세계에서 보편적인 것이 아니다. 개미벌 암컷은 날지 못한다. 따라서 개미벌이 어디까지 뻗어 나갈 수 있는가는 암컷이 날지 않고 기어서 얼마나 멀리까지 갈 수 있는가에 달렸다. 그래서 많은 종의 개미벌이 짝짓기할 때 수컷이 암컷을 붙잡고 날아가는 것으로 이 문제를 해결한다. 이때 수컷은 암컷을 두 시간 정도 데리고 다니면서 다섯 번, 각 1분 정도 교미를 하고 새로운 장소에 암컷을 내려놓는다.[4] 새로운 장소는 개울 건너일 수도 있고, 또는 암컷이 스스로 건널 수 없는 다른 물리적 장벽 너머가 될 수도 있다. 암컷을 붙들고 날아가려면 몸집이 큰 수컷이 유리하다. 남아프리카공화국의 곤충학자 데니스 브라더스(Denis Brothers)는 짝짓기 중인 개미벌 한 쌍의 사진을 공개했는데, 그 사진에서 수컷의 길이는 암컷의 거의 3배이고, 내 계산으로 녀석의 몸무게는 암컷 무게의 25배쯤 되었다.[5] 이를 인간과 빗대면 54kg의 여성이 1,350kg의 남성과 데이트를 하는 것과 같다. 그 정도 수컷이라면 암컷 개미벌과 비행하는 데 아무런 문제가 없을 것이다.

그런데 개미벌은 왜 곤충계의 전차로 진화했을까? 무엇 때문에 그토록 단단한 갑옷과 센 화력과 빠른 속도가 필요했을까? 방어하기 위해서다. 그렇다면 무엇에 대한 방어일까? 거의 모든 것에 대한 방어다. 개미벌의 기생을 막으려 저항하는 숙주, 과즙이나 꿀을 좋아하는 개미 같은 경쟁자, 점심거리를 찾아다니는 수많은 포식자. 이들에 대응하느라 개미벌은 곤충 가운데 최고로 강력한 방어 체계를 갖추게 되었다.

대다수 곤충은 생활 양식을 뒷받침해 주는 방어 체계를 한두 가지 정도만 갖고 있다. 포식자의 눈을 속이는 아리송한 위장술, 뾰족한 것으로부터 몸을 보호하는 단단한 껍데기, 고약한 맛이나 냄새를 유발하는 체내의 독, 공격해 오는 상대를 물리치기 위

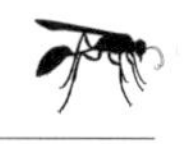

한 화학적 방어와 침 쏘기 등이 대표적인 기술이다. 그런데 다른 곤충과 달리 개미벌은 여섯 가지나 되는 강력한 방어 시스템을 가지고 있다. 기다란 침, 바위처럼 단단한 몸, 신속하게 달아나고 잡혔을 때 몸을 비틀어 빠져나오기 위한 짧고 강한 다리, 시각적 경고 메시지를 전달하는 색깔, 청각적 경고를 보내는 방어용 소리, 후각을 자극하는 경고용 화학 물질이 그것이다. 다만, 모든 개미벌이 여섯 가지 방어 수단을 전부 가진 것은 아니다. 가령 밤에 활동하는 개미벌은 경고색을 띠지 않는데, 사실 필요하지도 않다.

다른 곤충들은 한두 가지 방어 수단만으로도 살아가는데 개미벌은 왜 이렇게 많은 방어 수단을 갖추어야만 했을까? 개미벌의 생애사적 특징을 몇 가지 짚어 보면 이 물음의 실마리를 찾을 수 있다. 첫째, 개미벌이 기생하는 숙주는 개체 수가 적은 데다가 넓게 분산되어 있으며, 흔히 모래가 많은 땅이나 언덕처럼 탁 트이고 노출된 지역에 산다. 그런 곳에서 누군가의 눈에 띄지 않기란 거의 불가능하다. 둘째, 개미벌은 자손을 적게 낳는 편이어서 종을 보존하려면 부모 세대와 후손 모두 생존에 각별히 신경 써야 한다. 셋째, 개미벌 암컷은 위급할 때 날아서 도망칠 수 없다. 마지막으로 개미벌 암컷의 수명은 1년 이상으로 매우 길다. 이 특징들을 종합하면 개미벌은 비교적 수명이 길고, 매우 다양한 포식자에 일상적으로 노출되어 있다는 뜻이 된다. 개미벌을 노리지 않는 동물은 물고기뿐이다. 개미벌의 활동 무대인 땅 위에서는 곤충, 양서류, 파충류, 조류, 포유류 등 다양한 동물이 개미벌을 노린다. 그러니 다양한 종류의 포식자에 대응하려면 다양한 방어 수단을 갖출 수밖에 없다.

수많은 개미벌 중에서 방어 수단에 관한 연구가 가장 활발히 이루어진 종은 소잡이벌이다. 궁극적으로 개미벌의 기본 방어 수단은 침이다. 소잡이벌은 침을 가진 벌목 곤충 가운데 몸길이 대비 가장 긴 침을 가진 종이다. 그뿐 아니라 침이 매우 유연하고, 침을 조종하는 기술도 뛰어나서 가슴과 배의 아주 좁은 부분을 제외하고는 신체의 모든 부분에 침이 닿게 할 수 있다. 소잡이벌은 이토록 긴 침을 어떻게 그토록 잘 조종할까? 녀석의 몸속을 잠시 들여다보자. 마치 오래된 시계의 태엽이 본체 안에 고리 모양으로 감겨 있듯이, 소잡이벌의 침도 복부 안에 빙 둘러서 자리 잡고 있다. 그리고 복부의 끝을 향해 뒤쪽으로, 고리 모양으로 구부러져 있다. 또 복부 끝부분에는 침을 상하좌우 모든 방향으로 조준할 수 있는 근육과 골판이 있다. 소잡이벌은 이 같은 신체 구조를 십분 활용해 자유자재로 침을 쏜다.

우리가 아는 한, 녀석이 그 기다란 침으로 먹잇감을 쏘는 일은 매우 드물다. 먹잇감은 이미 거의 움직이지 않는 휴지기 단계에 있기 때문이다. 따라서 소잡이벌은 오로지 방어 목적으로 침을 쏜다. 침은 새, 도마뱀, 포유동물, 두꺼비 등 상대적으로 거대한

포식자는 물론이고 거미나 사마귀 같은 작은 포식자를 상대하는 데도 효과가 그만이다. 하지만 침 하나만으로는 새나 도마뱀의 기습 공격을 방어하기가 어려울 수 있다. 그래서 두 번째 기본 방어 수단이 필요하다. 바로 탱크처럼 단단한 껍데기다. 새의 부리나 도마뱀의 턱, 포유동물의 이빨처럼 단단하고 뾰족한 무기조차 개미벌의 몸을 쉽사리 으스러뜨리거나 뚫지 못한다. 소잡이벌을 으스러뜨리려면 꿀벌을 으스러뜨리는 힘의 11배 이상이 필요하다.[6] 아직 끝이 아니다. 개미벌은 몸 전체가 단단한 껍데기로 덮여 있어서 포식자의 송곳니가 뚫고 들어갈 만한 틈이 없다. 그래서 포식자의 부리, 턱, 이빨, 송곳니는 마치 젓가락이 기름 바른 구슬에서 미끄러지듯이 스르르 미끄러진다. 잡지 못하면 으스러뜨릴 수 없다. 단단한 껍데기가 몸을 지키는 사이, 침이 임무를 수행한다. 그러면 개미벌을 물고자 애쓰던 부리, 턱, 입이 덜컥 열리고, 침에 쏘인 포식자가 입을 문지르거나 모래에 주둥이를 비비며 고통을 없애려고 노력하는 동안에 개미벌은 무사히 달아난다.

암컷 개미벌의 가슴 부위는 놀랍도록 튼튼한 근육 상자다. 암컷은 날개가 없으므로 통상적으로 날개 근육에 할당되는 그 공간이 다리에 연결된 거대한 근육으로 채워져 있다. 이로써 암컷 개미벌의 다리는 곤충 세계에서 가장 강력한 다리가 되었다. 포식자에 잡혔을 때 몸을 비틀어 달아나는 것은 물론, 풀려났을 때

빠르게 달려 도망치기에도 완벽한 다리다. 단단한 몸에 연결된 강력한 다리는 곤충 세계 어디에나 존재하는 해충인 개미에 대항하는 이상적인 방어 수단이 된다. 개미 중에서도 가장 공격적인 불개미조차 개미벌의 몸을 뚫거나 찌르지 못한다. 개미들이 다리를 꽉 잡더라도 다른 다리로 쉽게 떨구어 낼 수 있다. 그런 다음 개미벌은 서둘러 그곳을 빠져나간다.

어떤 동물이 보호 체계를 잘 갖춘 덕분에 포식자의 공격을 미리 차단할 수 있다면, 공격을 예방할 수 있는 온갖 수단이 진화하는 것이 당연하지 않겠는가? 포식자의 입안에 들어가 침 범벅이 되거나 다치기 전에 그런 상황을 피할 수 있다면 어떻게 하겠는가? 누구라도 위험을 감수하기보다 예방하는 쪽을 택할 것이다. 곤충은 그런 위험을 사전에 차단하고자 경고 신호를 사용한다. 포식자가 어떤 먹잇감을 공격했다가 따끔한 침이나 고약한 맛과 냄새 등에 된통 당하고 나면 다시는 그런 종류의 동물을 먹으려 하지 않을 것이다. 포식자를 향해 '나는 고약한 곤충이야!' 하고 광고하려면 어떤 방법이 효과적일까?

곤충을 잡아먹는 새, 도마뱀, 양서류와 절지동물 대부분은 색을 구별한다. 빨간색과 검은색의 조합은 일반적인 경고색 패턴이다. 경험 많은 포식자나 원래 겁이 많고 순진한 포식자 모두 그런 색깔을 보면 건드리지 말라는 뜻으로 받아들인다. 불타는 듯한 빨간색과 검은색이 어우러진 소잡이벌의 코트는 풀밭에서,

흙이나 모래 위에서 "나 여기 있어. 실수하기 전에 한 번 더 생각해 보시지." 하고 통지하는 역할을 한다. 혹시나 포식자가 색맹이어서 붉은색을 구별하지 못하더라도 소잡이벌의 순수한 붉은색은 흑백의 시각 환경에서 극명한 흰색으로 보인다. 따라서 이 메시지는 스컹크의 흑백 줄무늬처럼 명백하게 전달된다.

모든 포식자가 시각 지향적인 것은 아니어서 개미벌과 접촉한 다음에야 경고에 반응하기도 한다. 그래서 개미벌은 청각이나 촉각에 우선 반응하는 포식자를 향해 쉰 듯한 울음소리 형태로 경고 신호를 보낸다. 마치 방울뱀이 꼬리에서 달가닥거리는 소리를 내서 경고 신호를 보내는 것과 같다. 방울뱀과 개미벌이 내는 소리는 둘 다 대역폭이 매우 넓은 음성 주파수로 이루어져서 다양한 포식자가 그 소리를 들을 수 있다.[6] 포유동물과 새는 특히 소리에 민감하다. 반면 거미 대부분과 곤충 포식자는 청력이 없거나 약하다. 그런데도 개미벌의 울음소리는 절지동물을 방어하는 데 매우 효과적이다. 거미는 사냥할 때 먹잇감을 잡거나 덮치는 동시에 송곳니를 찔러 넣는다. 하지만 제아무리 단단한 송곳니라 해도 개미벌의 몸을 뚫지는 못한다. 작은 휴대용 드릴처럼 진동하는 딱딱한 껍데기에 송곳니를 들이대 봤자 목표물을 뚫기는커녕 느슨하게 미끄러질 뿐이다.

포유동물은 주로 냄새로 먹잇감을 찾고, 그것이 먹을 만한지 파악한다. 파충류 역시 후각과 미각이 예민하다. 식충성 포유동물이나 도마뱀이 개미벌을 잡으면 녀석은 마찰음을 내며 침을 쏘는 것과 더불어 경고성 냄새를 분비한다. 침에 쏘인 포식자는 개미벌의 냄새와 따끔한 침을 연관 지어 학습하므로 향후 같은 냄새를 맡으면 고약한 경험이 뒤따르리라는 것을 알고 피하게 된다. 아마 도마뱀도 같을 것이다. 도마뱀은 대개 먹잇감을 먼저 핥은 다음에 먹는 습성이 있다. 애송이 도마뱀이 멋모르고 개미벌을 향해 혀를 한 번 날름거렸다면, 학습 효과는 그것으로 충분할 것이다.

경고성 냄새는 경고 메시지를 보내는 동시에 화학적으로 방어하는 역할도 수행하는 것으로 짐작된다. 여러 종의 개미벌을 분석해 보고 현장에서 냄새 시험을 해 본 결과, 개미벌이 분비하는 냄새 물질에는 두 가지 주요 화합물인 4-메틸-3-헵타논(4-methyl-3-heptanone)과 4,6-디메틸-3-노나논(4,6-dimethyl-3-nonanone)이 같은 비율로 섞여 있고, 거기에 약간의 미량 성분들이 더 있었다.[7] 4-메틸-3-헵타논은 잘 알려진 경고성 페로몬이자 화학적 방어 수단으로, 수많은 종류의 개미와 장님거미류(daddy longlegs arachnid)도 지니고 있다. 그러다 보니 이 물질을 지닌 생물들 간에 복합적인 의태 현상이 일어나 다양한 개미벌과 여러 생물이 모두 같은 화학 신호를 사용해 자신을 먹지 말라고 경고한다. 또한, 이 화합물은 테레빈유와 비슷한 맛을 내는 직접적인 화학적 방어 수단일 가능성도 크다.

이렇게 다양한 개미벌의 방어 수단은 실제로 효과가 있을까? 그렇다. 동식물학자들은 개미벌이 여간해서는 다른 동물로부터 간섭받거나 공격받지 않는다는 사실을 공식적으로 인정했다. 1921년, 영국의 동식물학자 제프리 헤일 카펜터(Geoffrey Hale Carpenter)는 회색버빗원숭이(gray vervet monkey)가 어떤 곤충을 잘 먹는지 알아보려고 다양한 종류의 곤충으로 시험해 보았다. 제프리는 원숭이 앞에 곤충을 놓아주고 행동을 관찰했는데, 웬만한 곤충은 대체로 먹었다. 원숭이에게 개미벌을 주자 일단 그것을 덮쳤고, 어떻게든 먹으려고 시도하다가 입술과 앞발을 쏘인 듯한 반응을 보였다. 이후에 더 작은 개미벌을 원숭이 앞에 놓았지만, 녀석은 아무런 시도도 하지 않았다. 한 달 뒤, 제프리는 개미벌을 상자에 넣어서 원숭이 앞에 놓았다. 원숭이는 의욕적으로 상자에서 개미벌을 꺼냈고, 먹으려고 시도했지만, 이번에도 입술과 앞발을 쏘이고는 고개를 절레절레 흔들며 물러서고 말았다. 그러나 배가 몹시 고팠던지 원숭이는 몇 번 더 개미벌을 먹으려 도전했다. 안타깝게도 앞발로 입술을 문지르며 물러설 뿐 개미벌을 먹는 데는 실패했다.[8]

제프리는 더 많은 종의 포식자를 시험하기 위해 불개미, 수확개미, 중국사마귀, 늑대거미 3종, 타란툴라 2종, 도마뱀 4종과 새, 게르빌루스쥐(gerbil) 등 다수의 잠재적 포식자 앞에 소잡이벌을 놓아 보았다.[6] 일부 포식자는 조심스럽게 소잡이벌을 주시하다가 공격할 마음을 접었고, 대부분은 소잡이벌을 공격했다. 하지만 식사에 성공한 동물은 단 두 마리뿐이었다. 타란툴라 한 마리와 게르빌루스쥐 한 마리만이 소잡이벌을 먹었다.

그중에서도 게르빌루스쥐의 행동이 흥미로웠는데, 여덟 마리 중 네 마리는 소잡이벌을 보고 놀란 듯한 반응을 보였고, 두 마리는 한 번 공격했다가 쏘이고 나서는 다시 공격하지 않았으며, 또 다른 두 마리는 두 번 공격했으나 그중 하나는 곧 포기했고, 나머지 하나만이 소잡이벌을 잡아먹는 데 성공했다. 성공한 게르빌루스쥐는 소잡이벌을 잡아서 손안에 든 먹잇감을 재빨리 회전시키고는 빙그르르 도는 소잡이벌을 잽싸게 베어 물었다. 그리하여 마침내 개미벌의 단단한 껍데기를 뚫었고, 방어 활동을 멈추게 한 뒤에 잡아먹었다. 게르빌루스쥐가 이런 행동을 보인 것은 오로지 소잡이벌을 먹을 때뿐이었다. 다른 곤충, 예를 들어 바구미 애벌레 같은 것은 그저 소시지처럼 쥐고 머리부터 아래로 먹었다.

곤충학자 중에도 게르빌루스쥐처럼 개미벌을 빙빙 돌려 채집한 사람이 있다. 캘리포니아대학교(데이비스)의 리처드 보하트(Richard Bohart)다. 일반적으로 개미벌에 쏘이지 않고 녀석들을 맨손으로 집어 올리기는 불가능에 가깝다. 그래서 연구자들은 손으로 집어 올리는 대신 숟가락 같은 것으로 떠서 유리병이나 항아리 안에 넣는다. 그런데 보하트는 손가락 사이로 무심하게 개

미벌을 빙글빙글 돌리고는 그것을 채집 항아리 안에 떨어뜨리곤 했다. 아마도 게르빌루스쥐와 같은 작은 식충성 포유동물의 지혜를 배워 따라 했을 것이다. 그가 개미벌에 쏘인 적이 있는지는 알려지지 않았다. 만에 하나 쏘였다 하더라도 명성에 오점을 남기지 않기 위해 강한 인내심을 발휘했을지도 모른다.

개미벌의 방어 수단이 얼마나 효과적인지 측정하는 마지막 방법은 야생에 있는 식충성 포식자가 무엇을 먹었는지 검사하는 것이다. 커다란 몸집에 머리가 넓적하고 힘이 센 도마뱀, 에우메체스 라티첿스(*Eumeces laticeps*)는 큼직한 곤충 먹잇감을 쉽게 으스러뜨린다. 녀석의 서식지에는 소잡이벌이 풍부하다. 그러나 그 도마뱀의 위장에서 소잡이벌이 발견된 적은 한 번도 없다. 녀석들이 가룃과 딱정벌레나 불나방 유충, 개미, 침 쏘는 쌍살벌 같은 유독한 먹잇감을 선뜻 먹는데도 불구하고 말이다. 한 연구에서는 시험 삼아 도마뱀 23마리 앞에 소잡이벌을 놓아 주었는데, 먹잇감을 온전하게 먹은 도마뱀은 단 한 마리뿐이었다. 처음부터 아예 먹을 시도조차 하지 않은 녀석들도 있었고, 일부는 몇 번 공격하다가 침에 쏘이고 나서는 더 시도하지 않았다. 최후의 승자가 된 도마뱀은 9분 동안 23회 공격한 끝에 전혀 손상되지 않은 소잡이벌을 먹었는데, 녀석이 소잡이벌을 온전하게 삼킬 수 있었던 까닭은 단단한 껍데기를 으스러뜨릴 수 없었기 때문이다.[9] 소잡이벌은 정말 먹기 힘든 먹잇감이다.

이렇듯 막강한 개미벌의 침과 독에는 특별한 무엇인가가 있음이 분명하다. 단독성인 매미나나니, 애검은나나니, 광택바퀴벌레나나니, 수상보행말벌과 개미벌은 무엇이 다른가? 우리가 아는 것이라고는 다른 단독성 말벌류 침보다 개미벌의 침이 훨씬 더 아프다는 것뿐이다. 아이러니하게도 그렇게 아픈 침이 포유동물에는 딱히 유독하지 않다. 개미벌보다 꿀벌의 독이 25배 더 치명적이고, 수확개미 종의 평균 독성은 개미벌보다 무려 200배나 치명적이다.[10] 독성분의 적혈구 파괴 능력은 개미벌보다 쌍살벌이 200배 더 높고, 수확개미는 개미벌보다 120배 더 높다. 이렇듯 개미벌의 독은 포식자의 신체에 별다른 피해를 유발하지 않는다. 그런데도 통증을 일으키는 능력은 대단하다. 그 이유를 모른다는 사실이 애통할 따름이다.

나는 몇 년 전에 개미벌의 침이 얼마나 아픈지 몸소 느꼈다. 어느 날 밤, 별일 없이 잠자리에 들었는데 무엇인가가 다리 위쪽을 간지럽혔다. 반사적으로 아래로 손을 뻗자 뭔가 단단한 것이 만져졌고, 곧바로 쾅, 녀석이 나를 가격했다. 불을 켜고 살펴보니 자그마한 야행성 암컷 개미벌이었다. 녀석은 내 손길이 못마땅해서 이의를 제기하고자 침을 쏜 것이었다. 고통은 날카로웠고, 발진이 일 것 같은 기미가 있었다. 충동적으로 문질렀더니 더 아팠다. 그것 말고는 눈에 띄게 붉어지거나 부어오르지 않았다. 채 5분이 안 돼 고통은 가라앉았고 나는 곧 잠이 들었다. 통증 지수

는 1.5로, 녀석의 펀치는 크기에 비하면 제법 셌다.

보하트가 맨손으로 개미벌을 집어 올릴 수 있다면 나라고 못 할 이유가 없다. 워낙 날쌔고 털북숭이 공 같은 이 녀석들은 흡인기로 빨아들이기에 적합하지 않고, 겸자로 집기는 거의 불가능하며, 숟가락으로 떠서 항아리나 유리병에 넣으면 모래와 부스러기들이 너무 많이 딸려 들어가서 번거롭다. 어쩌면 보하트가 그냥 손으로 잡는 편을 택한 것도 그 때문일지 모르겠다. 그래서 나도 개미벌을 손으로 집어 깨끗한 병 안에 넣기 시작했다. 고백하건대 보하트처럼 능숙하지는 못했고, 이리저리 도망치는 개미벌에서 몇 인치 떨어져 병을 잡고, 모래와 개미벌을 정신없이 집어서 그것들을 병보다 살짝 더 들어 올리고는 병 입구 쪽으로 던지는 것에 더 가까웠다. 그래도 제법 효과가 있었고, 나는 즐겁게 계속해서 더 많은 개미벌을 잡았다.

그러던 어느 날, 검은색과 주황색이 굉장히 매력적으로 어우러진 다시무틸라 클루기(*Dasymutilla klugii*)를 맨손으로 잡으려다가 된통 당하고 말았다. 기껏해야 1,000분의 1초 정도 쏘였으니 침이 깊이 들어가지도 않았을 텐데 쏘인 즉시 찌르는 듯한 통증과 발진이 일 것 같은 느낌이 났고, 쏘인 부위를 문지르고 싶은 엄청난 충동이 다시 한번 일었다. 통증은 2~3분 이내에 대체로 없어졌고, 10분 안에 완전히 사라졌지만, 며칠 동안 쏘인 부위를 만질 때마다 문지르고 싶은 충동이 일었다. 통증 지수 2에 해당했다.

그러고도 교훈을 새기지 못한 나는 두 달 뒤에 길고 폭신해 보이는 하얀 털에 둘러싸인 아름다운 개미벌, 다시무틸라 글로리오사(*Dasymutilla gloriosa*)를 집어 올리다가 똑같이 엄지손가락을 쏘였다. 날카롭고, 강렬하고, 깊은 통증이 일었다. 이번에도 붉어지거나 부어오르는 증세는 없었으나 그 익숙한 발진성 감각과 문지르고 싶은 충동이 뒤따랐다. 통증 지수는 마찬가지로 2였지만, 이번에는 여섯 시간쯤 지나자 쏘인 부분이 부풀어 올라 팽팽한 주머니처럼 변했다. 부풀어 오른 부분은 명확한 윤곽을 그린 채로 사흘간 남아 있다가 서서히 가라앉았다. 그러고 나서 정확히 2주 후, 팽팽히 부풀어 올랐던 그 부분의 피부가 모두 벗겨졌다. 침에 쏘이면 이따금 설명할 수 없는 이상한 반응이 일어난다. 이번 경우가 그런 반응 중 하나였다. 어쩌면 통상적인 반응이 아니라 면역학적으로 영향을 받은 아르투스 반응(Arthus reaction)*이었는지도 모른다. 자연에는 우리가 모르는 것이 너무나 많다.

* 항원을 반복해서 피하 주사하면 그것에 반응하여 피부 염증을 일으키는 아나필락시스 현상.

총알개미

그 고통은 쐐기풀에 10만 번 찔린 것에나 겨우 비견할 수 있다.

- 리처드 스프루스, 《아마존과 안데스에 관한 어느 식물학자의 기록》, 1908

파라포네라 총알개미를 집어 들자 녀석이 나를 쏘았다.
누군가 엄지손가락을 망치로 내려친 것만 같았다.

- 말린 라이스, 2014

발라, 투칸데라, 콩가, 차차, 쿠마나카타, 무누리, 샤냐, 요로사, 24시간개미, 총알개미. 이것은 전 세계 곤충 가운데 가장 고통스러운 침을 쏘는 개미, 파라포네라 클라바타(*Paraponera clavata*)의 일반 명칭 중 일부다. 크고 다부지고 검은 몸에 인상적인 턱과 침을 가진 이 개미는 어디든 나타나기만 하면 유명인사가 되어 그곳 사람들로부터 이름을 얻었다.

생김새가 원시적이라고 해서 느리고 우둔한 짐승으로 생각해서는 안 된다. 몸이 유연한 파라포네라는 나무에 사는 곡예사다. 매달리고 침을 쏠 때면 언제든 기민함을 과시한다. 파라포네라는 속임수라고는 모른다. 녀석은 말 그대로 '진짜'다. 손주들에게 들려줄 만한 이야기에 등장하는 굉장한 녀석으로, 2015년 영화 <앤트맨(Ant Man)>에도 등장한 스타 곤충이다. 총알개미에 쏘이면 손주를 볼 때까지 살 수 없으리라 생각할 수도 있지만, 안심하시길. 아직 총알개미에 쏘여 죽은 사람은 아무도 없다.

총알개미는 중앙아메리카 니카라과에서 남아메리카 브라질에 이르는 대륙 경계선의 대서양 쪽을 따라 뻗은 습한 숲에 서식한다. 내가 라셀바에 있는 코스타리카 열대 연구소를 방문한 날, 제일 처음 방문객을 맞이한 것은 눈에 잘 띄는 경고 표지판이었다. 그 표지판에는 총알개미를 극도로 조심하라고 쓰여 있었다. 이상하다. 이 연구소는 치명적일 정도로 위험한 큰삼각머리독사(fer-de-lance snake)의 서식처에 자리 잡고 있는데, 연구소 주변 풀밭에 독사를 조심하라는 표지판은 하나도 없었다. 어쨌거나 나는 그곳에서 총알개미의 방어 수단과 독성분을 연구할 예정이었고, 곤충학자로서 녀석들을 흠모하고 있었기에 총알개미를 찾으러 즉시 출발했다. 총알개미는 낮에도 밤에도 활동적인 곤충이어서 나는 헤드램프, 빈 병, 일반 포충망을 가지고 개미 채집에 나섰다. 숲길을 걷다가 군대개미(army ant) 한 줄이 길을 가로지르는 것을 보고 그들의 야영지를 찾으려고 옆으로 샜다.

힘들게 덤불을 통과하다가 '탁, 탁' 하는 소리를 들었다. 내 앞에 있는 무수한 나뭇잎 사이 어딘가에서 소리가 나고 있었다. 처음에는 그런 소리를 낼 만한 것이 아무것도 눈에 잡히지 않았다. 그러다가 내가 본 것은 길이가 2m에 이르는 큰삼각머리독사였다. 녀석이 숲 바닥에서 머리를 우뚝 세우고는 마른 나뭇잎들 속

에 떡하니 앉아 소리를 낸 것이었다. 뱀은 의기양양하게 입을 벌렸다. 그랬다, 그 뱀은 자신을 밟지 말라는 뜻으로 나에게 경고를 보내고 있었다. 녀석이 경고를 보내지 않았다면 나는 나뭇잎 사이에 완벽하게 위장하고 있는 뱀을 보지 못했을 것이다. 그 모습을 감탄하며 바라보고 사진을 몇 장 찍은 후, 앞으로 나아갈 방법을 고민했다. 녀석을 포충망에 넣고 앞으로 쭉 뻗어 들고서 어느 정도 거리를 유지하면 될 것 같았다. 그러면 뱀이 어디에 있는지 계속 알고 있으므로 밟을 일도 없을 테니 말이다. 뱀은 무거웠다. 4.5kg 정도 나가는 뱀을 1.8m 정도 떨어지게 들고 다닌다는 것은 곧 성가신 일이 되었고, 군대개미는 온데간데없었다. 그 밤을 홀로 보내고 싶지 않다면, 커다란 뱀과 함께 숲에서 길을 잃고 싶지 않다면, 차선책을 실행해야 했다. 나는 뱀을 언덕 아래쪽으로 인정사정없이 던져 버리고, 길로 이어지는 오르막으로 향했다. 이것이 그날 밤 있었던 일이다.

나는 연구소에 있는 파충류 전문가에게 큰삼각머리독사에 관해 물었다. 그가 말했다. "그 뱀 비늘에 용골*이 있었나요?" "농담이죠? 용골이 보일 만큼 그렇게 가까이 가라고요?" 그는 비늘에 용골이 없었다면 절대 큰삼각머리독사가 아니며, 그보다는 부시마스터(bushmaster)인 것 같다고 했다. 부시마스터는 아메리

* 각 비늘 중앙에 길쭉하게 솟은 부분.

카 대륙에서 가장 커다란 독사로, 길이 3.5m까지 자라며, 코스타리카에서 가장 치명적인 뱀이다. 그때까지 부시마스터에 물렸다고 보고된 일곱 명 중 여섯이 사망했다. 그는 내가 '작은' 부시마스터를 마주쳤을 것으로 추정했다. 하지만 필름을 현상하고 보니 사진 속 뱀의 비늘에 용골이 있었다! 상황이 이런데도 그 연구소는 독사가 아니라 총알개미를 조심하라고 경고한다.

총알개미는 깊은 인상을 남길 뿐, 독사만큼 치명적이지 않다. 녀석들은 초기 동식물학자들의 마음속에 지울 수 없는 인상을 남겼다. 1853년 8월 15일, 식물학자 리처드 스프루스(Richard Spruce)는 브라질 아마조나스주에서 총알개미를 만났다. 그리고 그 경험담을 글로 남겼다.

> 기쁘게도, 어제 나는 이 지역에서 투칸데라(tucandéra)로 불리는 크고 검은 개미에 처음으로 쏘였다. 내가 파 놓은 구멍에서 성난 투칸데라들이 쏟아져 나오는 것을 알아채지 못하고 있다가 허벅지를 쏘이고 나서야 상황을 파악했다. 처음에는 뱀에 물린 줄 알고 벌떡 일어섰는데, 무서운 투칸데라가 발과 다리를 온통 뒤덮고 있었다. 도망치는 수밖에 없었다. …… 발은 이미 끔찍하게 쏘인 상태였다. …… 극도로 괴로웠다. 인디언들이 이 개미에 쏘여 고통받을 때 그랬듯, 나 역시 바닥에 쓰러져 이리저리 구르지 않기 위해 애써야만 했다. …… 그 고통은 쐐기풀에 10만 번 찔린

것에나 겨우 비견할 수 있다. 발과 손이 간간이 중풍 걸린 것처럼 떨렸고, 고통 때문에 상당 시간 동안 얼굴 아래로 땀이 비 오듯 흘렀다. 토하고 싶었지만 힘겹게 참았다. …… 세 시간이 지나 밤 9시가 됐을 때, 그리고 다시 자정 무렵에 통증이 다소 참을 만해져서 해먹에서 나와 왼발을 디뎠는데, 그때마다 한 시간씩 극심한 고통을 겪었다. …… 신기하게도 겉으로는 평범한 쐐기풀에 찔린 정도 이상의 표시는 없었다. …… 녀석과의 조우는 내가 남아메리카에서 경험한 모든 일을 통틀어 가장 끔찍했다. 이전에도 개미와 말벌에 쏘인 적이 많지만, 이렇게 아팠던 적은 없었다.[1]

총알개미의 침을 잊지 못하는 사람은 스프루스만이 아니었다. 녀석이 '총알'이라는 이름을 얻은 까닭은 침에 쏘인 희생자들이 그 고통을 총 맞은 것에 비견했기 때문이다. 1915년에 스웨덴의 탐험가 알고트 랑게(Algot Lange)는 아마존강 지류인 하바리강을 여행하다가 총알개미에 다리를 쏘였다. "꼬박 하루 동안 고통으로 까무러칠 지경이었고, 쏘인 지 사흘 만에 겨우 염증이 가라앉았다. 브라질 사람들이 투칸데라 네 마리면 사람 한 명을 죽일 수 있다고 했는데, 나는 그 말을 믿는다. 독 때문에 죽지는 않겠지만, 침에 쏘인 후 뒤따르는 극도의 고통으로 죽을지 모른다."[2]

의사인 해밀턴 라이스(Hamilton Rice)는 그보다 1년 전에 아마존 북서쪽을 탐험하고 글을 썼다. "이 지역의 곤충과 해충은 지속적인 고문이 무엇인지 가르쳐 주는 듯하다. 그리고 이로 말미암은 노동력 손실은 심각할 정도다. 개미 중에서도 가장 무서운 것은 투칸데라 또는 콩가로 불리는 녀석으로, 그것에 '물리면' 극심한 최악의 고통이 수 시간 동안 이어지며, 때로 구토와 이상 고열이 동반되기도 한다."[3] 해밀턴은 총알개미에 '물렸다'고 기록했지만, 녀석은 물지 않고 쏜다. 어쨌거나 총알개미는 해밀턴에게 황열병이나 말라리아, 사상충증 같은 질병보다 더 깊은 인상을 남긴 것이 분명하다.

해밀턴 라이스 이후 거의 40년, 워싱턴 D. C.의 식물학자 해리 앨러드(Harry Allard)는 파라포네라를 그보다 더 크고 유순한 개미인 디노포네라(*Dinoponera*)로 오인하고는 손수건을 여러 겹 접어 개미를 집어 올리려고 하다가 검지 끝을 쏘였다. "그 개미는 잘생기고 빛나는 검은색 곤충으로, 길이는 2.5cm나 그보다 좀 더 컸고, 아무도 두려워하지 않았다. …… 쏘인 통증은 곧 몹시 고통스러워졌고 그 밤까지 기세가 꺾이지 않았다. 통증이 너무 심해서 때때로 손이 떨렸다. 그다음 날 피부에 붉은 기가 돌고 약간 부어올랐을 뿐 다른 국부적 증상은 없었다." 몇 주 뒤에 그는 발목에 두 번 쏘였다. "곧 극심한 통증, 타는 듯한 극심한 통증이 몰려왔다. 이전에 한 번도 겪어보지 못한 고통, 다시는 반복하고 싶지 않은, 그런 고통이었다. …… 나는 한순간도 발을 가만히 둘 수가 없었다."[4]

60여 년 후, 테리 어윈(Terry Erwin)도 총알개미에 관해 썼다. 그는 미국 스미스소니언 협회의 생물학자로, 내가 아는 그 누구보다 총알개미 서식지에서 많은 시간을 보낸 사람이다.

> 뱀을 비롯해 온갖 종류의 것들을 다 보았고 파라포네라에 쏘이기도 했다. 녀석의 침은 '진정한' 충격이고, 쏘인 사람은 '즉시' 그 느낌을 알게 된다. …… 나는 그놈을 붙잡아 떼어 내려 했다. …… 내가 파라포네라를 계속해서 누르고 쥐어짜자, 녀석은 떨어져 나갔다. 어찌나 단단한지 죽지도 않고 기어서 도망갔다. 통증은 반 시간 정도 계속되었다. 둘째 날, 아, 그 화염이 지나간 다음, 고통은 누그러진 치통 같은 느낌으로 변했다. 치통 같은 통증이 하루 이틀 더 이어졌다.[5]

이쯤 되면 총알개미가 우리 주변에 흔한 곤충이 아니라는 점에 감사해야 할 것 같다.

무엇이 총알개미를 이처럼 특별하게 하는가? 답을 찾기 위해 개미 분류학과 총알개미의 발달사를 들여다보자. 지구상에 개미는 약 1만 5,000종이 있으며, 이는 현재 16개 아과로 나뉜다. 그중에서 침개미아과(Ponerinae)는 세 번째로 큰 아과인데, 유감스럽게도 이 아과는 이것저것 다양한 종의 쓰레기통이었다. 대개 육중한 외모, 단순한 군집 구조와 행동 패턴, 그 밖의 '원시적인' 특성들을 근거로 뭉뚱그려 침개미아과에 집어넣었다. 파라포네라는 고약한 침을 가진 특이한 종임에도 불구하고 이 아과에 묶였는데, 특이한 침을 제외하면 '그저 또 다른 침개미아과 개미'로 보였기 때문이다. 그런데 지난 10년간의 개미 유전자 분석 자료에 의해 파라포네라는 침개미아과와 전혀 다른 종이라는 사실이 밝혀졌다. 또 이전에 파라포네라와 가장 가까운 친척으로 추정되었던 엑타토마속(*Ectatomma*) 침개미는 분류학적으로 훨씬 더 먼 관계이며, 파라포네라는 침개미아과보다는 우리네 뒷마당에서 개미산을 뿌리는 왕개미와 더 밀접한 종으로 드러났다.

이 같은 분류 체계의 전환으로 총알개미는 단독 종으로 자체 아과를 구성한, 진정으로 독특한 개미가 되었다. 총알개미의 계보는 1억 년 전쯤 다른 개미에서 갈라져 나왔다.[6] 그러니 파라포네라가 다른 개미와 유사할 것을 기대해서는 안 된다. 겉모습이 다른 개미와 얼마큼이나 닮았든, 분류 체계가 어떻든 상관없이 말이다.

총알개미는 생활 습성도 다른 개미와 다르다. 녀석들은 주로 나무 밑동 근처 땅에 집을 짓고 산다. 하지만 둥지 입구 주변 땅에서 먹이를 구하지 않고, 주로 나무를 타고 임관(林冠)*으로 올라가 먹이를 찾는다. 때로는 임관으로 올라가 다른 나무 아래로

* 삼림에서 나무의 가지와 잎으로 구성된 윗부분으로, 숲의 지붕이라 할 수 있다.

내려오거나 무성한 덩굴을 타고 지표면에 내려오는 식으로, 둥지 입구에서 멀게는 60m나 떨어진 곳에서 먹이를 구한다. 이런 행동은 혹시 모를 공격자나 경쟁자에게 군집 위치를 알리는 흔적이나 단서를 남기지 않기 위한 것으로 보인다. 때로는 땅 위가 아니라 나무에 둥지를 마련하기도 하는데, 이런 둥지는 대개 상당한 양의 부스러기와 부식성 물질 속에 자리 잡고 있다. 코스타리카에서는 새로 짝짓기를 한 여왕들이 펜타클레트라 마크롤로바(*Pentaclethra macroloba*)라는 특정 나무 근처에만 둥지를 마련하는 경향이 있다. 여왕들은 화학적 냄새로 이 나무를 찾아온다.[7,8] 이 같은 습성은 지역 조건의 영향을 받은 것으로, 펜타클레트라가 없는 지역의 총알개미들은 다른 나무 근처에 군집을 마련한다.[9]

지독한 침의 명성에 비추어 생각하면 총알개미가 다른 곤충이나 동물을 주로 잡아먹을 것 같지만, 사실 녀석들은 대체로 채식주의자다. 총알개미는 달콤한 수액과 과즙, 그 밖에 잘 알려지지 않은 물질을 임관에서 찾아 먹는다. 하지만 안타깝게도 이런 물질에는 유충이 성장하는 데 필요한 단백질이 없다. 총알개미는 부족한 단백질을 충당하기 위해 포식자 행세를 한다. 녀석들은 다양한 곤충, 거미, 그 밖의 무척추동물을 사냥한다. 심지어 단단하고, 가시가 있고, 물어뜯기까지 하는 잎꾼개미도 잡는다.[10] 먹이 정찰병들은 대개 크기가 15~22mm 정도로, 일개미 중에서도 큰 편에 속한 개체들인데, 먹잇감을 고르는 기준이 까다롭다. 화학적 분비물로 보호받는 다수의 애벌레나 독화살개구리처럼 유독한 동물은 피하고, 개구리 중에서도 해롭지 않은 것만 골라서 사냥하는 똑똑한 녀석들이다.[11]

개체 수가 2,500마리에 이를 정도로 거대한 군집을 이루고 사는 총알개미는 먹잇감이 풍부한 시기가 언제인지 학습하는 능력이 꿀벌만큼이나 탁월하고, 경험과 방향 신호에 근거해 먹잇감 찾는 법을 배운다.[12] 풍부한 먹이원을 발견하면 돌아오는 길에 자신의 복부를 바닥에 문질러 페로몬 흔적을 남김으로써 동료들이 그곳을 찾아갈 수 있게 한다.[7, 13, 14] 심지어 달콤한 용액의 농도와 여행 거리를 계산해서 동료를 소집할 경우의 편익과 비용을 평가할 줄도 안다.[15]

이렇게만 보면 총알개미의 삶이 제법 목가적인 듯하지만 언제나 평화롭기만 한 것은 아니다. 인간과 마찬가지로 총알개미의 적은 같은 총알개미일지도 모른다. 때때로 군집 간에 엄청난 싸움이 벌어지기도 하는데, 이 때문에 자연환경에서는 둥지들이 제법 균일하게 흩어져 있다. 군집 간격이 20m 이내인 경우는 더 떨어진 경우보다 군집 간의 갈등이 빈번하고 사망률도 상당히 높다. 총알개미 군집의 평균 기대 수명은 2.5년에 불과한데, 군집 간의 싸움이 기대 수명을 줄이는 주요 원인이다.[16]

총알개미는 이웃 군집을 제외하면 천적이 거의 없다. 내가 관찰한 바로는 군대개미조차도 총알개미는 건드리지 않는 듯하다.

척추동물이 총알개미를 잡아먹었다는 기록은 1943년 앨버트 바든(Albert Barden)의 보고가 유일하다. 바든은 물 위를 달리는 것으로 유명한 바실리스크도마뱀(basilisk lizard) 여러 마리의 위장 내용물을 목록으로 만들었는데 1,141건의 항목 중에 약간의 총알개미가 있었다.[17] 도마뱀의 위장에서 발견된 총알개미가 살아서 활동하던 정찰병이었는지, 나무에서 떨어져 다친 전투원이었는지는 영원히 알 수 없을 것이다. 우리가 알 수 있는 것은 기껏해야 총알개미를 잡아먹는 척추동물 포식자가 매우 드물다는 사실뿐이다.

나는 두 동료와 함께 코스타리카 과나카스테주의 건조한 숲에서 아프리카화꿀벌을 연구한 적이 있다. 당시 우리는 잠시 휴식을 취할 겸 산등성이 너머 대서양 우림 지대로 모험을 떠났다. 그곳에서 총알개미 일개미를 몇 마리를 채집했고, 과나카스테로 가지고 왔다.

우리가 머무르던 숙소의 저녁 식사 테이블 주변에는 거대한 수수두꺼비(*Bufo marinus*)가 대수롭지 않게 오갔다. 두꺼비는 거리낄 게 거의 없는 포식자다. 무엇인가가 녀석의 눈앞에서 움직였다가는 바로 먹힌다. 1936년에 휴 코트(Hugh Cott)는 평범한 유럽두꺼비(*Bufo bufo*)가 꿀벌을 먹는지 시험해 보았다. 그는 두꺼비가 처음에는 꿀벌을 선뜻 먹었지만, 한두 번 쏘인 뒤로는 학습 효과가 나타나 꿀벌이 그다지 먹을 만하지 않음을 알게 된다고 결론

내렸다. 다른 두꺼비는 꿀벌을 계속 먹다가 다섯 번을 쏘이자 꿀벌을 피했다. 코트의 연구에 따르면 두꺼비는 강인하고, 침에 쏘여도 잘 견디며, 학습 속도가 좀 느리기는 해도 일주일 이내에 모두 꿀벌이 먹잇감으로는 별로임을 학습했다고 한다.[18]

우리는 식탁 주변을 어슬렁거리는 강인한 포식자를 대상으로 총알개미가 녀석의 입맛에 맞는지 시험해 보기로 했다. 별 기준 없이 그냥 몸집 좋은 두꺼비를 택해서 녀석 앞에 총알개미를 던져 주었다. 총알개미를 먹은 두꺼비는 '딸꾹' 하는 소리가 나도록 몸을 떨었으며, 눈이 툭 튀어나오고 입이 벌어졌다. 쏘인 것이 분명했다. 두꺼비는 학습할 것인가? 아니었다. 두 번째 총알개미가 위기를 맞았다. 두꺼비의 반응은 같았다. 이번에는 학습했을까? 아니었다. 세 번째 개미가 갔고, 같은 반응이었다. 녀석은 총알개미 아홉 마리를 연달아 먹었고, 매번 침에 쏘인 반응을 보였다. 애석하게도 이 시점에서 우리에게는 총알개미가 다 떨어졌다. 우리는 두꺼비의 반응을 더 알아보고자 침을 쏘지 않는 곤충을 잡아 던져 주었다. 녀석은 불편한 기색을 조금도 비치지 않고 제물을 해치웠다. 두꺼비는 강인했다. 분명 총알개미의 포식자가 될 가능성이 있었다. 그 저녁의 실험 결과를 보고서로 작성하지는 않았으나 우리는 총알개미를 대적하려면 포식자가 얼마나 극단적이어야 하는지를 확인했다.

어쩌면 총알개미의 생명을 위협하는 가장 큰 장애물은 포식자가 아니라 포식 기생을 하는 작은 파리일지도 모른다. 모기가 사람을 괴롭히듯이 아포체팔루스 파라포네레(*Apocephalus paraponerae*)는 총알개미를 괴롭힌다. 이 파리는 푹 익은 바나나를 좋아하는 평범한 초파리와 크기가 비슷하고, 초파리와 마찬가지로 유전자 연구소에서 곱게 보살핌을 받으며 자란다. 특이하게도 아포체팔루스 파라포네레는 다친 총알개미 위에 알을 낳는다. 이 파리 한 마리가 총알개미 둥지 입구 주변을 계속 맴돌자, 10여 마리 이상의 개미가 재빠르게 둥지 밖으로 나와 그것을 잡으려고 광분했다는 기록이 있다.[19] 또, 총알개미가 다치자 몇 분 안에 어디서인지도 모르게 파리들이 암컷, 수컷 모두 나타났다. 암컷들은 개미 위에 알을 낳고, 구더기들은 그 개미를 먹고 자라 최대 20마리까지 성체가 된다.[20]

그런데 파리들은 어떻게 다친 개미를 그처럼 빠르게 찾아낼까? 단서는 다친 개미가 뿜어내는 냄새에 있었다. 총알개미는 큰 턱샘에 일종의 케톤인 4-메틸-3-헵타논과 그것에 상응하는 알코올을 보유하고 있으며, 상처를 입으면 이 향을 방출한다. 우리는 이 화학 물질이 파리를 유인하는 것으로 가정하고 실험해 보았다. 고도로 정제된 올리브유에 이 물질을 넣어서 냄새가 천천히 방출되는 시스템을 만들고 지켜보았더니, 역시나 파리가 미끼를 쫓아왔다.[21] 아포체팔루스 파라포네레가 먹잇감을 발견하고 이용하는 데 고도로 효과적인 수단을 가졌다는 것은 다친 총알개미가 드물지 않다는 뜻이다. 그리고 총알개미의 주요 사망 원인은 다름 아닌 녀석들 간의 전투다.

~~~~~~~~~~~~

총알개미가 쏘는 침의 위력은 현지 주민들 눈에 띄었다. 아마존 북부에 사는 다양한 원주민은 전통적으로 총알개미를 성인식에 이용해 왔고, 일부 부족은 아직도 옛 방식대로 성인식을 치른다. 총알개미에 쏘인 고통을 견뎌야만 진정한 어른으로 인정받고, 결혼할 자격도 얻는 것이다.

또, 저 멀리 아마존강 상류에 사는 일부 부족은 총알개미 독과 다른 독성분을 섞어서 화살촉에 바르는 독을 만들었다. 이 화살 독은 피부밑에 들어가면 치명적이지만, 먹었을 때는 해가 없다.[2] 독의 성분 중 마비 증세를 일으키거나 조직을 파괴하는 치명적인 성분은 통증과 상관없는 알칼로이드이고, 총알개미의 독은 통증을 일으키는 역할을 하는 것이 아닌가 싶다. 어쨌거나 아마존 사람들은 총알개미의 침과 독이 몹시 고통스럽다는 것을 분명히 알고서 이를 이용했을 것이다.

총알개미의 독은 무척 독특한데, 포유동물에 특히 치명적이어서, 체중 1kg당 1.4mg의 독이면 치사량이고, 총알개미 한 마리당 평균 250μg이라는 엄청난 양을 생산한다.[22] 이 두 가지 수치를
~~~~~~~~~~~~

구체적으로 적용해 보면 총알개미의 침 한 방으로 몸무게 180g의 포유동물, 예를 들면 어린 암컷 노르웨이쥐(Norway rat)* 정도의 포유동물을 죽일 수 있다. 이 같은 살상력은 꿀벌의 3배 이상이며, 흰얼굴왕벌의 8배쯤 된다. 그런데 무시무시한 살상력에 반해 그 독이 세포막과 조직을 파괴하는 능력은 놀라울 정도로 저조하다. 조직 파괴를 알아보는 표준 분석법인 적혈구 파괴 능력을 시험해 본 결과, 10종의 개미 중 총알개미의 독이 꼴찌였다. 총알개미 독의 화학 효과가 어찌나 미미한지 수확개미 독보다 48배 낮았고, 브라질 쌍살벌인 폴리스테스 인푸스카투스(*Polistes infuscatus*)의 독보다 무려 1,200배나 효과가 떨어졌다.[23] 일반적으로 사람이 총알개미 침에 쏘이면 부어오르거나 붉어지는 반응이 거의 없고, 통증이 가라앉은 후 미미한 흔적만 남는데, 그 까닭이 바로 세포막과 조직 파괴 잠재력이 낮기 때문이다.

그렇다면 총알개미의 독은 어떤 성분 때문에 그처럼 치명적인가? 총알개미의 독성분 중 높은 치사율을 설명할 수 있는 요소는 포네라톡신(poneratoxin)이다. 포네라톡신은 25개의 아미노산으로 이루어진 산성 펩타이드로, 혈중 농도가 $25\mu g/\ell$ 정도로 아주 낮은 경우에도 매우 활발하게 작용한다. 포네라톡신이 체내에 침투하면 내장 근육을 장시간 수축시키며, 신경과 근육의 전달 물

* 흔히 시궁쥐, 갈색쥐 등으로 불리며, 인간이 사는 곳이라면 거의 모든 지역에 서식한다.

질이 지속해서 고르게 방출되지 않고 파도치듯이 주기적으로 한꺼번에 방출된다. 바퀴벌레로 실험해 본 결과, 포네라톡신은 신경 신호 전달을 막고, 골격근의 나트륨 통로* 개폐 작용을 방해하는 것으로 밝혀졌다.[24]

나는 포네라톡신이 어떤 작용을 하는지 직접 확인하고 싶어서 공동 연구자인 스티브 존슨(Steve Johnson)이 제공한 극소량의 합성 포네라톡신을 팔뚝에 주사해 보았다. 주사를 놓은 자리에는 작은 물집이 생겼는데, 결핵 검사 때 생기는 물집 크기의 10분의 1 정도밖에 되지 않았다. 물집 반응과 통증은 실제로 총알개미에 쏘인 것과 같았으나, 다행히도 실제로 쏘인 것보다는 증상이 덜했다. 궁금증을 해결하되 심하게 고통받고 싶지는 않아서 포네라톡신을 아주 조금만 주입한 덕분이었다. 다만, 용량이 너무 적었던 탓에 포네라톡신의 작용으로 추정되는 근육 떨림 현상이 나타나지 않았다. 대신 팔을 흔들고 싶은 충동이 일었다.

이 실험으로 총알개미에 쏘였을 때 일어나는 반응과 통증은 대부분 포네라톡신 때문임을 확인할 수 있었다. 물론 다른 원인 요소가 있을 가능성도 남아 있다. 하지만 이 세상에 포네라톡신과 유사한 펩타이드를 가진 개미나 동물은 없다. 포네라톡신은

* 세포막의 전위에 따라 열리고 닫히면서 나트륨을 통과시키는 막 단백질이다. 신경 세포와 근육 세포 등 흥분성 세포의 막에 주로 존재하면서 활동 전위를 발생시킨다.

오직 총알개미만 가진, 진정 독특한 독성 물질이다.

자, 이번에도 근원적인 물음을 던질 차례가 되었다. 총알개미는 무슨 연유로 이토록 강력한 독을 만들었을까? 다른 개미나 침을 쏘는 다른 곤충들은 어째서 이와 유사한 독을 만들지 않았을까? 이 질문에 곧바로 답할 수는 없지만, 독을 만들 수밖에 없도록 작용한 선택 압력이 있었을 것이라는 정도는 어렵지 않게 짐작할 수 있다. 주로 거대한 척추동물이 그런 압력을 가하는데, 똑같이 침을 쏘는 곤충이라 해도 사회성 곤충은 이 같은 압박을 덜 느낀다.

많고 많은 곤충 가운데 오직 총알개미만이 포네라톡신을 진화시킨 까닭은 부분적으로 가계 분류학의 문제이기도 하고, 임의성의 문제이기도 하다. 일단 한 가계에서 어떤 특성이 발달하면 그 가계의 후손은 해당 특성을 쉽게 획득하거나 유전적으로 변형할 수 있다. 꿀벌이나 말벌, 다른 개미의 가계에는 포네라톡신과 유사한 어떤 것이 없었을 것이다. 그러니 포네라톡신 같은 분자를 만들어 내려면 완전히 새로운 진화 과정을 겪어야만 할 것이다. 총알개미의 가계는 약 1억 년 전에 다른 개미와 갈라져 나왔다. 이로 인해 총알개미 종족에는 독자적으로 포네라톡신을 진화시킬 1억 년이 주어졌고, 녀석들은 분명히, 아마도 무작위적인 돌연변이 과정을 거치면서 이 일을 해냈을 것이다.

그렇다면 포네라톡신을 발달시킬 만한 외부의 힘은 무엇이었을까? 열대 우림 지역에서 척추동물 포식자는 포유류든 새나 도마뱀, 개구리든 간에 대부분 임관, 그러니까 숲의 지붕에 산다. 숲속 어두운 땅바닥이나 축축하고 낮은 하층 식물 군락에는 상대적으로 포식 동물이 거의 없다. 척추동물이 숲 지붕에서 활동하는 이유 중 하나는 나무의 잎, 꽃, 과일, 곤충이 대부분 그곳에 있기 때문이다. 이런 자원을 얻으려면 당연히 임관으로 가거나 그곳에 살아야 한다. 그러나 곤충에게 임관은 위험한 장소다. 저녁거리가 풍부한 만큼 저녁거리가 될 가능성도 크다. 임관에 사는 곤충은 대부분 은둔처에 숨어 있거나, 변장하고 몸을 숨기는 능력이 뛰어나거나, 은밀하게 행동한다. 그렇게 살지 않으면 덧없이 단명한다.

더러는 이와 반대로 눈에 잘 띄도록 선명하게 치장하고서 매우 고약하게 구는 녀석들도 있다. 총알개미는 상대적으로 안전한 지상 환경에 집을 짓지만, 임관에서 먹이를 구해야만 한다. 그들은 크고 눈에 잘 띄고 오래 사는데, 이런 특징은 배고픈 새와 원숭이, 도마뱀, 양서류가 득실거리는 환경에서 생존하기에 불리한 요소들이다. 제법 크고 즙 많은 간식거리를 마다할 새나 원숭이는 없을 것이다. 총알개미는 뛰거나 날아서 달아날 수 없고 몸을 숨기기도 어려운 탓에 포식자와 정면으로 맞서야 한다. 이 과제를 해결하는 데 가장 좋은 수단이 바로 포네라톡신이다. 풋내기 포식자가 멋모르고 총알개미를 붙잡았다면 녀석은 그 경험

을 기억하고 다시는 실수를 반복하지 않을 것이다.

총알개미는 포식자의 실수를 줄여 주고자 몇 가지 경고성 신호를 보낸다. 먼저, 녀석들은 몸이 거무스름하고 반짝인다. 이런 빛깔은 먹을 만한 곤충이 아니라는 일반적인 표시다. 두 번째로 녀석들은 요란하게 운다. "나 여기 있으니, 나랑 엮이지 않게 알아서 조심해." 하는 메시지를 소리에 실어 보내는 것이다. 셋째, 녀석들은 4-메틸-3-헵타논과 그 밖의 화학 물질을 만들어 낸다. 포식자가 화학적 신호를 감지해 총알개미를 피하도록 경고를 보내는 것이다.

그러나 이 세 가지 경고에도 아랑곳없이 덤벼드는 포식자가 있을 수 있다. 앞서 언급했던 두꺼비처럼 강한 포식자, 또는 원숭이처럼 영리해서 먹잇감을 꼼짝 못 하게 하는 기술을 배우는 포식자도 있을 것이다. 이 모든 포식자는 임관에 산다. 총알개미는 임관에서 밤낮으로 먹이를 구해야 한다. 그러려면 포식자를 쫓아 버릴 만큼 인상적인 보호 수단을 갖추어야만 한다. 최고의 방어 수단은 두말할 것도 없이 침이다.

사람들은 나에게 침 쏘는 곤충을 통틀어 총알개미 침이 제일 아프다는 것을 어떻게 아느냐고 묻곤 한다. 물론 100% 확신할 수는 없는 문제다. 지금까지 인간은 침 쏘는 곤충을 수천 종이나 연구했지만, 아직 더 많은 곤충을 발견할 여지가 있기 때문이다. 더불어 나를 비롯한 그 누구도 모든 곤충에 일일이 쏘여 보지 않았다. 그러나 나는 여섯 대륙에서 40년 이상 침 쏘는 곤충을 조사하면서 총알개미 침의 고통 수준과 지속성에 근접하기라도 하는 곤충을 한 번도 발견하지 못했다. 남아프리카공화국에서 공포의 대상인 마타벨레개미(matabele ant)와 대왕악취개미(giant stink ant) 등을 찾아냈지만, 녀석들의 침은 총알개미 침보다 온건한 편이었다. 오스트레일리아 사람들은 불도그개미를 끔찍하게 무서워하지만, 나와 다른 연구자들이 쏘여 본 결과, 그 통증은 총알개미 침에는 고사하고 꿀벌 침 수준에도 미치지 않았다. 쇠뿔아카시아개미의 침은 아프기로 유명하다. 그래도 총알개미보다는 훨씬 덜하다. 타란툴라대모벌 침은 몇 분 동안은 총알개미 침만큼이나 아프지만, 통증이 곧 사라진다. 오! 총알개미 침에 쏘였을 때도 통증이 금세 잦아들면 얼마나 좋을까? 소문으로는 콩고에 끔찍하게 아픈 침을 쏘는 개미가 있고, 아마존 유역 서부에도 그런 말벌과 개미가 있다고 한다. 하지만 관련 보고가 아주 적고, 그 소문이 사실이라는 확인이 드물거나 없는 것을 보면, 그들 역시 총알개미 침보다는 덜 고통스러울 것이다. 이와 달리 총알개미에 관한 보고는 거의 보편적으로 침이 얼마나 고통스러운지 상세히 서술하고 있다. 총알개미는 침 쏘는 곤충들의 성배이며, 가장 고통스러운 침을 쏘는 개미임이 분명하다.

총알개미 침이 그토록 아프다는 것을 내가 어떻게 알았는지 궁금한가? 데이터를 얻으려고 일부러 쏘였을까? 당연히 아니다.

그럴 필요조차 없다. 누구라도 총알개미 군집과 엮이면 쏘일 수 밖에 없다. 열대 우림에 대해 잘 모르는가? 조심하라. 어린나무, 덩굴, 나무 지지대에 손을 대는 것은 총알개미에게 쏘아 달라고 청하는 것과 같다. 노련한 사람은 뭔가에 기대기 전에 살피고, 정말 필요하지 않다면 대개는 그 무엇도 붙잡거나 쥐지 않는다. 무심결에 울타리 기둥이나 나무 둥치에 비스듬히 기댔다가는 그 즉시 똑바로 서게 될 것이다.

내가 저 유명한 투칸데라, 그러니까 브라질의 총알개미와 처음 만난 것은 아마존강 어귀, 벨렝이라는 인상 좋은 도시에서였다. 나는 지도 교수인 머리 블룸과 에밀리오 고엘디 박물관의 연구원인 빌 오브랄(Bill Overal)과 함께 오래된 이차림* 안에 있었다. 당시 우리는 페로몬과 독성을 비교 연구하기 위해 개미와 말벌, 특히 침 쏘는 곤충을 많이 채집해야 했기에 숙련된 조교 로메로(Romero)와 동행했다. 로메로는 모든 연구원이 자기 팀에 영입하고 싶어 하는 친구였다. 그는 크고, 강하고, 아무것도 두려워하지 않았다. 불개미 군집이 필요해요. 얼마든지요. 로메로는 불개미가 섞인 흙을 몇 움큼씩 잡아서 비닐 가방에 넣고 남은 개미들은 털어 버렸다. 저 덤불 속에 있는 사회성 말벌의 집이 필요해요.

* 여러 가지 교란(파괴) 요인에 의해 2차적으로 발달한 삼림. 자연림을 일차림으로 부르는 것에 대응하는 개념이다. 인간의 간섭이나 자연재해에 의한 교란의 흔적을 보여 주는 종 조성으로 구분한다.

문제없습니다. 로메로는 벌집을 잡아 또 다른 가방에 집어넣은 다음, 쫓아 오는 말벌을 손바닥으로 쳐서 내쫓았다.

우리는 개미 세계의 순한 거인이자 지구상에서 가장 큰 개미인 디노포네라를 발견했고, 녀석들이 우리 손과 얼굴 위를 기어다니도록 내버려 두었다. 그러고 나서 어린나무 아래에 있는 총알개미 군집을 발견했다. 딱 원하던 것이었다. 총알개미는 흡인기로 빨아들이기에는 너무 컸으므로 나는 녀석들을 30cm쯤 되는 기다란 겸자로 하나씩 채집했다. 어려운 작업이었다. 총알개미는 놀랍도록 빠르고 강하고 민첩하다. 게다가 녀석들은 끈끈하기까지 해서 매끄러운 크롬 겸자에 잘도 달라붙어 손가락 근처로 기어 올라왔다. 나는 겨우겨우 쏘이지 않고 군집 입구에 있는 개체들을 모두 채집했다.

날이 저물고 있었다. 저녁을 먹으러 가기 전에 개미를 더 많이 채집하고 싶었다. 내 한심한 모종삽으로 서둘러 땅을 팠지만 별로 효율적이지 않았다. "로메로, 자네 곡괭이로 이 뿌리를 자르도록 도와줬으면 해." …… "어? 로메로는 어디 있지?" 알고 보니 로메로는 다른 사람들과 함께 안전한 곳에 멀찍이 떨어져 있었다. "로메로, 도와줘!" 로메로가 투입되었으나 곡괭이로 나무뿌리를 몇 번 후려치고는 재빨리 물러났다. 시간이 얼마 없었다. 해는 점점 기울고 개미는 들끓고 있었다. 겸자는 효율이 너무 떨어졌다. 선택권이 없었다. 개미를 손으로 잡아서 빛의 속도로 병 안

에 던져 넣기를 반복했다. 그러나 총알개미도 빛처럼 빨랐다. 정확히 몇 번 쏘였는지 기억나지 않지만, 대략 네 번쯤인 것 같다. 절대적으로 극심하게 고통스럽고 심신이 무력해졌다. 개미는 충분해, 그만!

빌이 다양한 종류의 고기를 긴 칼에 꽂아서 테이블로 가져다주는 브라질 레스토랑을 안다고 했다. 차를 타고 다 같이 식당으로 가는 동안 내 손은 욱신거리다가, 고통의 최고조에 이르렀다가, 약간 나아졌다가, 다시 고통스러워지는 잔인한 파도에 계속해서 휩쓸렸다. 팔뚝은 통제할 수 없을 정도로 위아래로 떨렸다. "그만, 제기랄!" 아무리 노력해도 손과 팔이 떨리는 것을 멈출 수가 없었다. 쏘이지 않은 팔은 멀쩡했다. 쏘인 자리의 피부는 감각이 없었다. 연필 끝으로 찔러도 느낌이 없었다. 아주 세게 누르면 둔하고 깊은 내장통이 느껴졌지만, 그것이 전부였다.

나는 식당에 도착하자마자 얼음을 달라고 요청했다. 그리고 맥주를 주문했다. 얼음은 실제로 고통을 상당 부분 덜어 주었고, 맥주는 기운을 약간 회복하게 해 주었다. 맥주 한 잔을 더 마시자, 얼음찜질을 그만해도 될 것 같았다. 먹음직스러운 음식이 차려졌고, 얼음을 댄 팔로 먹기는 힘들었다. 얼음을 치우고 음식을 탐닉하려 했으나 찬 기운이 사라지자 고통이 다시 시작되었다. 마치 일시 정지 버튼을 눌렀다가 해제한 것처럼 고통은 자기 패턴대로 진행되었다. 다시 얼음을 얹었다. 저녁 식사가 끝났고, 다음 날을 위해 휴식을 취하고 계획을 짤 시간이 되었다. 통증은 그대로였다. 취침 시간, 통증은 여전했다. 잠자리에 드는 것조차 힘들었으나 자정 무렵 겨우겨우 잠이 들었다. 다음 날 아침, 마침내 통증이 사라졌다. 마치 나를 모욕하듯 쏘인 흔적은 거의 남아 있지 않았다.

이후 총알개미 군집을 발굴하러 코스타리카에 갔을 때는 녀석들이 얼마나 효과적으로 자기를 방어할 수 있는지 알게 되었다. 이번에는 서두를 필요가 없었고, 꼼꼼하게 작업해서 많은 개미를 확보했으며, 쏘인 사람도 없었다. 머리 위 덩굴에서 개미 한 마리가 떨어져, 내 볼에 잠시 닿았다가 튕겨 나가기 전까지는 말이다. 그 찰나의 시간에 총알개미는 내 볼을 쏘고 땅으로 떨어졌다. 순식간에 일어난 일이라 독을 주입할 시간이 거의 없었기에 그나마 나았지만, 침은 침이었다. 총알개미는 총알처럼 빠르고 아프다. 우리 인간은 경험으로 그 사실을 빠르게 배운다.

11

꿀벌과 인류

아피스 도르사타는

침 쏘는 곤충 중에서 가장 포악한 녀석이다.

– 로저 모스, 《필리핀의 아피스 도르사타》, 1969

인류는 그 어떤 동물보다 꿀벌과 깊은 애증 관계를 맺고 있다. 꿀벌은 예부터 종교와 신화에 중요한 존재로 등장해 왔으며, 미국에서는 유타주를 상징하는 곤충이다. 이스라엘은 '젖과 꿀이 흐르는 땅'이다. 아, 꿀. 그렇다, 꿀벌은 꿀을 생산하고 사람들은 꿀을 사랑한다. 그래서 사람들은 꿀벌을 사랑한다. 잠깐, 꿀벌은 쏜다! 바로 이것이 우리가 꿀벌과 애증의 관계를 맺을 수밖에 없는 원인이다. 우리가 꿀벌을 사랑하는 것은 녀석들이 꿀을 만들기 때문이다. 그러나 꿀벌은 침을 쏘고, 우리는 그 침을 두려워한다. 이렇듯 애증이 섞인 감정 덕분에 꿀벌은 가장 매력적인 곤충으로 등극했고, 과학계에서 초파리의 뒤를 이어 두 번째로 많이 연구하는 곤충이 되었다.

나는 어릴 적에 일찌감치 꿀벌을 만났다. 정확한 나이는 기억나지 않지만, 어릴 때부터 토끼풀꽃에 앉은 꿀벌을 쏘이지 않고 집어 올리는 법을 알았다. 꿀벌이 쏜다는 것은 알고 있었지만 쏘인 기억은 없다. 내가 처음으로 쏘인 벌은 꿀벌이 아니라 뒤영벌이었다. 뒤영벌 역시 꿀벌처럼 인간에게 사랑받는 곤충이어서 어린아이들의 옷이나 장난감 중에는 뒤영벌의 줄무늬를 흉내 낸 것이 많다. 부드러운 털이 노랗고 까만 줄무늬를 이루며 둥근 몸을 뒤덮고 있는 생김새는 꿀벌보다 더 귀엽다. 이 꽃 저 꽃으로 꿀을 찾아 날아다니는 모습은 또 얼마나 쾌활한가? 게다가 뒤영벌은 꿀벌처럼 공격적이지도 않다. 물론 녀석의 집을 건드리지만 않는다면. 당연히 벌집을 건드리면 큰일 난다. 세상 어느 부모라도 그런 일이 닥치면 집과 새끼를 지키기 위해 출동할 테니까.

그런 줄도 모르고 나는 뒤영벌의 심기를 건드린 적이 있다. 다섯 살 때로 기억한다. 우리 집 뒷마당 한쪽에 낮게 쌓인 나뭇더미가 있었다. 어느 날, 뒤영벌이 그 나뭇더미 안 깊은 곳으로 들락거리는 것을 보고는 녀석들이 어디로 가는지 알아보기로 했다. 사실 내가 뒤영벌을 어떻게 건드렸는지는 기억나지 않는다. 하지만 결과는 확실히 기억한다. 벌들이 나와서 나를 공격했다. 벌 한 마리가 목 뒤에 붙어서 쏘았다. 나는 소리를 지르며 뒷문을 향해 뛰었다. 달리면서도 목덜미에 있는 벌을 찰싹 때렸다. 한 번 쏘면 침을 잃는 꿀벌과 달리, 뒤영벌은 침을 잃지 않고 여러 번 쏠 수 있다. 그날 뒤영벌 한 마리가 내 목덜미를 다섯 번 쏘았다.

그 뒤로는 마당의 뒤영벌을 두 번 다시 건드리지 않았다.

한동안 나는 벌에 관해서는 생각도 하지 않고 늘 그래 왔듯 숲을 탐험하거나 나무에 오르고, 개울에서 놀았다. 그리고 좋아하는 들판과 목초지를 배회하는 일상으로 돌아갔다. 꿀벌보다는 나비처럼 화려한 다른 곤충들에 훨씬 더 관심이 갔다. 그러던 중에 아버지가 재미 삼아 양봉을 시작했다. 처음에는 꿀벌 군집 한두 개로 출발했으나 곧 여남은 개가 되었고, 나중에는 40여 개로 늘었다. 우리 형제들은 자연스럽게 아버지를 도왔고 그 일을 즐겼다. 나보다 두 살 많았던 형이 먼저 자기 벌집을 한 개 가지게 되었다. 나는 형한테 지기 싫어서 이듬해에 벌집을 두 개 가졌다. 좋은 시절이었다. 나는 양봉 동호회에 가입했고, 보이스카우트에서 수여하는 양봉 공로 배지를 받았다. 누나는 '내셔널 허니퀸' 대회에 출전해 '공주(2등)' 타이틀을 차지했다. 형은 손을 벌에 쏘인 후 부어오른 부위가 점점 넓어졌는데, 손부터 시작해 팔꿈치를 지나서까지 부어오르자 양봉을 그만두었다. 우리는 형의 불룩한 팔뚝을 보고 '뽀빠이'라고 놀렸다. 그 시절에 나도 분명 쏘였을 것이다. 하지만 기억나지 않는다. 아마도 고통보다 즐거움이 훨씬 컸기 때문이리라.

꿀벌은 미국항공우주국(NASA)의 눈에 들어 우주로 갔다. 한 번도 아니고 두 번이나! 첫 우주여행은 1982년 3월이었고, 그다음은 1984년 4월이었다. 두 번째로 우주에 갔을 때 꿀벌들은 무중력 환경에서 벌집을 지었는데, 중력이 작용하는 지구에서 지은 것과 같은 평범한 벌집이었다. 그리고 녀석들은 그 벌집 안에 꿀을 저장하고 알을 낳았다.

NASA가 꿀벌을 우주로 보내는 데 관심을 둔 까닭은 꿀벌의 매력적인 생명 활동 방식 때문이다. 꿀벌은 사회성 곤충 중에서도 사회적 진화의 절정에 있다. 이들은 개체 수가 1만 5,000~3만 마리에 이르는 거대한 군집을 이루고 산다. 한 군집의 개체 수는 적게는 1,000마리에서 많게는 6만 마리까지 매우 다양하다. 구성원은 생식 능력 없는 일벌이 대부분이고, 게으름뱅이 수벌(drone)* 이 약간 섞여 있으며, 알을 낳는 여왕은 딱 한 마리만 존재한다. 군집은 다년생이며, 새로운 여왕이 나올 때쯤에 원래의 여왕이 약간의 일벌과 함께 둥지를 떠나 다른 장소에 새로운 군집을 형성하는 식으로 번식한다. 새로운 여왕이 될 공주는 땅콩 모양의 특별한 방에서 로열젤리를 먹고 자라다가 어미 여왕이 떠난 뒤에 방에서 나온다.

말벌류가 대부분 육식 동물인 것과 달리 꿀벌은 엄격한 채식주의자로, 꽃가루와 꿀, 곤충이 만들어 내는 단물 같은 달콤한 액체를 먹는다. 꿀벌의 특기는 배에 있는 밀랍샘에서 분비하는 밀랍만으로 육각형 방을 만드는 것이다. 수학적 단순함과 소재의

* 수벌을 가리키는 영어 'drone'에는 게으름뱅이라는 뜻도 있다.

경제성, 미학적인 우아함까지 겸비한 벌집은 아리스토텔레스와 찰스 다윈을 비롯해 수많은 과학자의 관심을 끌었다. 꿀벌이 기하학적으로 거의 완벽한 벌집을 건설하는 비결이 무엇인지는 오래전부터 인간의 호기심을 자극했고, NASA 역시 이를 궁금해했다. 특히 NASA는 꿀벌이 중력 없이도 완벽하게 방향을 잡고 집을 지을 수 있는지가 궁금했다. 답은 '예스'였다.

꿀벌 집은 다목적 주택이자, 저장 용기이며, 행동 본부다. 꿀은 종이는 물론이고 대다수 물질에 쉽게 들러붙거나 흡수되는 끈끈한 액체다. 하지만 밀랍은 투과하지 못하며, 표면을 따라 흐르지도 않는다. 벌집의 밀랍 방이야말로 완벽한 꿀 저장소다. 동시에 장차 소비할 꽃가루를 저장하기에도 이상적이다. 어린 일벌과 수벌이 자라는 곳도 벌집의 방이다. 여왕은 방 하나에 알 하나를 낳고, 알에서 유충이 나오면 양육 전문 일벌들이 먹여 키우며, 성숙한 유충은 방 안에서 번데기가 되었다가 마침내 성체 벌이 되어 방에서 나온다. 새 구성원이 나오고 나면 벌들은 그 방을 깨끗이 청소해서 재사용한다. 다시 한번 후손을 양육하기도 하고, 꿀이나 꽃가루 저장고로 쓰기도 하며, 훗날에 사용하기 위해 남겨두기도 한다. 이런 용도 외에도 꿀벌은 새로 발견한 꽃이나 달콤한 먹이가 있는 곳으로 파견할 일벌을 모으기 위해 벌집을 활용한다. 벌집은 꿀벌의 생활 공간이자 소통의 플랫폼이요, 비즈니스 장소인 셈이다.

전통적으로 북아메리카와 서부 유럽 문화에서 꿀벌은 달콤한 꿀의 원천, 양초를 만들거나 예술 활동에 사용할 밀랍의 원천으로 사랑받았다. 하지만 다른 문화권에서는 꿀과 밀랍의 원천 이상으로 꿀벌을 소중히 여긴다. 꿀벌 애벌레는 그 자체로 영양 덩어리이며, 벌집 안에 저장된 꽃가루 역시 단백질, 비타민, 미네랄의 보고로 가치가 높고, 프로폴리스(propolis)*는 약이나 위생 관리용으로 쓰이며, 꿀벌의 독마저 건강 증진 및 질병 치료에 이용된다. 그리고 여왕벌의 먹이인 로열젤리는 미용과 건강 증진 효과가 있다는 이유로 높은 가치를 인정받고 있다.[1]

인류 역사상 수렵 채집 사회 대부분이 애벌레, 꿀, 꽃가루에서 나온 영양의 총아로서 벌집을 높이 평가했다.[2] 프로폴리스에는 항균, 항바이러스, 항진균 속성이 있어서 예부터 입과 잇몸, 목구멍에 병이 나면 프로폴리스를 이용해 치료했다. 또 외과 수술용 마취제로 사용하기도 하는데, 일부 안과 수술에 관한 연구 결과를 보면 예전에 보편적으로 사용한 코카인(cocaine)보다 프로폴리스의 마취 효과가 3배 더 강력하고, 가장 널리 이용되는 국소 마취제인 프로카인(procaine)보다 52배 더 강력하다고 한다.[1] 꿀벌의 침과 독은 류머티즘 관절염과 그 밖의 자가 면역 질환을 치료

* 벌이 나무나 수액에서 수집한 물질과 벌의 타액선에서 나온 효소가 섞여 만들어지는 천연 항생 물질. 벌통 내부에 발라서 벌통이 견고하게 유지되도록 사용하는 것으로, 상처 및 염증을 치료하는 데 쓰이며 방부 효과가 있다.

하는 데 전 세계적으로 광범위하게 사용되었다. 동아시아에서는 여성들의 아름다움을 지켜 주는 화장품과 영양 보충제로 로열젤리의 가치가 매우 높다.

꿀은 오래전부터 인류의 건강에 중요한 역할을 해 왔는데, 특히 상처의 감염을 막고 회복을 촉진하는 기능이 있어 심각한 화상을 다루는 데 이용되었고, 회복이 더딘 궤양성 상처를 치료하는 데 중요한 역할을 했다. 최근에는 미국에서도 의학과 꿀을 접목한 '메디허니(MediHoney)'라는 이름의 상처 치료법이 등장했다. 메디허니에 쓰이는 꿀은 뉴질랜드의 마누카꽃에서 나온 것으로, 그 꿀이 상처 치료에 매우 효과적임이 입증되었다. 오랜 속담 중에 돼지를 두고 '꽥 소리 말고는 다 쓴다'는 말이 있는데, 이제 꿀벌에도 적용해서 '붕붕거리는 소리 빼고는 다 쓴다'고 해야 할지도 모르겠다.

북아메리카와 유럽에서 '꿀벌'이라고 하면 대개 꿀벌의 특정 종인 양봉꿀벌(*Apis mellifera*)을 가리킨다. 그러나 양봉꿀벌은 아피스속(*Apis*)의 한 종으로, 아피스속은 흔히 보이는 9종의 꿀벌과 이들 종 안에 속한 다수의 하위 종 또는 품종들의 집합이다. 대왕꿀벌(giant honey bee), 난쟁이꿀벌(dwarf honey bee), 동양꿀벌(eastern hive bee)을 포함한 이들 대부분은 아시아 남부에서 주로 볼 수 있다. 대개 셋 또는 그 이상의 종이 한 지역에 사는데, 그 지역에서 녀석들은 몸 크기에 따라 자원을 나누어 가진다.

대왕꿀벌과 난쟁이꿀벌은 벌집을 허공에 매달아 짓는다. 동양꿀벌은 종종 나무에 난 빈 구멍을 둥지로 활용하며 무리를 이룬다. 아피스 도르사타(*Apis dorsata*)는 두 종류의 대왕꿀벌 중 하나로, 포식자를 만나면 사납게 공격하는 것으로 유명하다. 녀석들은 키 큰 나무의 높은 가지 아래로 길이가 1.5m나 되는 벌집을 짓는다. 더러는 최대 156개의 군집이 한 나무 또는 인접한 나무들에 모여 있기도 하다. 좁은 입구를 통해 드나드는 동양꿀벌과 달리, 대왕꿀벌은 위협을 받으면 벌집에서 쉽게 빠져나와 침을 쏘는 가공할 공격을 즉각 펼칠 수 있다. 군집당 평균 개체 수가 적게는 1만 5,000마리에서 많게는 4만 마리나 되어서 한꺼번에 많은 개체가 공격에 나설 수 있다. 이웃한 군집이 위협을 받으면 방어 공격에 나서는 개체 수가 엄청나게 불어나기도 한다. 20세기 후반의 위대한 꿀벌학자 가운데 한 명인 로저 모스(Roger Morse)가 다음과 같은 말을 남긴 것도 놀라운 일이 아니다. "아피스 도르사타는 침 쏘는 곤충 중에서 가장 포악한 녀석이다."[3]

내가 대왕꿀벌을 처음 만난 것은 동료인 크리스 스타 부부와 우리 부부가 함께 보르네오섬에 있을 때였다. 우리는 키나발루산 근처 코타키나발루 시내에 있었는데, 키나발루는 보르네오섬에서 가장 높은 봉우리로, 고도가 약 4,100m에 이른다. 우리에게는 두 가지 목표가 있었다. 첫 번째는 그 봉우리 꼭대기에 오르는 것이었고, 두 번째는 산을 오르며 그곳에 사는 침 쏘는 곤충을 조

사하는 것이었다. 출발 전날, 우리는 숙소 뒷마당에서 작은 대왕꿀벌 무리를 발견했다. 우리에게는 온전한 벌 작업복 하나, 기다란 연결 손잡이가 있는 포충망 하나, 또 다른 포충망 하나, 손전등, 군대식 녹색 모기장이 있었다. 그 밤은 어두웠고, 어둠은 대왕꿀벌을 채집하기 좋은 조건이었다. 두 사람이 서로 반대쪽에서 손전등을 비추고, 나는 중간의 어두운 곳을 이용해 손잡이를 끝까지 늘인 포충망으로 가지 중간에 있는 벌 떼를 긁어냈다. 성공적이었다. 곧 벌 떼가 폭발한 것만 빼고. 꿀벌 대부분은 포충망 안에 있었으나 100여 마리 남짓한 녀석들이 탈출해서 손전등 빛줄기 쪽으로 로켓처럼 돌진하고 있었다. 큰일이다, 손전등을 든 두 사람은 보호복을 입지 않았다. 즉시 소등! 불빛이 사라지자 녀석들은 방향을 바꾸어 나를 공격하기 시작했다. 다행히 보호복이 잘 버텨 준 덕분에 아무도 쏘이지 않았다. 그날 채집한 것은 여왕벌 없이 1,114마리 일벌과 171마리 남짓한 수컷으로 이루어진 '유순한' 벌 떼였다. 만약 3만 마리의 온전한 꿀벌 군집이었다면…… 상상에 맡긴다.

한때 대왕꿀벌은 꿀벌을 연구하는 과학자나 녀석들과 가까이 사는 사람들뿐 아니라 세계만방에 명성을 떨친 적이 있다. 1981년 9월 13일, 당시 미국 국무장관이던 알렉산더 헤이그(Alexander Haig)는 베를린에서 열린 기자 회견에서 "소련과 그 동맹국들이 라오스, 캄푸치아(캄보디아의 옛 이름), 아프가니스탄에서 치명적인 화학 무기를 사용해 왔다"는 내용을 발표했다. 그 화학 무기는 '노란색 비'처럼 하늘에서 떨어졌다고 한다. 흔히 화학전에서 비행기로 뿌리는 누런색의 액체나 가루 형태의 유독 화학 물질을 '황색비'라고 하는데, 이것을 맞으면 경련과 출혈을 일으키며 죽는다. 당시의 보고에 의하면 그처럼 무시무시한 물질이 라오스 고원 지대의 흐몽족 마을 위로 쏟아졌다고 한다. 이를 두고 미국은 흐몽족이 베트남 전쟁 당시 미군에 조력했다는 이유로 보복을 당한 것이라고 주장했다.

그런데 미국이 화학 무기로 지목한 물질은 트리코테센(trichothecene) 곰팡이 독소였을 뿐, 미 육군이 50종 이상의 샘플을 분석했음에도 화학 무기로 쓰일 만한 물질은 아무것도 나오지 않았다. 처음에 노란 빗물 자국 샘플에서 곰팡이 독소가 검출된 까닭은 미네소타주의 한 연구소에서 일상적으로 분석하던 독소에 샘플이 오염되었기 때문이었다. 하지만 이 실수는 수년 후에야 밝혀졌고, 그동안에 미국 전역의 지역 신문은 물론이고, <네이처(*Nature*)>와 <사이언스(*Science*)> 등 권위 있는 학술지에까지 황색비에 관한 기사와 보고서가 난무했다.

하버드대학교의 매슈 메셀슨(Matthew Meselson)은 그 당시 예일대학교에 있던 토머스 실리(Thomas Seeley)와 팀을 이루어 동남아시아로 직접 가서 황색비를 연구했다. 조사 결과, 그 노란 비는 대왕꿀벌의 똥이었다. 대왕꿀벌은 매일 청소 비상(cleansing flight)

을 하는데, 이때 수천 마리 꿀벌이 동시에 벌집에서 약간 떨어진 곳으로 날아가 배변을 한다. 꿀벌들이 배출한 노란 분비물은 비처럼 지상에 떨어지고, 그것이 닿은 자리에는 노란 흔적이 남는다. 매슈와 토머스는 꿀벌의 비행을 직접 목격했고, 샘플을 채취했으며, 실험실에서 분석했다. 그들이 채취한 얼룩과 미군이 제공한 얼룩이 함유한 것은 독소가 아니라 꽃가루였다.

꽃가루를 먹는 꿀벌이 꽃가루 성분을 함유한 똥을 누는 것은 놀랄 일도 아니다.[4] 그보다는 노란 빗물 자국에 화학 작용제가 있다는 근거가 없는데도 그것이 유독 물질이라는 주장을 뒷받침하느라 터무니없는 시나리오를 계속해서 만들어 낸 정부 당국의 행태가 더 놀랍지 않은가. 결국, 이 사건은 거짓으로 판명되었으나 당국은 아무런 사과도 하지 않았다는 사실 역시 놀랍다.

일본에 사는 동양꿀벌은 종종 '일본꿀벌'로 불리기도 하는데 녀석들은 자기들만의 흥미로운 전쟁 시나리오를 지니고 있다. 이 꿀벌은 아피스 체라나(*Apis cerana*)라는 종으로, 대왕꿀벌보다 훨씬 작고, 북아메리카와 유럽 전역의 양봉 상자에서 볼 수 있는 친숙한 양봉꿀벌보다도 상당히 작다. 이 꿀벌의 전쟁 상대는 미국이나 소련, 흐몽족이 아니라 장수말벌이다. 장수말벌은 침을 쏘는 곤충 가운데 지구상에서 가장 커다란 종으로, 몸무게가 적게는 2g에서 많게는 3.5g까지 나간다. 육중한 주황색 머리와 강력한 침을 가진 이 거대한 왕벌은 다른 왕벌과 말벌, 꿀벌을 잡아먹는다. 녀석들의 거대한 머리는 커다란 턱을 움직이는 근육으로 주로 이루어졌다. 장수말벌은 그 턱으로 무지막지하게 먹이를 깨물어 으스러트린 다음 신속하게 처리한다. 장수말벌의 표적이 된 말벌은 공격을 당해도 겨우 미미한 방어를 할 수 있을 뿐, 대개는 자기 둥지를 버리고 달아난다. 양봉꿀벌인 아피스 멜리페라(*A. mellifera*)는 장수말벌과 정면으로 마주치면 한심하도록 무력하다. 장수말벌 열 마리만 있으면 1~2초마다 꿀벌을 한 마리씩 으스러트리면서 순식간에 수천 마리 꿀벌을 제압하고 벌집을 차지할 수 있다. 장수말벌이 꿀벌을 공격하는 목적은 유충과 번데기를 먹기 위해서다. 성체 꿀벌은 버석거리고, 화학 물질이 가득하며, 껍데기만 클 뿐, 고기는 거의 없다. 그래서 장수말벌은 집을 지키려는 어른 벌들을 도살한 후, 군집에 난입해 즙 많고 먹기 좋은 애벌레와 꿀을 마음껏 먹는다.[5]

일본꿀벌 아피스 체라나는 장수말벌보다 훨씬 작지만, 자기들만의 멋진 전략을 펼쳐 전쟁을 승리로 이끈다. 아피스 체라나가 정탐하러 온 장수말벌을 감지하면 녀석들은 침입자를 공격하는 대신 외부 비행 활동을 전면 중단한다. 그리고 방어 꿀벌들이 경계 태세를 갖추고 군집 입구에 운집해서는 꽉 조여진 단단한 무리를 형성한다. 녀석들은 일부러 벌집 안쪽으로 물러남으로써 장수말벌이 더 안으로 들어오게끔 유도한다. 말벌이 덫에 걸려들면 수백 마리 벌 떼가 순간적으로 공격을 가해 다리, 더듬이, 날개 등 무엇이건 붙들어 말벌이 움직이지 못하게 결박하고 공처럼 에워싼다. 이때부터 진짜 기술이 들어온다. 녀석들은 장수말벌을 쏘지 않는다. 쏘아 봤자 별 효과를 못 볼 공산이 크기 때문이다. 대신 꿀벌들은 체온을 높인다. 꿀벌은 스스로 체온을 조절할 수 있어서 캐나다나 일본 북부처럼 겨울이 긴 지역에서도 벌집 안에서 아늑하게 지낸다. 아피스 체라나는 이 능력에 더해 신진대사의 결과물인 이산화탄소를 가득 내뿜는다. 녀석들은 온도를 최대 45~47℃까지, 이산화탄소 농도를 3.6%까지(인간의 숨과 거의 같은 수준) 끌어 올린다. 이 온도와 이산화탄소의 조합은 50℃까지 견딜 수 있는 꿀벌에는 해를 끼치지 않지만, 꿀벌 공에 갇힌 장수말벌은 높은 온도에 해를 입고 이산화탄소에 중독되어 죽는다. 전투에서 이긴 꿀벌은 죽은 말벌을 내버리고 다시 일하러 간다.[6,7]

오늘날 세계 각지에서 볼 수 있는 친숙한 양봉꿀벌 아피스 멜리페라는 아프리카에도 산다. 녀석들은 침 쏘는 데 거침이 없고 방문객을 불쾌하게 여기는 성향이 있는데, 중앙아프리카 일부 지역에서는 양봉꿀벌의 이 같은 성질을 이용해 코끼리를 쫓아내곤 한다. 왕성한 식욕의 소유자인 코끼리는 야생의 먹잇감뿐 아니라 인간이 키우는 작물도 좋아하게 되었다. 녀석들은 때때로 농장의 울타리를 부수고 들어와 사람과 가축을 위협하며, 귀중한 작물을 먹어 치워 사람들을 굶주리게 한다. 농부들뿐 아니라 꿀벌도 코끼리를 싫어한다. 벌이 집을 지은 나무를 코끼리가 먹어 치우기 때문이다. 코끼리는 피부가 두꺼워서 어지간해서는 상처를 입지 않는다. 그러나 녀석들의 갑옷에도 틈이 있다. 꿀벌의 능력 중 인상 깊은 것 하나를 꼽자면 상대가 사람이건 곰이건 코끼리건 간에 피부의 어느 부분이 취약한지 안다는 것이다. 코끼리의 아킬레스건은 눈과 콧속이다. 벌들은 정확히 그 지점을 목표로 침을 쏜다. 6t이나 되는 코끼리라 해도 꿀벌에 한 번 쏘이면 그길로 줄행랑을 놓고 다시는 근처에 얼씬도 하지 않는다.[8]

아프리카 농부는 코끼리가 꿀벌을 두려워한다는 사실을 이용해 농작물을 지킨다. 작물 근처에 전략적으로 벌집을 두어서 코끼리가 안전거리를 유지하도록 하는 것이다. 코끼리는 영리해서 벌집을 피하는 법을 빠르게 배운다. 또 코끼리는 서로 다른 부류의 사람 목소리를 구별할 줄도 안다. 녀석들은 여성이나 아이들의 목소리를 두려워하지 않는다. 남성 중에서도 캄바족 성인 남성의 목소리를 들으면 별로 두려움을 보이지 않는다. 하지만 마사이족 남성의 목소리를 들으면 겁을 먹고 물러난다. 마사이 부족 구성원들은 자기 영역에 침범하는 코끼리를 창으로 공격하는 경향이 있고, 캄바 부족 남성들은 그렇지 않은 것을 코끼리가 학습했기 때문이다. 사람들은 코끼리와 벌의 관계를 첨단 기술에 접목하기도 했다. 사냥 금지 구역을 벗어나 방황하는 코끼리들을 원래 영역으로 몰고 가기 위해, 붕붕거리는 꿀벌 소리를 내는 작은 드론을 공중에 띄우는 것이다.[9] 오, 꿀벌은 붕붕 소리마저 쓰임새가 있다!

아피스 멜리페라에 속한 다수 품종은 원래 방어적인 성향을 띤다. 하지만 사람들이 양봉에 이용하는 벌들은 좀 더 유순하다. 가축을 개량하듯이 양봉가들도 벌을 치는 과정에서 지나치게 방어적인 군집은 죽이거나 여왕을 교체하는 식으로 길들여 온화한 군집만 이용해 왔기 때문이다. 이처럼 선별적 사육을 100년쯤 지속하자 오늘날의 양봉 상자에는 유순한 벌만 남게 되었다.

그런데 '살인벌'로 불리는 아프리카화꿀벌(Africanized bee)의 선택은 정반대였다. 녀석들은 친숙한 유럽 양봉꿀벌과 비교하면 몸이 더 검지도 않고 크기는 더 작은 편이지만, 크기 면에서 부족한 점을 행동으로 메꿀 정도로 '한 성격' 한다. 아프리카화꿀벌은 잠재적 포식자나 침입자와 맞닥뜨리면 단체로 침을 쏘아 불쾌함을 표출한다. 이는 조상 대대로 사람과 침팬지 등 벌꿀 약탈자에 대항해 침을 쏘는 방어 전략을 펼친 개체가 그렇지 않은 개체보다 더 많이 살아남았기 때문이다. 이런 종류의 선택 압력이 수백만 년 이상 이어져, 오늘날 아프리카에 사는 꿀벌은 고도로 방어적인 곤충이 되었다.

아프리카화꿀벌이 살인벌로 불리기까지의 사연은 대하소설을 방불케 한다. 사건은 약 60년 전에 시작되었다. 애초에 유럽에서 브라질로 들여온 꿀벌은 브라질의 열대와 아열대 환경에서 형편없는 성과를 내고 있었다. 벌들은 꿀을 거의 생산하지 못했고 질병과 포식자에 시달리며 부실한 생존력을 근근이 이어가고 있었다. 그러자 정부는 워릭 커(Warwick Kerr) 박사를 책임자로 임명해 브라질 기후에 좀 더 적합한 꿀벌을 도입할 것을 지시했다. 유능한 벌 과학자이자 유전학자인 커는 곧바로 성과를 냈다. 그는 브라질 일부 지역과 환경이 비슷한 프리토리아, 남아프리카공화국, 탄자니아 인근에서 아프리카 출신 여왕벌 48마리를 들여와 벌집에 자리 잡게 했다. 녀석들은 좋은 성과를 보여 주었다. 그러던 어느 날, 커가 주말을 맞아 잠시 양봉장을 떠난 사이에 현장을 방문한 어느 과학자가 벌집 문을 열었는데, 그 바람에 번식 가능한 벌 26마리가 시골로 탈출했다. 녀석들은 야생에서 활발하게 번성했다. 아프리카 출신 꿀벌답게 포식자, 사람, 애완동물, 가축을 가리지 않고 거칠게 방어하며 빠르게 자기 영역을 확장하더니 1990년에 미국 텍사스 남부에 도달했다.

아프리카에서 온 야생벌들은 북쪽을 향해 여행하는 내내 열대 지역을 통과하며 이동했는데, 어찌나 적응력이 좋은지, 당시 유럽에서 그 지역에 들여왔으나 제대로 적응하지 못하고 있던 꿀벌을 대체하기 시작했다. 아메리카 대륙에는 원래 토종 꿀벌이 없어서 외국에서 들여왔다. 하지만 대부분 유럽 기후에 최적화한 종이다 보니 더운 지역에서 영 맥을 못 추고 있었다. 그런데 아프리카에서 온 새내기들이 '분투하며' 북쪽으로 나아가자 그

동안 빌빌거리는 꿀벌에 익숙했던 사람들은 당황했고, 그런 사람과 포식자들로부터 자신을 보호하기 위해 녀석들은 격렬하게 침을 쏘아야 했다. 그 결과 녀석들은 급한 성미와 공격 성향을 유지한 채 텍사스까지 도달하게 되었다.

아프리카 출신 꿀벌이 탈출하고 녀석들의 기질이 세상에 알려진 이후, 브라질에는 군사 독재 정권이 들어섰다. 진보 성향이었던 워릭 커는 독재 정권을 가감 없이 비판했다. 그러자 정부는 커의 위신을 깎아내리는 방편으로 그가 데려온 벌들을 '아베하스 아시나도스(abejas assinados)'라 불렀다. 1965년, <타임(*Time*)> 지가 이 이름을 포착해 '살인벌(killer bee)'로 번역했다. 이후 아프리카화꿀벌의 이름은 살인벌로 굳어졌다.

그러거나 말거나 커는 그저 자기 할 일을 했고, 계속해서 아프리카화꿀벌을 연구하고 관리법을 개선했다. 1970년에 세계 27위의 꿀 생산 국가였던 브라질은 1992년에 세계 5위에 올랐다. 아프리카에서 온 벌 덕분이었지만 아무도 신경 쓰지 않았다.

'꿀벌' 하면 꿀과 벌침이 동시에 떠오른다. 그러나 우리는 꿀은 좋아해도 침은 좋아하지 않는다. 그리고 벌침에 관해 알고 싶어 하는 것보다 더 많이 알고 있다고 착각한다. 살을 파고드는 가느다란 침의 공학적 특징은 침에서 아주 사소한 일부분이다. 더 중요한 것은 침을 이용해 주입하는 독이다.

우리는 침 쏘는 곤충의 독에 관해 아직 모르는 것이 많지만, 그나마 꿀벌 독에 관해서는 가장 많이 알고 있다. 1950년대 이후부터 과학자들이 꿀벌 독의 화학 성분을 연구하는 데 집중한 결과, 그것이 두 가지 주요 단백질과 여러 가지 미량 성분으로 이루어졌음을 밝혀냈다. 주성분은 작은 펩타이드인 멜리틴(melittin)으로, 이 물질은 꿀벌 독을 제외하고는 자연 어디에서도 발견되지 않는 물질이다. 멜리틴이라는 이름은 양봉꿀벌의 종명 멜리페라(*mellifera*)에서 따왔다.

멜리틴은 26개의 아미노산으로 구성되어 있으며 꿀벌 독 전체의 절반가량을 차지한다. 멜리틴의 특징이 된 첫 번째 생물학적 작용 원리는 적혈구를 파괴하는 놀라운 능력이었다. 이 용혈 작용 때문에 멜리틴에는 '용혈독'이라는 딱지가 붙었고, 그 바람에 이후 과학자들은 '멜리틴' 하면 '용혈 작용'을 자동으로 떠올리게 되었다. 하지만 알고 보면 멜리틴은 적혈구를 파괴하는 것 이상의 일을 한다. 멜리틴은 꿀벌의 독성분 중 침에 쏘인 후 즉각적인 고통을 유발하는 유일한 성분이다. 멜리틴에 이어 두 번째로 풍부한 독성분은 포스폴리페이스(phospholipase)인데, 멜리틴이 이 물질의 작용을 대단히 강화한다. 포스폴리페이스는 심장 근육을 직접 공격하는 독소다. 따라서 멜리틴을 단순한 용혈독으로 정

의하기보다는 통증을 유발하고 심장을 해치는 엄청난 능력을 지닌 '동통 발생 심장 독소'로 정의해야 할 것이다.

단백질 효소인 포스폴리페이스 A2는 꿀벌 독의 약 20%를 차지한다. 포스폴리페이스는 다양한 반응을 간접적으로 유발하고 가벼운 통증을 일으키는 리소인지질(lysophospholipid)을 방출하는 과정에서 세포막의 핵심 성분인 인지질을 파괴한다. 이때 멜리틴이 미량만 있어도 포스폴리페이스가 세포막 인지질을 공격하는 작용이 급격하게 활발해진다. 멜리틴이 없는 상태에서 포스폴리페이스가 얼마나 활발히 작용할 것인지는 확실하지 않다.

꿀벌 독에는 멜리틴과 포스폴리페이스 이외에도 한 무리의 미량 원소가 있는데, 이 중 어느 것도 전체 독의 4% 이상을 차지하지 않는다. 이 가운데 가장 유명한 두 가지는 아파민(apamin)과 MCD-펩타이드다. 꿀벌의 속명인 아피스(*Apis*)에서 이름을 따온 아파민은 일종의 신경독으로 작용한다. 그러나 아파민은 포유동물의 뇌에 주로 작용하는데, 포유동물의 뇌 조직과 혈액 사이에는 생리학적 장벽이 있어서 아파민의 작용을 차단한다. 따라서 벌 독의 아파민은 척추동물에는 대체로 효과가 없다. 또 다른 성분인 MCD-펩타이드는 신체의 비만 세포*에 축적된 물질을 세

* 동물의 결합 조직 가운데 널리 분포하는 세포로, 백혈구의 일종이다. 피부, 장막(漿膜), 혈관 주위, 점막 주변에 있으며 히스타민과 헤파린을 생산해 혈액 응고 저지, 혈관의 투과성 조절, 혈압 조절 등을 담당하고, 알레르기 반응에도 관여한다.

포 밖으로 방출하는 능력이 뛰어난 것으로 잘 알려져 있다. 비만 세포가 방출하는 물질은 고도로 활성화된 혼합 성분으로, 히스타민, 류코트리엔, 사이토카인, 그 밖에 어지러울 정도로 많은 수의 다양한 성분을 포함하고 있다. 이 성분들 때문에 벌침에 쏘이면 피부가 부어오르고 붉어지며 발진 등의 다양한 증상이 나타난다. 침에 쏘였을 때 우리가 경험하는 즉각적인 침 반응에 이 독 성분이 얼마나 크게 관여하는지는, 역시 불분명하다.

꿀벌 침에 관한 공포는 지나치게 과장된 경향이 있다. 꿀벌 침을 주제로 이야기할 때는 거의 언제나 벌침 알레르기 이야기가 거론되는데, 통계적으로 보면 꿀벌에 쏘여 알레르기 반응으로 죽을 가능성보다는 낙뢰에 맞아 죽을 가능성이 더 크다. 살인벌에 관한 공포와 두려움은 더 심하다. 그런데 사람들이 살인벌을 두려워하는 까닭은 치명적 알레르기 반응이 일어날 약간의 가능성 때문이 아니다. 그보다는 인체에 독이 대량 주입되어 사망에 이를까 봐 두려워한다. 이 문제 역시 통계를 살펴보면, 1990년에 살인벌이 미국에 도착한 이래, 벌 떼의 공격이 사망의 직접적인 원인이었다고 입증된 믿을 만한 사례는 6~8건에 불과하다. 벌과 연관된 나머지 사망 사건의 원인은 알레르기 반응이었다.

레슬리 보이어(Leslie Boyer)와 나는 일반적인 사람이라면 몸무게 1lb(파운드, 1lb=약 0.45kg)당 여섯 번 침에 쏘이는 것을 견딜 수 있고, 의학적 도움 없이도 살 수 있음을 입증했다. 단, 1lb당 열 번 침에

쏘이는 것은 치명적일 수 있다. 따라서 몸무게가 170lb(약 77kg)인 사람은 침에 1,000번 쏘여도 견딜 수 있다.[10] 혹시 모르니 횟수를 반으로 줄인다 해도 500번 이하로 쏘이면 심각한 독성 위험에 노출되지 않을 것이다. 그러나 알레르기 반응에 의해서라면 100번, 또는 단 한 번만 쏘여도 사망에 이를 수 있다. 대규모 벌 떼의 공격으로 사망했다고 주장하는 사례들을 면밀하게 조사해 보면 대다수 사망 원인은 독성 자체가 아니라 알레르기 반응이다.

어쨌거나 살인벌이 미국에 도착한 이후, 독성 물질이 체내에 주입되었을 때 해독제가 긴급하게 필요하다는 사실이 분명해졌다. 뱀에 물리거나 전갈에 찔렸을 때 해독제가 생명을 구하는 것과 마찬가지로, 벌 독을 중화할 해독제를 생산해 생명을 구하자는 아이디어가 나왔다. 그래서 말을 이용해 뱀독에 견디는 예방 항체를 개발한 것처럼, 동물을 이용해 꿀벌 독 예방 항체를 생산하려는 시도가 있었다. 결과부터 말하자면, 실패했다. 포스폴리페이스와 히알루로니다아제를 포함하여 알레르기를 일으키는 주요 독 성분에 대해서 성공적으로 항체가 형성되었지만, 이것만으로는 부족했다. 추측건대 멜리틴이 항체 생성을 쉽사리 허용하지 않는 것이 주요 원인일 듯하다. 다른 독성분에 대한 항체가 충분해도 동물이나 양봉가에게서 생성된 멜리틴 항체가 의미 있는 수준으로 포함되지 않았다면, 당연히 그 약품으로 멜리틴을 중화할 수 없을 테니까.

꿀벌의 독성분 중 희생자를 사망에 이르게 하는 물질은 과연 무엇인가? 이 물음의 답을 구하기 위해 연구자들은 꿀벌의 독성 물질인 멜리틴, 포스폴리페이스, 아파민에 대하여 개별적인 치사율 실험을 했다. 실험 결과 아파민은 치사율이 낮았고, 꿀벌 독에 포함된 양도 매우 적었다. 따라서 아파민은 용의선상에서 제외되었다. 포스폴리페이스는 꿀벌의 독성분 중 단독으로 가장 치명적인 물질이지만, 함유량은 멜리틴의 3분의 1밖에 되지 않는다. 진짜 범인을 가리기 위해 이번에는 재조합 실험을 해 보았다. 순수한 멜리틴과 순수한 포스폴리페이스를 자연 상태 비율 그대로 3:1로 재조합해 실험한 결과, 두 성분이 함께 있을 때의 살해 능력은 멜리틴이 단독으로 있을 때와 같았다. 즉, 포스폴리페이스는 전체적인 치사율에 여느 비활성 단백질 정도로만 관여할 뿐이고, 멜리틴의 작용을 강화하지 않았다. 두 성분은 상호 독립적으로 작용하고 있었다.

쥐를 대상으로 실험해 본 결과, 포스폴리페이스는 폐에 액체와 혈액이 고이게 해서 죽이고, 멜리틴은 심장 박동을 멈추어서 죽이는 것으로 밝혀졌다. 그런데 두 물질을 결합해 실험한 쥐를 부검했더니 심장은 멈추었고 폐는 깨끗하게 남아 있었다.[11] 이제 답이 나왔다. 죽음을 부르는 물질은 멜리틴이다. 현재의 해독제에는 멜리틴에 대한 항체가 없다. 멜리틴을 중화할 수 없으니 해독제가 듣지 않는 것이다.

새로운 벌이 등장하자 '그 벌의 침과 독은 우리가 아는 평범한 꿀벌과 어떻게 다른가?' 하는 의문이 생겨났다. 심리적으로 만족스러운 예상 답변은 살인벌의 침과 독이 일반 꿀벌보다 더 아프고 유독하리라는 것이었다. 하지만 꿀벌 옹호자들은 그 둘이 똑같다고 자신 있게 주장했다. 어느 쪽이 옳을까? 나는 알레르기 전문 의사인 미하엘 슈마허(Michael Schumacher)와 생체공학자인 네드 에겐(Ned Egen)의 도움을 받아 이 문제를 함께 풀어 보기로 했다. 먼저, 독성분을 조사해 보니 살인벌과 양봉꿀벌의 독은 유사했다. 다만, 멜리틴과 포스폴리페이스의 비율이 주로 달랐고, 쥐에 대한 반수 치사량 값은 같았다.[12] 또 살인벌 침이 더 아플 것이라는 직관과는 반대로 양봉꿀벌 침이 더 아프다. 그 이유는 독의 전체 양에 따른 차이가 아니라 통증 유발 요소인 멜리틴이 양봉꿀벌의 독에 더 많기 때문으로 짐작된다. 살인벌은 몸집이 더 작기는 하지만 양봉꿀벌과 거의 같은 양의 독을 생산한다. 실험 대상을 다른 종의 꿀벌까지 넓혀 본 결과 대왕꿀벌, 동양꿀벌, 난쟁이꿀벌과 3종의 양봉꿀벌 모두 쥐에 대해 똑같은 치사율을 보였다.[11] 다양한 꿀벌이 만들어 내는 독은 주로 양에서 차이가 났는데, 대왕꿀벌은 난쟁이꿀벌보다 8배나 많은 독을 생산했다. 그러나 독의 성분은 모두 놀라울 정도로 유사했다. 살인벌과 양봉꿀벌의 독성은 같다는 전문가들의 생각이 옳았다.

~~~~~~~~~~~~

내가 꿀벌에 처음 쏘인 것이 언제인지, 지금까지 몇 번이나 쏘였는지, 정확히 기억나지 않는다. 아마도 1,000번쯤은 쏘인 것 같은데, 25년 동안 살인벌을 연구한 사람치고는 적게 쏘인 편이다. 쏘인 횟수가 적은 이유를 꼽아 보자면, 첫째는 꿀벌 침이 지루하기 때문이고, 둘째는 내가 쏘이는 것을 좋아하지 않기 때문이며, 셋째는 늘 주의를 기울이기 때문이다. 침이 지루하다는 말에 의문을 제기하는 사람이 있을지도 모르겠다. 핼러윈 사탕을 많이 먹다 보면 며칠 뒤에 질리듯이, 같은 종에 계속 쏘이는 것도 얼마 후면 따분해지기 마련이다. 그래도 벌을 다룰 때 방심하는 것은 금물인데, 한번은 지나치게 안이한 태도로 양봉 작업을 하다가 100여 마리 벌 떼의 공격을 받았다.

그날 나는 도우미 한 명과 함께 벌통을 하나씩 들어서 몇 미터 떨어진 장소로 옮기고 있었다. 우리는 방충복을 입고 머리에는 복면포를 쓰고 있었지만 무거운 벌 장갑은 끼지 않았다. 벌 장갑을 끼면 작업을 민첩하게 할 수 없기 때문이었다. 큰 실수였다. 우리가 벌통 하나를 들어 올리는 순간에 바닥 부분이 떨어졌는데, 여차하면 벌집 전체가 땅에 떨어져 산산이 깨질 판이었다. 우리는 노출된 바닥을 붙잡고 벌집 몸통을 들어 올렸다. 100여 마리 벌들이 벌집과 내 왼손 사이에 떼를 지어 있었다. 철썩, 벌침

~~~~~~~~~~~~

에 쏘였다. 많이 쏘였다. 다 합쳐서 50여 번쯤 쏘였다. 그래도 벌집은 무사히 옮겼다. 그렇다, 꿀벌에 쏘이면 아프지만, 못 견디고 벌집을 떨어뜨릴 정도는 아니다. 아이들이 듣기에 부적절한 말을 5분쯤 내뱉은 뒤에 모든 것이 괜찮아졌다. 다음 날 손이 부어오른 것만 제외하고.

침 쏘는 벌을 만난 경험 중 가장 무서웠던 일은 새로 도착한 살인벌을 보러 코스타리카에 갔을 때였다. 그날은 양봉 가정에서 자라난 기술자 스티브(Steve)와 동행했는데, 그는 양봉 용품 판매점을 운영했고, 내가 아는 누구보다 경험이 풍부하고 기술이 뛰어났으며, 그만큼 자신감이 넘쳤다. 우리는 방충복을 입고 있었다. 날씨는 좋지 않았다. 수평선에 폭풍이 일고 있었다. 우리는 조심스럽게 살인벌에 접근했다. 녀석들과의 거리가 25m 이내로 좁혀졌을 때, 허튼짓을 용납하지 않는 벌 떼가 우리를 맞이했다. 몇 마리가 스티브의 장구를 뚫고 복면포 안으로 들어갔다. 그가 벌을 몰아내려고 버둥거리다가 실수로 머리 보호용 헬멧을 건드렸는데, 헬멧이 삐뚜름하게 기울자 그 틈으로 더 많은 벌이 들어왔다. 스티브는 겁에 질려 어쩔 줄 모르고 달아났다. 어찌해야 할지 몰랐던 나도 곧바로 그의 뒤를 따라 달아났다. 교훈을 얻었다. 살인벌을 다룰 때는 절대로 복면포가 모자와 면포로 나뉜 제품을 착용하지 말 것. 항상 일체형 복면포를 사용하고, 버둥거리다가 부딪쳐서 떨어질 수 있는 모자가 달린 것은 피할 것.

사람들은 나에게 벌침 중에서도 최악의 침은 어떤 것이었느냐고 묻곤 한다. 최근까지 나는 '코나 윗입술에 쏘인 침'이라고 대답했다. 코에 침을 쏘이면 언제나 연속적으로 재채기가 나온다. 이유는 아무도 모른다. 아마 콧속의 이물질(벌)을 내보내기 위한 반응으로 재채기가 나오는 것 같다. 코나 입술에 쏘이면 정말 아프다. 특히 입술을 쏘이면 알레르기 반응이 아니어도 예외 없이 부어오른다.

코스타리카에 머물 때, 말벌 덕분에 동료들에게 즐거움을 선사한 적이 있다. 물론 내 의지와는 상관없이 순전히 말벌 탓이었다. 우리는 방어 능력이 뛰어난 것으로 소문난 폴리비아속(*Polybia*) 사회성 말벌의 집을 우연히 발견했다. 그 벌집에서 10cm쯤 떨어진 곳에는 미스코치타루스속(*Mischocyttarus*)의 작은 벌집이 있었다. 녀석들이 폴리비아의 둥지 옆에 집을 지은 까닭은 이웃 '큰 언니'의 방어 능력 덕을 보기 위해서였다. 나는 작은 위성 둥지에 사는 벌을 한 마리 잡아서 녀석의 정체를 확인하고 싶었다. 목표를 이루려면 큰 둥지를 건드리지 않아야 한다. 조심스럽게 다가가 흡인기로 작고 얌전한 말벌 한 마리를 빨아들이려 시도했으나, 작고 얌전한 말벌 대신 작은 악동이 둥지에서 날아와 윗입술 오른쪽을 쏘았다. 아야. 그날 저녁 식사 자리에서 동료들은 내 오른쪽 윗입술이 통통하다고 놀리며 즐거워했다. 그다음 날은 꿀벌 한 마리가 복면포 안으로 들어와 윗입술 왼쪽을 쏘았다.

저녁 식사 때 동료들은 내 부은 입술이 대칭을 이루었다며 기뻐했다.

코나 입술에 쏘이면 정말 아프지만, 그것이 최악은 아니었다. 나는 아내와 함께 2인용 자전거를 타고 달리다가 진짜 최악의 침을 경험했다. 그때 나는 공기를 더 많이 들이마시려고 입을 벌리고 있었는데 하필이면 꿀벌 한 마리가 날아들어 혀를 쏘았다. 극심한 고통이었다. 혀를 깨문 것보다 훨씬 더 아팠다. 정말, 정말, 정말로 아팠다. 그 어떤 다른 꿀벌에 쏘인 것보다 훨씬 더 심했다. 나는 자전거를 멈추고 내려 바위에 앉아 손으로 얼굴을 감쌌다. 영원 같은 3분이 지난 후 그럭저럭 다시 자전거를 탈 수 있었다. 교훈을 얻었다. 자전거 탈 때는 입을 다물 것.

같은 침이라도 어느 부위에 쏘였는지에 따라 통증 정도가 다르다. 이것이 바로 곤충 침 통증 지수를 4등급으로만 설계한 이유다. 꿀벌에 손등을 쏘이면 통증 지수가 1.5 정도인 반면, 혀에 쏘이면 3 정도로 올라간다. 그래서 서로 다른 부위의 수치를 조합해서 평균값인 2로 통증 지수가 정해진다.

침에 쏘인 부위에 따라 통증 강도에 차이가 있다는 내 말에 주목한 사람이 있었다. 코넬대학교 대학원생이던 마이클 스미스(Michael Smith)는 이 주제를 좀 더 면밀하게 시험해 보기로 했다. 그때까지 내가 기록한 통증 지수는 다양한 부위를 쏘인다는 계획이나 체계적인 설계 없이, 일상에서 침에 쏘인 경험을 바탕으로 통증 정도와 쏘인 부위를 적은 것이었다. 즉, 나는 자연스럽게 일어난 일을 기록했을 뿐이다. 하지만 마이클은 달랐다. 그는 신체 부위 25군데를 꿀벌에 쏘인 뒤 통증 수준을 체계적으로 시험하겠다는 계획을 세웠다. 마이클은 실험의 정확성을 높이고, 벌의 나이와 주입된 독의 양이라는 변수를 통제하기 위해 벌집 입구에 있는 동일한 문지기벌 무리에서 벌을 골랐고, 선정된 신체 부위에 녀석들을 놓은 후, 60초 동안 벌이 쏘도록 했다. 그리고 1~10등급으로 통증을 기록했다.

그는 6주에 걸쳐 매일 검증용 침에 세 번, 그리고 보정용 침에 두 번씩 쏘여서 결과적으로 각 위치가 총 세 번씩 침에 쏘이도록 했다. 선정된 위치는 위쪽 팔, 팔뚝, 손목, 가운뎃손가락, 허벅지, 종아리, 발등, 가운뎃발가락, 등 아랫부분, 목, 머리, 윗입술, 코와 같이 일부 예상 가능한 부위도 있었고, 엉덩이, 유두, 음낭, 음경 등 일부 전례 없는 위치도 있었다. 쉽게 짐작할 수 있듯 후자의 위치가 대중의 관심을 훨씬 많이 받았다.

마이클의 연구 결과, 통증 수준의 범위는 2.3~9까지 분포했고, 내가 예상했거나 경험했던 것과 비슷했다. 가장 낮은 등급을 받은 부위는 발가락, 팔의 윗부분, 그 밖에 팔과 다리의 여러 부분이었다. 당연하게 코, 윗입술, 손바닥은 최고의 고통을 유발하는 부위에 속했다. 중요 부위는 통증 수준이 훨씬 높아서 거의 최고에 가까웠다. 단, 유두는 그 예외로, 다른 중요 부위보다 3분의 1

정도 낮은 수준의 통증이 일었다.[13] 마이클의 연구는 꿀벌 침 통증 과학을 새로운 경지로 끌어올렸다.*

~~~~~~~~~~~~~

인간과 꿀벌은 오랜 세월에 걸쳐 진화적 공생 관계를 맺어 왔다. 공생이란 서로 다른 두 종류의 유기체가 전반적으로 둘 모두에게 이익을 주며 함께 사는 것을 뜻한다. 대표적으로 개와 사람, 사람과 양이 공생 관계에 있으며, 우리 장에 있는 일부 박테리아 역시 우리와 공생한다. 인간 곁에 살면서 위협을 경고해 주고, 주인을 지켜 주며, 목동이 양 떼 모는 것을 도와주던 개는 어느덧 우리의 동반자가 되었다. 우리 역시 개를 위해 보금자리를 마련해 주고, 먹이를 주며, 녀석들을 보호해 줌으로써 이익을 준다. 결과적으로 개와 사람 모두가 이득을 본다. 양과 인간의 관계도 그와 같다. 양은 인간에게 양털과 고기를 준다. 우리는 양을 보호해 주고 목초를 준다. 우리 소화계에는 비타민K를 합성하는 박테리아가 있다. 귀중한 비타민K를 공급받는 대신 우리는 박테리

* 저스틴 슈미트와 마이클 스미스는 이 연구로 2015년 이그노벨 생리학상을 받았다. 이그노벨상(Ig Nobel Prize)은 노벨상을 패러디한 것으로, 기발하고 웃긴 연구나 업적에 대해 주는 상이다. 1991년, 하버드대학교의 유머 과학 잡지사에서 과학에 대한 대중의 관심을 불러일으키기 위해 제정했다.
~~~~~~~~~~~~~

아가 살아갈 장소를 제공하고 먹을 것도 준다.

자연에는 공생이 흔하다. 꿀벌과 꽃을 보라. 꿀벌은 꽃에서 먹이와 필요한 자원을 얻는 대가로 식물의 꽃가루를 이 꽃 저 꽃으로 옮겨 번식을 돕는다. 쇠뿔아카시아개미와 아카시아나무도 서로 이득을 보는 공생 관계다. 아카시아나무는 자기 몸을 개미의 집과 먹이로 제공한다. 개미는 나뭇잎을 뜯어 먹으려는 초식동물을 쏘고, 아카시아나무와 경쟁 관계에 있는 식물을 씹어 먹음으로써 아카시아나무를 보호한다.

인간과 꿀벌도 분명 중요한 공생 관계를 맺고 있다. 그러나 우리는 다양한 공생을 논하면서도 오랫동안 그 사실을 간과해 왔다.[14] 인간은 달콤한 꿀을 제공하는 꿀벌을 친구로 생각하는 동시에 따끔한 침을 쏘는 녀석들을 적으로 생각하기도 한다. 다만, 우리는 대체로 인간과 꿀벌이 매우 친밀하다고는 생각하지 않는다. 그리고 실제로도 그렇게 친밀하지는 않다. 그러나 꿀벌은 길고 화려한 역사를 인류와 함께했다. 그 역사는 수백만 년을 거슬러 올라가며 꿀벌과 영장류, 특히 침팬지와 우리의 조상이 연관되어 있다.[2] 꿀벌과 영장류는 둘 다 꿀을 사랑한다. 벌은 에너지원인 먹잇감으로 꿀을 사랑한다. 우리는 에너지원이자 달콤한 감미료로 꿀을 사랑한다. 지키려는 자와 빼앗으려는 자 사이에는 다툼이 있을 수밖에. 꿀벌 침의 진화는 곤충과 포식자 사이에 벌어진 무기 경쟁의 특별한 사례라 할 수 있다.

꿀벌은 대부분 작은 식충성 영장류를 포함한 다수의 잠재적 포식자를 앞질러 진화해 왔다. 벌에 침이 없었다면 작은 식충성 영장류는 아마도 벌을 포식했을 것이고, 막대한 꿀과 단백질 저장고를 약탈하려고 무던히 애쓸 필요도 없었을 것이다. 하지만 꿀벌은 일찌감치 방어 무기를 지녔고, 고릴라, 난쟁이침팬지, 개코원숭이 같은 여러 거대 영장류에 대해서도 승리를 거둔 것으로 보인다. '벌꿀오소리'라고도 불리는 라텔은 영장류를 제외하고 아프리카에서 꿀벌을 먹는 주요 포식 동물 가운데 하나다. 이런 포식자는 꿀벌의 독과 방어 행동이 진화하도록 이끈 동력이었다. 특히 아프리카에서는 라텔과 영장류 동물이 꿀벌 방어 행동 진화에 가장 큰 영향을 끼쳤다. 인류가 그 자리를 차지하기 전까지 말이다.

침팬지와 인류는 오래전부터 꿀벌의 자원을 이용해 왔고, 지금도 마찬가지다. 탄자니아 하드자 부족의 꿀 채집꾼과 수십 년을 함께 보낸 인류학자 프랭크 말로(Frank Marlowe)는 "인류가 2만 년 전의 동굴 벽화에 등장한 것보다 더 오래전부터 꿀을 채집해 왔다고 상상하기가 쉽지는 않지만, 그렇지 않다고 장담하기도 어렵다"는 말을 남겼다. 그의 말처럼 현대 인류보다 앞선 초기 사람속(*Homo*) 혈통들은 수백만 년 동안 꿀과 애벌레를 이용하고 있었다.

멀고 먼 옛날 조상 인류와 꿀벌의 관계는 두 가지 이유에서 특별하다. 첫째, 모든 사회성 벌목 곤충 가운데 꿀벌은 다른 어떤 종보다 훨씬 많은 자원을 저장한다. 유충과 번데기, 꽃가루는 물론, 달콤하고 열량도 높은 막대한 양의 꿀이 보관된 벌집은 풍부한 단백질과 지방의 저장고다. 이런 저장고를 가진 동물은 꿀벌이 유일무이하다. 둘째, 침팬지와 인류는 벌이 활동하는 환경에서 가장 지능적으로 대응하는 동물이다. 이 두 가지 특성이 만나자 거물들 간의 진화적 투쟁의 장이 마련되었다. 그 결과, 꿀벌은 침이라는 무엇보다 강력한 방어 수단을 소유하게 되었고, 인류와 침팬지는 그 어떤 포식자보다 정교한 방식으로 꿀벌 자원을 활용하는 수단을 갖게 되었다.

이처럼 양쪽 모두가 최고의 경지에 오르게 된 것은 양쪽 모두에 극단적 선택 압력이 작용했기 때문이다. 벌들은 살아남기 위해 효과적인 침과 독을 진화시켜야만 했다. 조상 인류는 벌집의 풍부한 단백질과 에너지를 활용하기 위해 군집의 방어를 뚫고 침에 쏘여도 견디는 법을 배워야 했다. 인류나 침팬지가 꿀벌 침에 대한 생리적 저항성을 진화시켰다는 근거는 없다. 그러나 침에 쏘인 고통에 대해서는 심리적 저항성을 발달시킨 것 같다. 그리하여 침팬지와 인류는 고통스러울 것이라고 엄포를 놓는 침의 경고를 무너뜨렸다. 침팬지와 인류는 여남은 번, 심지어 수백 번 침에 쏘여도 별 해가 없다고 여기게 되었고, 귀찮게 침을 쏘는 벌을 그저 철썩 치기만 할 뿐 별다른 저항을 하지도 않는다.

1986년, 침팬지를 직접 관찰하는 데 헌신한 영국의 과학자 제인 구달(Jane Goodall)은 다음과 같이 썼다. "침입자들은 그저 앉아서 꿀을 먹었다. 벌에 둘러싸인 채, 그저 때때로, 달려드는 벌을 찰싹 때리기만 할 뿐이었다. 비록 다소 광적이긴 했지만 말이다. 작은 새끼 침팬지 두 마리는 어미한테 꼭 매달려서 훌쩍이며 어미의 가슴팍에 얼굴을 파묻었다. 나중에 그 암컷은 자기 몸에서 침을 빼내느라 얼마간의 시간을 보냈다. 또 한 어미는 털 손질 시간에 새끼의 몸에서 침을 빼내기도 했다."[15] 꿀을 얻을 수 있다면 어려움을 극복하는 정신력이 생긴다. 그러나 벌침에 대한 심리적 저항성이라고 해서 어찌 한계가 없겠는가? 벌 떼의 대규모 공격은 때로 사람을 죽이고 침팬지를 달아나게 한다. 제인 구달의 기록을 더 살펴보자. "아홉 번은 침팬지들이 꿀을 한두 주먹 먹은 후 벌 떼에 쫓겨 달아났고, 또 아홉 번은 꿀을 먹지도 못하고 달아났다."[15]

꿀벌과 포식자 사이의 군비 경쟁은 오늘날에도 계속되고 있다. 꿀벌 독의 특징과 녀석들의 방어 행동 그리고 인류와 조상 인류의 약탈 행동에 그 근거가 있다. 먼저, 꿀벌의 적응 양상을 살펴보자. 꿀벌의 침 시스템은 꿀벌 몸에서 쉽게 빠져나와 목표물의 살에 박힌 채 그대로 남는다. 이것은 침을 쏘는 곤충 중에서도 이례적이다. 꿀벌 침에는 날카로운 역방향 미늘이 있어서 피부에 박힌 침을 제거하기가 어렵다. 벌의 몸에서 빠져나온 침 장치는 독립적이고 자족적인 독 시스템으로서, 독주머니와 독을 주입하는 데 필요한 근육계는 물론, 침의 움직임과 독의 방출을 통제하는 신경절까지 갖추고 있다. 침에 쏘인 포식자는 자기 피부를 찌르고 있는 벌을 발견해 빠르고 쉽게 털어 낼 수는 있겠지만, 살에 단단히 박힌 아주 작은 침을 알아차리거나 제거하기는 어려울 것이다. 대개 꿀벌은 1회분의 독을 전부 주입하기도 전에 들켜서 털려 나간다. 하지만 포식자의 살에 남겨 둔 침이 계속해서 작동해 남은 독을 전부 주입한다.

한편, 꿀벌은 침 독에 기반을 둔 경고성 페로몬을 이용해 수백 또는 수천의 벌집 동료와 인근 군집의 다른 벌을 활성화하고, 방향을 알리고, 대규모 공격을 감행하도록 자극한다. 또 꿀벌은 포식자의 눈과 코-입 주변, 즉 상대의 가장 취약하고도 잠재적으로 치명적인 두 부분을 겨냥해 공격한다.[10]

마지막으로 꿀벌의 독은 곤충의 독 중에서도 최상위권에 들 만큼 치명적일 뿐 아니라 생산량도 많다. 이렇게 많은 양의 독을 생산하고 침을 쏘는 개체가 대규모로 운집하면 그 군집은 대량 살상 능력을 갖추게 된다. 예를 들어, 3만 마리 규모의 군집에서 일벌의 절반이 공격에 나서 침을 쏘면, 그 독으로 총 820kg에 해당하는 포식자의 절반가량을 죽일 수 있다. 이 정도면 성인 10여 명의 목숨을 위협하기에 충분하다. 이 때문에 사람들은 대개 꿀벌 자원을 직접 수확하지 않고 전문가에게 맡긴다.

그렇다면 침팬지와 사람 혈통 쪽에서는 어떤 적응 양상을 보일까? 침팬지는 벌집에 접근하고 꿀을 손에 넣기 위해 도구를 사용한다. 대개 다양한 막대기, 꿀을 파내고 찍어 먹기 위한 나뭇가지와 나뭇잎 스펀지로 구성된다. 초기 조상 인류인 호모 에렉투스(*Homo erectus*)는 일상생활에서 침팬지보다 더 정교한 도구를 사용했고, 그 덕분에 아마 좀 더 효율적으로 꿀을 얻었을 것이다.[16] 오늘날 인간은 꿀벌 군집을 약탈하는 데 별의별 도구를 다 사용한다. 사다리, 밧줄, 망치, 암벽 등반용 못, 몸에 매는 벨트, 채집한 벌집을 담을 용기 등은 기본이고, 최근에는 혼합 철제 양봉 기구, 벌집 상자, 벌침에 강한 방충복, 필요한 만큼 연기를 피워 내는 훈연 상자 등을 목록에 추가했다. 인류가 꿀벌 자원을 관리하고 성공적으로 활용할 수 있었던 데는 말과 글을 모두 이용해 학습하고 문화를 전달한 것이 중요하게 작용했다. 마찬가지로 침팬지가 도구를 이용해 개미를 낚는 방법을 학습하고 문화적으로 전파한 것을 보면 녀석들도 꿀벌을 활용하는 방법을 학습하고 전파할 수 있었을 것이다.[17]

꿀벌에 대한 인류의 적응 양상 중에는 다른 동물이 개입한 독특한 사례가 있다. 바로 벌꿀길잡이새(honeyguide bird)와 인간의 상리 공생이다. 벌꿀길잡이새는 번식 기생, 즉 다른 종의 둥지에 알을 낳는 작은 새인데, 특이하게도 밀랍을 소화하는 비상한 능력을 지녔다. 녀석은 독특한 소리를 포함한 일련의 정교한 행동으로 인간에게 벌집이 있는 곳을 알려 준다. 대체 왜? 꿀 사냥꾼이 벌집을 열고 꿀을 가져가고 나면 남은 밀랍 방과 벌집 부스러기를 얻을 수 있기 때문이다. 이런 상리 공생은 오직 사람과 벌꿀길잡이새 사이에만 존재하는데, 아마도 호모 에렉투스와 벌꿀길잡이새 사이의 초기 관계에서 비롯했을 것이다.[16] 새와 인간의 독특한 상리 공생은 벌과 인간의 대결에서 인간 쪽에 득이 된다. 그래서 꿀벌은 둥지를 지키기 위해 때때로 벌꿀길잡이새를 공격해 죽인다.

편의상 호모 에렉투스를 포함한 초기의 가능성을 무시하고 생각하면, 약 180만 년 전에 인간이 불을 습득하고 관리할 줄 알게 된 것이 꿀벌과의 군비 경쟁에서 우위를 점하는 데 결정적 역할을 했다고 볼 수 있다. 들불은 아프리카 열대 초원 지대에서 흔한 현상이었다. 벌은 불이 나면 연기에 반응해서 자신의 꿀주머니를 꿀로 채우고는 둥지를 버리고 탈출하는 방식으로 적응했다. 동시에 연기는 벌의 방어력과 침 쏘는 행동을 저지하는데, 이 사실을 알게 된 초기 인류는 꿀을 훔치는 보조 수단으로 불을 사용하기 시작했다.[18]

여기까지만 보면 벌이 군비 경쟁에서 최종적으로 패배해 멸종의 길에 접어든 것으로 보일지도 모른다. 그러나 꿀벌은 오히려 인류가 높이 평가하는 귀한 자원을 소유함으로써, 동시에 인류의 수많은 식량 작물의 수분을 담당함으로써, 사람에게 없어서는 안 될 상리 공생 생물이 되었다. 인류는 꿀벌이 방어나 번식에 치중하기보다 꿀을 채집하고 생산하는 데 더 많이 투자하도록 녀석들의 유전자를 조작하는 법을 배웠다. 결정적으로 인류는 꿀벌을 길들였다. 일반적 공생과 마찬가지로 꿀벌과 인간의 상리 공생 역시 양쪽 모두에 이익을 안겨 준다. 비록 양자 간에 이해가 충돌하는 부분이 남아 있긴 하지만 말이다. 오늘날의 꿀벌은 조상들보다 침 쏘는 경향이 줄어들었고, 자원을 약탈당하는 상황에서 참을성이 늘었다. 그 대신 죽임을 당하는 일이 줄었고, 다른 포식자의 위협으로부터 보호받으며, 무엇보다 인간에 의해 고향인 아프리카와 유럽을 떠나 전 세계로 활발하게 뻗어 나가는 이익을 얻었다.

꿀벌은 침이라는 무기를 갖춘 덕분에 거대 포식자에 맞설 수 있었고, 애벌레와 꽃가루, 꿀을 대량으로 저장할 수 있었다. 이 거대한 저장고는 인류를 유인해 꿀을 탐하게 한 다음, 궁극적으로 벌을 보호하고 유지하며 전 세계로 퍼뜨리게끔 유도했다. 마침내 인류와 꿀벌의 멋진 공생 관계가 수립되었다.

곤충 침 통증 지수

이름	분포 지역	통증의 느낌	통증 지수
개미			
인도뜀개미 Indian jumping ant *Harpegnathos saltator*	아시아	아, 상쾌한 각성의 느낌. 커피와 비슷한데 너무 쓰다.	1
여린집게턱개미 Delicate trap-jaw ant *Anochetus inermis*	남아메리카	숲속을 산책하는 꿈에서 깰 만큼, 딱 그만큼의 작은 불꽃. 현실로 돌아올 때 약간 덜컹거림이 있다.	1
보트로포네라 스트리고사 *Bothroponera strigosa* (일종의 아프리카 흑개미)	아프리카	지나가는 자동차 바퀴에 튀어 날아온 돌멩이 하나가 발목에 맞았다. 소소하지만 통증이 없지는 않음.	1
왕침개미 Asian needle ant *Brachyponera chinensis*	아시아 원산	해변에서 하루를 보낸 날의 해 질 녘. 햇볕에 화상 입은 콧등이 자외선 차단제를 깜박했다는 사실을 알려준다.	1
큰눈개미 Big-eyed ant *Opthalmopone berthoudi*	아프리카	아프리카의 아름다움에 취해 있을 때 갑자기 끼어든 방해꾼. 샌들 사이로 아카시아 가시 하나가 들어와 발을 쿡 찔렀다.	1
에크타토마 뤼둠 *Ectatomma ruidum* (일종의 흑개미)	중앙아메리카, 남아메리카	그릴에 구운 참치처럼 강한 불에 겉만 살짝 그슬렸을 뿐, 속까지 익지는 않았다.	1
렙토게네스 키텔리 *Leptogenes kitteli* (일종의 아시아 군대개미)	아시아	단순하고 평범하다. 느슨해져서 빠져버린 카펫 고정용 압정에 울 양말을 신은 엄지발가락을 찔린 정도.	1
긴잔가지개미 Elongate twig ant *Pseudomyrmex gracilis*	아메리카	어린 시절 골목대장이 생각난다. 잔뜩 겁을 주지만, 녀석의 주먹은 턱을 스쳤을 뿐, 별일 없이 또 하루가 간다.	1
가는잔가지개미 Slender twig ant *Tetraponera* sp.	아시아	깡마른 골목대장의 주먹. 너무 약해서 맞아도 다치지는 않지만, 치사한 속임수가 있지 않을까, 의심하게 된다.	1

이름	분포 지역	통증의 느낌	통증 지수
붉은불개미 Red fire ant *Solenopsis invicta*	남아메리카 원산	날카롭고 갑작스러우며 살짝 놀랍다. 털이 긴 카펫 위를 걸어가다가 정전기가 일어난 듯.	1
열대불개미 Tropical fire ant *Solenopsis geminata*	중앙아메리카, 남아메리카 원산	털이 긴 그 카펫 위를 걸을 때 정전기가 난다는 것을 깜빡했다. 또다시 일어난 정전기의 충격에 놀림을 당한 기분이다.	1
남부불개미 Southern fire ant *Solenopsis xyloni*	북아메리카	카펫의 정전기에 세 번째로 당했다. 도대체 언제쯤 잊어버리지 않고 조심할지 궁금하다.	1
유럽불개미 European fire ant *Myrmica rubra*	유럽 원산	덥고 습한 날, 따끔따끔한 쐐기풀 가시가 살갗에 닿았다.	1
샘섬개미 Samsum ant *Euponera sennaarensis*	아프리카	순수하고 날카로우며 살을 찌르는 통증. 엄지손가락에 압정이 박혔다.	1.5
봉합용군대개미 Suturing army ant *Eciton burchellii*	중앙아메리카, 남아메리카	팔꿈치의 베인 상처를 녹슨 바늘로 꿰맨다.	1.5
에크타토마 투베르쿨라툼 *Ectatomma tuberculatum* (커다란 황금색 개미)	중앙아메리카, 남아메리카	뜨거운 밀랍 한 줄기가 손목 위로 천천히 떨어진다. 벗어나고 싶지만 그럴 수 없다.	1.5
대왕개미 Giant ant *Dinoponera gigantea*	남아메리카	약간 고동치는 아픔. 상처가 벌어진 채로 소금물 욕조에 몸을 담갔다.	1.5
대왕악취개미 Giant stink ant *Paltothyreus tarsatus*	아프리카	커다란 주삿바늘로 찌른 자리에 마늘기름을 줄줄 부었다.	1.5
불도그개미 #1 Bulldog ant #1 *Myrmecia simillima*	오스트레일리아	강렬하고, 잡아 찢는 듯하며, 날카롭다. 개의 이빨이 살을 뚫고 들어왔다.	1.5

이름	분포 지역	통증의 느낌	통증 지수
붉은불도그개미 Red bull ant *Myrmecia gulosa*	오스트레일리아	잘난 체하지 않고 남모르게 찾아오는 통증. 화려한 색색의 레고처럼 멋지다. 어둠 속에서 발바닥에 박히기 전까지는.	1.5
불도그개미 #2 Bulldog ant #2 *Myrmecia rufinodis*	오스트레일리아	깜짝 놀랄 정도로 날카롭다. 수술용 메스에 손바닥을 찔렸다.	1.5
마타벨레개미 Matabele ant *Megaponera analis*	아프리카	한 아이가 쏜 화살이 과녁을 빗나가 당신 종아리에 안착했다.	1.5
에크타토마 쿠아드리덴스 *Ectatomma quadridens* (일종의 큰 흑개미)	남아메리카	타는 듯한 가려움이 온 신경을 모은다. 입속에 상처가 있는데, 매운 버펄로윙을 주문했을 때처럼 후회가 뒤따른다.	1.5
쇠뿔아카시아개미 Bullhorn acacia ant *Pseudomyrmex nigrocinctus*	중앙아메리카	보기 드물고, 찌르는 듯한, 차원 높은 고통. 누군가가 스테이플러로 당신 뺨을 찍었다.	1.5
잭점퍼개미 Jack jumper ant *Myrmecia pilosula*	오스트레일리아	오븐에서 갓 구운 쿠키를 꺼내는데, 오븐 장갑에 구멍이 나 있었다.	2
보석침개미 Metallic green ant *Rhytidoponera metallica*	오스트레일리아	기만적인 고통. 초록색 피망을 씹었는데, 알고 보니 아바네로 고추였다.	2
디아카마 *Diacamma* sp. (일종의 흑개미)	아시아	이 침에 애매함이란 없다. 갑작스럽고 놀랍다. 열대 해변을 걷고 있는데, 유리 조각이 맨발의 신경을 건드려 정신이 번쩍 든다.	2
큰열대흑개미 Large tropical black ant *Neoponera villosa*	아메리카	강렬하도록 날카롭고, 전문가의 솜씨처럼 깔끔하다. 브로드웨이의 잔혹한 이발사가 다음 희생자를 고르고 있다.	2
네오포네라 크라시노다 *Neoponera crassinoda* (일종의 큰 흑개미)	남아메리카	강렬한 펀치를 날리는 침. 치과의사는 마취제가 효과를 낼 때까지 기다려 주지 않았다.	2

이름	분포 지역	통증의 느낌	통증 지수
흰개미습격개미 Termite-raiding ant *Neoponera commutate*	남아메리카	심신을 무력하게 하는 편두통의 고통이 손가락 끝에 고여 있다.	2
아프리카대왕개미 African giant ant *Streblognathus aethiopicus*	아프리카	톱니 달린 나이프와 나란히, 하얗게 달궈진 바비큐 포크가 손을 찔렀다.	2
플라티티레아 라멜로세 *Platythyrea lamellose* (자줏빛 개미)	아프리카	솔잎과 옻나무를 섞어 짠 모직 점프수트를 입은 것 같다. 온몸을 쉴 새 없이 찌르는 느낌.	2
플라티티레아 필로술라 *Platythyrea pilosula* (날렵한 개미)	아프리카	고통스러운 가려움과 발진이 심각하게 지속된다. 그러게, 돈을 더 써서 자격 있는 타투이스트에게 맡겼어야지.	2.5
집게턱개미 Trap-jaw ant *Odontomachus* spp.	전 세계 열대 지역	즉각적이고 몹시 고통스럽다. 검지 손톱이 쥐덫에 탁 걸렸다.	2.5
플로리다수확개미 Florida harvester ant *Pogonomyrmex badius*	북아메리카	대담하고 수그러들 줄 모른다. 살을 파고든 발톱을 전동 드릴을 사용해 파내는 중이다.	3
마리코파수확개미 Maricopa harvester ant *Pogonomyrmex maricopa*	북아메리카	살을 파고든 발톱을 파내느라 여덟 시간 동안 끊임없이 드릴질을 한 뒤, 그 드릴 비트가 발가락에 박혀 있는 것을 발견했다.	3
아르헨티나수확개미 Argentine harvester ant *Ephebomyrmex cunicularius*	남아메리카	맹렬한 고통이 12시간 이상 이어진다. 살을 먹는 박테리아가 소중한 근육을 하나씩 하나씩 녹여 없애고 있다.	3
총알개미 Bullet ant *Paraponera clavata*	중앙아메리카, 남아메리카	순수하고, 강렬하며, 감탄할 만한 고통. 7cm가 넘는 긴 못이 발뒤꿈치에 박힌 채로 불타는 숯 위를 걷는 듯하다.	4

이름	분포 지역	통증의 느낌	통증 지수
꿀벌			
트리에페올루스 *Triepeolus* sp. (일종의 기생꿀벌)	북아메리카	방금 헛것을 봤나? 간지럽게 춤추는 약간의 긁힘.	0.5
앤토포리드꿀벌 Anthophorid bee *Emphoropsis pallida*	북아메리카	유쾌한 아픔. 사랑하는 연인이 귓불을 약간 세게 깨물었다.	1
땀벌(꼬마꽃벌) Sweat bee *Lasioglossum* spp.	북아메리카	가볍고 일시적이며, 달콤한 수준. 작은 불꽃에 팔에 난 털이 한 올 탔다.	1
선인장벌 Cactus bee *Diadasia rinconis*	북아메리카	훅, 하고 들어온 메시지. "꺼져." 선인장을 만지지도 않았는데 가시에 찔려 놀랐다가, 곧 그것이 벌이었다는 것을 알게 된다.	1
왜알락꽃벌 Cuckoo bee *Ericrocis lata*	북아메리카	미지의 공포 앞에서 내가 얼마나 용감한지 보여 주고 싶었다!	1
대왕땀벌 Giant sweat bee *Dieunomia heteropoda*	북아메리카	크기가 중요하긴 하지만 전부는 아니다. 엄지발톱에 은숟가락이 직각으로 떨어졌을 때 펄쩍 뛰게 되는 정도.	1.5
양봉꿀벌 Western honey bee *Apis mellifera*	아프리카, 유럽 원산	타는 듯하고 쓰라리지만, 감당할 만하다. 불붙은 성냥 머리 하나가 팔에 떨어졌다. 처음에는 잿물로, 그다음에는 황산으로 불을 끄는 느낌.	2
양봉꿀벌 Western honey bee *Apis mellifera* (혀에 쏘였을 때)	아프리카, 유럽 원산	즉각적이고 불쾌하며 저 깊은 곳에서 오는 고통으로 심신이 무력해진다. 그 10분 동안은 삶이 무가치하다.	3
뒤영벌 Bumble Bee *Bombus* spp.	북아메리카	화려한 불꽃. 폭죽 불꽃이 팔에 내려앉았다.	2

이름	분포 지역	통증의 느낌	통증 지수
캘리포니아어리호박벌 California carpenter bee *Xylocopa californica*	북아메리카	빠르고, 날카롭고, 단호하다. 세차게 닫히는 자동차 문에 손끝이 끼었다.	2
보르네오대왕어리호박벌 Giant Bornean carpenter bee *Xylocopa* sp.	아시아	감전된 듯하고, 날카로우며, 살을 찌르는 듯하다. 전기를 다룰 때는 반드시 기술자를 부르자.	2.5
말벌			
곤봉뿔말벌 Club-horned wasp *Sapyga pumila*	북아메리카	실망스럽다. 클립 하나가 맨발 위에 떨어졌다.	0.5
호리병벌 Potter wasp *Eumeninae* sp.	북아메리카	기만적인 겉모습. 다채롭고 풍성해 보이지만 맛은 없다.	0.5
꼬마말벌 Little wasp *Polybia occidentalis*	중앙아메리카, 남아메리카	날카로움에 양념을 더했다. 가느다란 선인장 가시 하나를 버펄로윙에 문질러 팔을 찔렀다.	1
큰흑말벌 Great black wasp *Sphex pensylvanicus*	북아메리카	단순하고 건방지다. 어린 동생에게 새끼손가락을 깨물린 느낌.	1
광택바퀴벌레나나니 Iridescent cockroach hunter *Chlorion cyaneum*	북아메리카	날카로운 듯, 가려운 듯. 쐐기풀에 손을 살짝 찔린 정도.	1
풍뎅이잡이말벌 Scarab hunter wasp *Triscolia ardens*	북아메리카	타닌을 한 모금 마신 듯 쓴맛이 남아 있다.	1
수상보행말벌 Water-walking wasp *Euodynerus crypticus*	북아메리카	재주가 있긴 하나 별것 아니라고나 할까? 통증인지 환상인지 정확히 구별할 수 없다는 점에서 약간은 마법 같기도 하다.	1

이름	분포 지역	통증의 느낌	통증 지수
애검은나나니 Mud dauber *Sceliphron caementarium*	북아메리카 원산	치솟는 열감을 동반한 날카로움. 부드러운 덴마크산 하바티 치즈를 기대하고 있었는데, 매운 할라페뇨 치즈를 받은 느낌.	1
흰꼬마개미벌 Little white velvet ant *Dasymutilla thetis*	북아메리카	이름처럼 기만적이다. 고통은 즉각적이고, 발진이 돋는 느낌 때문에 긁고 싶어진다. 해변에서 일광욕을 즐기고 있는데, 모래게 한 마리가 발가락을 꼬집었다.	1
태평양매미나나니 Pacific cicada killer *Sphecius convallis*	북아메리카	깔끔하다. 방금 베인 손가락 상처에 농축 식기 세정제가 스며든다.	1
서부매미나나니 Western cicada killer *Sphecius grandis*	북아메리카	첫눈에 사랑 대신 고통에 빠진다. 옻이 오른 것처럼 문지를수록 심해진다.	1.5
에우메니네 *Eumeninae* sp. (노란색 호리병벌)	북아메리카	깜짝 놀라게 하는 고약함. 부케를 움켜쥐는데, 장미 줄기에 가시가 숨어 있었다.	1.5
무틸리데 *Mutillidae* sp. (야행성 개미벌)	북아메리카	가렵다가, 뜨겁다가, 더 가렵다. 가려움을 유발하는 가루를 묻혀 매운 소스에 담갔던 이쑤시개가 허벅지에 꽂힌 것 같다.	1.5
쌍살벌 Paper wasp *Polistes versicolor*	중앙아메리카, 남아메리카	뜨겁고, 욱신거리고, 외롭다. 과열된 튀김용 기름 딱 한 방울이 팔에 튄 듯한 아픔.	1.5
가는허리쌍살벌 Thread-waisted paper wasp *Belonogaster* sp.	아프리카	같은 반 친구가 연필 끝으로 당신을 찔렀을 때만큼 관심을 끈다.	1.5
폭군폴리비아말벌 Ferocious polybia wasp *Polybia rejecta*	중앙아메리카, 남아메리카	실패한 속임수 같다. 엉덩이를 표적 삼아 쏘는 공기총. 명중, 또 명중.	1.5

이름	분포 지역	통증의 느낌	통증 지수
흰얼굴왕벌 Bald-faced hornet *Dolichovespula maculata*	북아메리카	풍성하고 푸짐하고 약간 바삭거린다. 회전문에 손이 낀 것 같다.	2
미스코치타루스 *Mischocyttarus sp.* (일종의 쌍살벌)	아메리카	투지 넘치는 장엄한 모닝콜. 한 쌍의 집게로 윗입술을 집었다고 상상해 보시라.	2
식민지가는허리말벌 Colonial thread-waisted *Belonogaster juncea colonialis*	아프리카	짜릿하게 톡 쏜다. 집요하다. 독침을 쏘는 히드라의 촉수에 감겨 빠져나올 수가 없다.	2
불안정한쌍살벌 Unstable paper wasp *Polistes instabilis*	중앙아메리카	도무지 집에 갈 생각을 하지 않는 저녁 손님처럼, 고통이 계속해서 윙윙거린다. 뜨거운 금속 솥이 손 위에 떨어졌는데, 그것을 치울 수가 없다.	2
멕시코꿀말벌 Mexican Honey wasp *Brachygastra mellifica*	북아메리카, 중앙아메리카	맵고 물집이 잡히는 듯하다. 매운 아바네로 고추 소스에 푹 담근 면봉 하나가 콧구멍에 쑥 들어왔다.	2
예술적벌집말벌 Artistic wasp *Parachartergus fraternus*	중앙아메리카, 남아메리카	순수한 느낌이었다가 엉망이 되고, 그다음엔 쓰라리다. 사랑과 결혼, 그 뒤의 이혼.	2
서부땅벌 Western yellowjacket *Vespula pensylvanica*	북아메리카	뜨겁고 연기가 자욱하다. 무례하다. 최고의 코미디 배우 W. C. 필즈가 당신 혀에 담배를 문질러 껐다고 상상해 보라.	2
엉겅퀴갓털개미벌 Glorious velvet ant *Dasymutilla gloriosa*	북아메리카	갑자기 칼에 찔린 것처럼 순간적이다. 포탄 파편에 맞으면 이런 느낌일까?	2
야행성왕벌 Nocturnal hornet *Provespa* sp.	아시아	무례하고 모욕적이다. 캠프파이어에서 나온 잉걸불 하나가 팔뚝에 붙었다.	2.5
금빛쌍살벌 Golden paper wasp *Polistes aurifer*	북아메리카, 중앙아메리카	날카롭고, 살을 찌르는 듯하며, 즉각적이다. 낙인찍힐 때 소가 어떤 느낌인지 알 것 같다.	2.5

이름	분포 지역	통증의 느낌	통증 지수
노랑불말벌 Yellow fire wasp *Agelaia myrmecophila*	중앙아메리카, 남아메리카	엉뚱하게 괴롭히는 고통. 불붙일 때 사용하는 작은 토치가 당신의 팔과 다리에 키스한다.	2.5
폭군폴리비아흑말벌 Fierce black polybia wasp *Polybia simillima*	중앙아메리카	좋은 뜻으로 준비한 일이 잘못돼 악마의 의식이 되었다. 당신이 낡은 교회 가스등에 불을 붙이는 순간, 눈앞에서 폭발하고 말았다.	2.5
대왕쌍살벌 Giant paper wasp *Megapolistes* sp.	뉴기니	신들이 정말로 존재하며, 그들이 실제로 번개 화살을 던진다고 일단 믿자. 방금 포세이돈이 삼지창으로 당신 가슴을 푹 찔렀다.	3
붉은쌍살벌 Red paper wasp *Polistes canadensis*	중앙아메리카	쓰라린 화상 느낌. 뒷맛이 쓰다. 종이에 베인 상처에 염산을 한 컵 붓는 것 같다.	3
붉은머리쌍살벌 Red-headed paper wasp *Polistes erythrocephalis*	중앙아메리카, 남아메리카	이성을 잃을 정도로 강렬한 고통이 즉각적으로 일어나서는 누그러지지 않는다. 불 속에 있는 파란색 불꽃을 가장 가까이 보게 될 것이다.	3
다시무틸라 클루기 *Dasymutilla klugii* (거대한 개미벌)	북아메리카	폭발적인 고통이 오래 이어진다. 정신 나간 듯 비명을 지르게 된다. 우묵한 프라이팬에 담긴 뜨거운 기름을 손 전체에 쏟았다.	3
타란툴라대모벌 Tarantula hawk *Pepsis* spp.	아메리카	극심하고 강렬한 전기 충격. 눈앞이 캄캄하다. 욕조에서 거품 목욕을 하고 있는데, 작동 중이던 헤어드라이어가 풍덩 빠졌다.	4
전사말벌 Warrior wasp *Synoeca septentrionalis*	중앙아메리카, 남아메리카	고문이다. 화산에서 쏟아져 나오는 용암 속에 꽁꽁 묶여 있다. 아, 내가 어쩌다 이 목록을 만들기 시작했을까?	4

참고 문헌

1부

1. 쏘인다는 것

General interest reference:

Hrdy SB. 2011. *Mothers and Others: The Evolutionary Origins of Mutual Understanding.* Cambridge, MA: Harvard Univ. Press.

1. Van Le Q, LA Isbell et al. 2013. Pulvinar neurons reveal neurobiological evidence of past selection for rapid detection of snakes. *PNAS* 110: 19000-19005.
2. New JJ and TC German. 2015. Spiders at the cocktail party: An ancestral threat that surmounts inattentional blindness. *Evol. Human Behav.* 36: 163-73.
3. LoBue V, DH Rakison, and JS DeLoache. 2010. Threat perception across the life span: Evidence for multiple converging pathways. *Psychol. Sci.* 19: 375-79.

2. 독침

General interest reference:

Grissell E. 2010. *Bees, Wasps, and Ants.* Portland, OR: Timber Press.

1. Vollrath F and I Douglas-Hamilton. 2002. African bees to control African elephants. *Naturwissenschaften* 89: 508-11.
2. Starr CK. 1990. Holding the fort: Colony defense in some primitively social wasps. In: *Insect Defenses* (DL Evans and JO Schmidt, eds.), pp. 421-63. Albany: State Univ. New York Press.
3. Smith EL. 1970. Evolutionary morphology of the external insect genitalia. 2. Hymenoptera. *Ann. Entomol. Soc. Am.* 63: 1-27.
4. Schmidt PJ, WC Sherbrooke, and JO Schmidt. 1989. The detoxification of ant (*Pogonomyrmex*) venom by a blood factor in horned lizards (*Phrynosoma*). *Copeia* 1989: 603-7.

3. 최초의 독침

General interest reference:

Evans DL and JO Schmidt, eds. 1990. *Insect Defenses*. Albany: State Univ. New York Press.

1. Brower LP, WN Ryerson et al. 1968. Ecological chemistry and the palatability spectrum. *Science* 161: 1349-50.
2. Hölldobler B and EO Wilson. 2009. *The Superorganism*. New York: Norton.

4. 고통의 본질

General interest reference:

Schmidt JO. 2008. Venoms and toxins in insects. In: *Encyclopedia of Entomology*, 2nd ed. (JL Capinera, ed.), pp. 4076-89. Heidelberg, Germany: Springer.

1. Roberson DP, S Gudes et al. 2013. Activity-dependent silencing reveals functionally distinct itch-generating sensory neurons. *Nat. Neurosci.* 16: 910-18.
2. Kingdon J. 1977. *East African Mammals*, vol. 3, Part A. London: Academic Press.

5. 침의 과학

General interest reference:

Evans DL and JO Schmidt, eds. 1990. *Insect Defenses*. Albany: State Univ. NY Press.

1. Schmidt JO. 2015. Allergy to venomous insects. In: *The Hive and the Honey Bee* (J Graham, ed.), pp. 906-52. Hamilton, IL: Dadant and Sons.
2. Hamilton WD, R Axelrod, and R Tanese. 1990. Sexual reproduction as an adaption to resist parasites (a review). *PNAS* 87: 3566-73.
3. Schmidt JO. 2014. Evolutionary responses of solitary and social Hymenoptera to predation by primates and overwhelmingly powerful vertebrate predators. *J. Human Evol.* 71: 12-19.

6. 땀벌과 불개미

General interest references:

〈땀벌〉

Michener CD. 1974. *The Social Behavior of the Bees*. Cambridge, MA: Harvard Univ. Press.

Michener CD. 2007. *The Bees of the World*, 2nd ed. Baltimore: Johns Hopkins Univ. Press.

1. Danforth BN, S Sipes et al. 2006. The history of early bee diversification based on five genes plus morphology. *PNAS* 103: 15118-23.
2. Duffield RM, A Fernandes et al. 1981. Macrocyclic lactones and isopentenyl esters in the Dufour's gland secretion of halictine bees (Hymenoptera: Halictidae). *J. Chem. Ecol.* 7: 319-31.
3. Dufour L. 1835. Etude entomologiques VII Hymenopteres. *Ann. Soc. Entomol. France* 4: 594-607.
4. Barrows EM. 1974. Aggregation behavior and responses to sodium chloride in females of a solitary bee, *Augochlora pura* (Hymenoptera; Halictidae). *Fla. Entomol.* 57: 189-93.
5. Schmidt JO. 2014. Evolutionary responses of solitary and social Hymenoptera to predation by primates and overwhelmingly powerful vertebrate predators. *J. Human Evol.* 71: 12-19.

〈불개미〉

1. Tschinkel WR. 2006. *The Fire Ants*. Cambridge, MA: Harvard Univ. Press.
2. Wheeler WM. 1910. *Ants: Their Structure, Development and Behavior*. New York: Columbia Univ. Press.
3. Smith JD and EB Smith. 1971. Multiple fire ant stings a complication of alcoholism. *Arch. Dermatol.* 103: 438-41.
4. DeShazo RD, BT Butcher, and WA Banks. 1990. Reactions to the stings of the imported fire ant. *N. Engl. J. Med.* 323: 462-66.
5. Sonnett PE. 1967. Fire ant venom: Synthesis of a reported component of solenamine. *Science* 156: 1759-60.
6. MacConnell JG, MS Blum, and HM Fales. 1970. Alkaloid and fire ant venom: Identification and synthesis. *Science* 168: 840-41.
7. MacConnell JG, MS Blum et al. 1976. Fire ant venoms: Chemotaxonomic correlations with

alkaloidal compositions. *Toxicon* 14: 69-78.

7. 땅벌과 말벌

General interest references:

Edwards R. 1980. *Social Wasps*. West Sussex, UK: Rentokil.

Evans HE and MJ West- Eberhard. 1970. *The Wasps*. Ann Arbor: Univ. Michigan Press.

Schmidt JO. 2009. Wasps. In: *Encyclopedia of Insects*, 2nd ed. (VH Resh and RT Cardé, eds.), pp. 1037-41. San Diego, CA: Academic Press.

1. Stein KJ, RD Fell, and GI Holtzman.1996. Sperm use dynamics of the baldfaced hornet (Hymenoptera: Vespidae). *Environ. Entomol.* 25: 1365-70.
2. Schmidt JO, HC Reed, and RD Akre. 1984. Venoms of a parasitic and two nonparasitic species of yellowjackets (Hymenoptera: Vespidae). *J. Kans. Entomol. Soc.* 57: 316-22.
3. Akre RD, WB Hill et al. 1975. Foraging distances of *Vespula pensylvanica* workers (Hymenoptera: Vespidae). *J. Kans. Entomol. Soc.* 48: 12-16.
4. Duncan CD. 1939. A contribution to the biology of North American vespine wasps. *Stanford Univ. Publ. Biol. Sci.* 8(1): 1-272.
5. Madden JL. 1981. Factors influencing the abundance of the European wasp (*Paravespula germanica* [F.]). *J. Aust. Entomol. Soc.* 20: 59-65.
6. Jandt JM and RL Jeanne. 2005. German yellowjacket (*Vespula germanica*) foragers use odors inside the nest to find carbohydrate food sources. *Ecology* 111: 641-51.
7. Ross KG and RW Matthews. 1982. Two polygynous overwintered *Vespula squamosa* colonies from the southeastern U.S. (Hymenoptera: Vespidae). *Fla. Entomol.* 65: 176-84.
8. Tissot AN and FA Robinson. 1954. Some unusual insect nests. *Fla. Entomol.* 37: 73-92.
9. Spradbery JP. 1973. *Wasps*. Seattle: Univ. Washington Press.
10. MacDonald JF and RW Matthews. 1981. Nesting biology of the eastern yellowjacket, V*espula maculifrons* (Hymenoptera: Vespidae). *J. Kans. Entomol. Soc.* 54: 433-57.
11. Schmidt JO and LV Boyer Hassen. 1996. When Africanized bees attack: What you and your clients should know. *Vet. Med.* 91: 923-28.
12. Bigelow NK. 1922. Insect food of the black bear (*Ursus americanus*). *Can. Entomol.* 54: 49-50.
13. Fry CH. 1969. The recognition and treatment of venomous and nonvenomous insects by small bee-eaters. *Ibis* 111: 23-29.

14. Evans HE and MJ West-Eberhard. 1970. *The Wasps*. Ann Arbor: Univ. Michigan Press.
15. Cohen SG and PJ Bianchini. 1995. Hymenoptera, hypersensitivity, and history. *Ann. Allergy* 174: 120.
16. Schmidt JO. 2015. Allergy to venomous insects. In: *The Hive and the Honey Bee* (J Graham, ed.). pp. 907-52. Hamilton, IL: Dadant and Sons.
17. MacDonald JF, RD Akre et al. 1976. Evaluation of yellowjacket abatement in the United States. *Bull. Entomol. Soc. Am.* 22: 397-401.
18. Grant GD, CJ Rogers et al. 1968. Control of ground- nesting yellowjackets with toxic baits. a five-year testing program. *J. Econ. Entomol.* 61: 1653-56.
19. Spurr EB. 1995. Protein bait preferences of wasps (*Vespula vulgaris* and *V. germanica*) at Mt Thomas, Canterbury, New Zealand. *N. Z. J. Zool.* 22: 282-89.
37. McGovern TP, HG Davis et al. 1970. Esters highly attractive to *Vespula* spp. *J. Econ. Entomol.* 63: 1534-36.
20. Ormerod RL. 1868. *British Social Wasps*. London: Longmans, Green Reader, and Dyer.
21. Rabb RL and FR Lawson. 1957. Some factors influencing the predation of *Polistes wasps* on the tobacco hornworm. *J. Econ. Entomol.* 50: 778-84.

8. 수확개미

General interest references:

Cole AC. 1974. *Pogonomyrmex Harvester Ants*. Knoxville: Univ. Tennessee Press.
Taber SW. 1998. *The World of the Harvester Ants*. College Station: Texas A&M Univ. Press.

1. Creighton WS. 1950. Ants of North America. *Bull. Mus. Comp. Zool. (Harvard)* 104: 1-585.
2. Groark KP. 2001. Taxonomic identity of "hallucinogenic" harvester ant (*Pogonomyrmex californicus*) confirmed. *J. Ethnobiol.* 21: 133-44.
3. Blum MS, JR Walker et al. 1958. Chemical, insecticidal, and antibiotic properties of fire ant venom. *Science* 128: 306-7.
4. Herrmann M and S Helms Cahan. 2014. Inter- genomic sexual conflict drives antagonistic coevolution in harvester ants. *Proc. R. Soc. Lond. B Biol. Sci.* 281: 20141771.
5. Johnson RA. 2002. Semi- claustral colony founding in the seed- harvesting ant *Pogonomyrmex californicus*: A comparative analysis of colony founding strategies. *Oecologia* 132: 60-67.
6. Cole BJ. 2009. The ecological setting of social evolution: The demography of ant populations.

In: *Organization of Insect Societies* (J Gadau and J Fewell, eds.), pp. 75-104. Cambridge, MA: Harvard Univ. Press.

7. Keeler KH. 1993. Fifteen years of colony dynamics in *Pogonomyrmex occidentalis*, the Western harvester ant in Western Nebraska. *Southwest. Nat.* 38: 286-89.
8. Michener CD. 1942. The history and behavior of a colony of harvester ants. *Sci. Monthly* 55: 248-58.
9. Lavigne RJ. 1969. Bionomics and nest structure of *Pogonomyrmex ccidentalis* (Hymenoptera: Formicidae). *Ann. Entomol. Soc. Am.* 62:1166-75.
10. MacKay WP. 1981. A comparison of the nest phenologies of three species of *Pogonomyrmex* harvester ants (Hymenoptera: Formicidae). *Psyche* 88: 25-74.
11. McCook HC. 1907. *Nature's Craftsmen*. New York: Harper & Brothers.
12. Zimmer K and RR Parmenter. 1998. Harvester ants and fire in a desert grassland: Ecological responses of *Pogonomyrmex rugosus* (Hymenoptera: Formicidae) to experimental wildfires in Central New Mexico. *Environ. Entomol.* 27: 282-87.
13. McCook HC. 1879. *The Natural History of the Agricultural Ant of Texas*. Philadelphia: Lippincott's Press.
14. Rogers LE. 1974. Foraging activity of the Western Harvester ant in the shortgrass plains ecosystem. *Environ. Entomol.* 3: 420–24.
15. Clarke WH and PL Comanor. 1975. Removal of annual plants from the desert ecosystem by western harvester ants, *Pogonomyrmex occidentalis*. *Environ. Entomol.* 4: 52-56.
16. Porter SD and CD Jorgensen. 1981. Foragers of the harvester ant, *Pogonomyrmex owyheei*: A disposable caste? *Behav. Ecol. Sociobiol.* 9: 247-56.
17. MacKay WP. 1982. The effect of predation of western widow spiders (Araneae: Theridiidae) on harvester ants (Hymenoptera: Formicidae). *Oecologia* 53: 406-11.
18. Evans HE. 1962. A review of nesting behavior of digger wasps of the genus *Aphilanthops*, with special attention to the mechanics of prey carriage. *Behaviour* 19: 239-60.
19. Knowlton GF, RS Roberts, and SL Wood. 1946. Birds feeding on ants in Utah. *J. Econ. Entomol.* 49: 547-48.
20. Giezentanner KI and WH Clark. 1974. The use of western harvester ant mounds as strutting locations by sage grouse. *Condor* 76: 218-19.
21. Spangler, Hayward G., personal communication.
22. Pianka ER and WS Parker. 1975. Ecology of horned lizards: A review with special reference to *Phrynosoma platyrhinos*. *Copeia* 1975: 141-62.
23. Schmidt PJ, WG Sherbrooke, and JO Schmidt. 1989. The detoxification of ant (*Pogonomyrmex*)

venom by a blood factor in horned lizards (*Phrynosoma*). *Copeia* 1989: 603-7.

24. Schmidt JO and GC Snelling. 2009. *Pogonomyrmex anzensis* Cole: Does an unusual harvester ant species have an unusual venom? *J. Hymenoptera Res.* 18: 322-25.
25. Wray DL. 1938. Notes on the southern harvester ant (*Pogonomyrmex badius* Latr.) in North Carolina. *Ann. Entomol. Soc. Am.* 31: 196-201.
26. Wheeler GC and J Wheeler. 1973. *Ants of Deep Canyon.* Riverside: Univ. California Press.
27. Wray J. 1670. Concerning some uncommon observations and experiments made with an acid juyce to be found in ants. *Philos. Trans. R. Soc. Lond.* 5: 2063-69.
28. Schmidt JO and MS Blum. 1978. A harvester ant venom: Chemistry and pharmacology. *Science* 200: 1064-66.
29. Schmidt JO and MS Blum. 1978. The biochemical constituents of the venom of the harvester ant, *Pogonomyrmex badius. Comp. Biochem. Physiol.* 61C: 239-47.
30. Schmidt JO and MS Blum. 1978. Pharmacological and toxicological properties of harvester ant, *Pogonomyrmex badius*, venom. *Toxicon* 16: 645-51.
31. Piek T, JO Schmidt et al. 1989. Kinins in ant venoms.a comparison with venoms of related Hymenoptera. *Comp. Biochem. Physiol.* 92C: 117-24.
32. Schmidt JO. 2008. Venoms and toxins in insects. In: *Encyclopedia of Entomology*, 2nd ed. (JL Capinera, ed.), pp. 4076.89. Heidelberg, Ger.: Springer.

9. 타란툴라대모벌과 단독성 말벌

General interest references:

Evans HE. 1973. *Wasp Farm.* New York: Doubleday.

O'Neill KM. 2001. *Solitary Wasps: Behavior and Natural History.* Ithaca, NY: Cornell Univ. Press.

〈타란툴라대모벌〉

1. Wilson EO. 2012. *The Social Conquest of Earth.* New York: Norton.
2. Swink WG, SM Paiero, and CA Nalepa. 2013. Burprestidae collected as prey by the solitary, ground- nesting philanthine wasp *Cerceris fumipennis* (Hymenoptera: Crabronidae) in North Carolina. *Ann. Entomol. Soc. Am.* 106: 111-16.
3. Sweeney BW and RL Vannote. 1982. Population synchrony in mayflies: A predator satiation hypothesis. *Evolution* 36: 810–21.
4. Hook, Allen W., personal communication.

5. Evans HE. 1968. Studies on Neotropical Pompilidae (Hymenoptera) IV: Examples of dual sex-limited mimicry in *Chirodamus. Psyche* 75: 1-22.
6. Schmidt JO. 2004. Venom and the good life in tarantula hawks (Hymenoptera: Pompilidae): How to eat, not be eaten, and live long. *J. Kans. Entomol. Soc.* 77: 402-13.
7. Pitts JP, MS Wasbauer, and CD von Dohlen. 2006. Preliminary morphological analysis of relationships between the spider wasp subfamilies (Hymenoptera: Pompilidae): Revisiting an old problem. *Zoologica Scripta* 35: 63-84.
8. Williams FX. 1956. Life history studies of *Pepsis* and *Hemipepsis* wasps in California (Hymenoptera, Pompilidae). *Ann. Entomol. Soc. Am.* 49: 447-66.
9. Petrunkevitch A. 1926. Tarantula versus tarantula- hawk: A study of instinct. *J. Exp. Zool.* 45: 367-97.
10. Cazier MA and MA Mortenson. 1964. Bionomical observations on tarantula-hawks and their prey (Hymenoptera: Pompilidae: *Pepsis*). *Ann. Entomol. Soc. Am.* 57: 533-41.
11. Odell GV, CL Ownby et al. 1999. Role of venom citrate. *Toxicon* 37: 407-9.
12. Piek T, JO Schmidt et al. 1989. Kinins in ant venoms. a comparison with venoms of related Hymenoptera. *Comp. Biochem. Physiol.* 92C: 117-24.
13. Leluk J, JO Schmidt, and D Jones. 1989. Comparative studies on the protein composition of hymenopteran venom reservoirs. *Toxicon* 27: 105-14.

〈매미나나니〉

1. Rau P and N Rau. 1918. *Wasp Studies Afield.* Princeton, NJ: Princeton Univ. Press.
2. Dambach CA and E Good. 1943. Life history and habits of the cicada killer in Ohio. *Ohio J. Sci.* 43: 32-41.
3. Smith RL and WM Langley. 1978. Cicada stress sound: An assay of its effectiveness as a predator defense mechanism. *Southwest. Nat.* 23: 187-96.
4. Hastings J. 1986. Provisioning by female western cicada killer wasps *Sphecius grandis* (Hymenoptera: Sphecidae): Influence of body size and emergence time on individual provisioning success. *J. Kans. Entomol. Soc.* 59: 262-68.
5. Coelho JR 2011. Effects of prey size and load carriage on the evolution of foraging strategies in wasps. In: *Predation in the Hymenoptera: An Evolutionary Perspective* (C Polidori, ed.), pp. 23-36. Kerala, India: Transworld Research Network.
6. Hastings JM, CW Holliday et al. 2010. Size- specific provisioning by cicada killers, *Sphecius speciosus* (Hymenoptera: Crabronidae) in North Florida. *Fla. Entomol.* 93: 412-21.
7. Alcock J. 1975. The behaviour of western cicada killer males, *Sphecius grandis* (Sphecidae,

Hymenoptera). *J. Nat. Hist.* 9: 561-66; and Holliday, Charles H., personal communication.
8. Hastings J. 1989. Protandry in western cicada killer wasps (*Sphecius grandis*, Hymenoptera: Sphecidae): An empirical study of emergence time and mating opportunity. *Behav. Ecol. Sociobiol.* 25: 255-60.

〈애검은나나니〉
1. O'Connor R and W Rosenbrook. 1963. The venom of the mud-dauber wasps. I. *Sceliphron caementarium*: Preliminary separations and free amino acid content. *Can. J. Biochem. Phys.* 41: 1943-48.
2. Collinson P. 1745. An account of some very curious wasp nests made of clay in Pensilvania by John Bartram. *Philos. Trans. R. Soc. Lond.* 43: 363-65.
3. Fink T, V Ramalingam et al. 2007. Buzz digging and buzz plastering in the black-and-yellow mud dauber wasp, *Sceliphron caementarium* (Drury). *J. Acoust. Soc. Am.* 122(5, Pt 2): 2947-48.
4. Jackson JT and PG Burchfield. 1975. Nest-site selection of barn swallows in east-central Mississippi. *Am. Midland Nat.* 94: 503-9.
5. Smith KG. 1986. Downy woodpecker feeding on mud-dauber wasp nests. *Southwest. Nat.* 31: 134.
6. Hefetz A and SWT Batra. 1979. Geranyl acetate and 2-decen-1-ol in the cephalic secretion of the solitary wasp *Sceliphron caementarium* (Sphecidae: Hymenoptera). *Experientia* 35: 1138-39.
7. Bohart GE and WP Nye. 1960. Insect pollinators of carrots in Utah. *Utah Agr. Exp. Sta. Bull.* 419: 1-16.
8. Menhinick EF and DA Crossley. 1969. Radiation sensitivity of twelve species of arthropods. *Ann. Entomol. Soc. Am.* 62: 711-17.
9. Muma MH and WF Jeffers. 1945. Studies of the spider prey of several mud-dauber wasps. *Ann. Entomol. Soc. Am.* 38: 245-55.
10. Uma DB and MR Weiss. 2010. Chemical mediation of prey recognition by spider-hunting wasps. *Ethology* 116: 85-95.
11. Uma D, C Durkee et al. 2013. Double deception: Ant- mimicking spiders elude both visually- and chemically- oriented predators. *PLOS One* 8(11): e79660.
12. Konno K, MS Palma et al. 2002. Identification of bradykinins in solitary wasp venoms. *Toxicon* 40: 309-12.
13. Sherman RG. 1978. Insensitivity of the spider heart to solitary wasp venom. *Comp. Biochem. Phys.* 61A: 611-15.

〈광택바퀴벌레나나니〉

1. Hook AW. 2004. Nesting behavior of *Chlorion cyaneum* (Hymenoptera: Sphecidae), a predator of cockroaches (Blattaria: Polyphagidae). *J. Kans. Entomol. Soc.* 77: 558-64.
2. Peckham DJ and FE Kurczewski. 1978. Nesting behavior of *Chlorion aerarium. Ann. Entomol. Soc. Am.* 71: 758-61.
3. Chapman RN, CE Mickel et al. 1926. Studies in the ecology of sand dune insects. *Ecology* 7: 416-26.

〈수상보행말벌〉

1. Isely D. 1913. Biology of some Kansas Eumenidae. *Kans. Univ. Sci. Bull.* 7: 231-309.

〈개미벌〉

1. Brothers DJ, G Tschuch, and F Burger. 2000. Associations of mutillid wasps (Hymenoptera, Mutillidae) with eusocial insects. *Insectes Soc.* 47: 201-11.
2. Brothers DJ. 1972. Biology and immature stages of *Pseudomethoca f. frigida*, with notes on other species (Hymenoptera: Mutillidae). *Univ. Kans. Sci. Bull.* 50: 1-38.
3. Brothers DJ. 1984. Gregarious parasitoidism in Australian Mutillidae (Hymenoptera). *Aust. Entomol. Mag.* 11: 8-10.
4. Tormos J, JD Asis et al. 2009. The mating behaviour of the velvet ant, *Nemka viduata* (Hymenoptera: Mutillidae). *J. Insect Behav.* 23: 117-27.
5. Brothers DJ. 1989. Alternative life- history styles of mutillid wasps (Insecta, Hymenoptera). In *Alternative Life-History Styles of Animals* (MN Bruton, ed.), pp. 279-91. Dordrecht, Netherlands: Kluwer.
6. Schmidt JO and MS Blum. 1977. Adaptations and responses of *Dasymutilla occidentalis* (Hymenoptera: Mutillidae) to predators. *Entomol. Exp. Appl.* 21: 99-111.
7. Fales HM, TM Jaouni et al. 1980. Mandibular gland allomones of *Dasymutilla occidentalis* and other mutillid wasps. *J. Chem. Ecol.* 6: 895-903.
8. Hale Carpenter GD. 1921. Experiments on the relative edibility of insects, with special reference to their coloration. *Trans. Entomol. Soc. Lond.* 1921: 1-105.
9. Vitt LJ and WE Cooper. 1988. Feeding responses of skinks (*Eumeces laticeps*) to velvet ants (*Dasymutilla occidentalis*). *J. Herpet.* 22: 485-88.
10. Schmidt JO. 2008. Venoms and toxins in insects. In *Encyclopedia of Entomology*, 2nd ed. (JL Capinera, ed.), pp. 4076.89. Heidelberg, Germany: Springer.

10. 총알개미

General interest reference:

Young AM and HR Hermann. 1980. Notes on foraging of the giant tropical ant *Paraponera clavata* (Hymenoptera: Formicidae: Ponerinae). *J. Kans. Entomol. Soc.* 53: 35-55.

1. Spruce R. 1908. *Notes of a Botanist on the Amazon and Andes*, Vol. 1, pp. 363-64. London: Macmillan.
2. Lange A. 1914. *The Lower Amazon.* New York: G. P. Putnam's Sons.
3. Rice H. 1914. Further explorations in the north- west Amazon basin. *Geograph. J.* 44: 137-68.
4. Allard HA. 1951. *Dinoponera gigantea* (Perty), a vicious stinging ant. *J. Wash. Acad. Sci.* 41: 88-90.
5. Rice ME. 2015. Terry L. Erwin: She had a black eye and in her arm she held a skunk. *Am. Entomol.* 61: 9-15.
6. Schmidt C. 2013. Molecular phylogenetics of ponerine ants (Hymenoptera: Formicidae: Ponerinae). *Zootaxa* 3647(2): 201-50.
7. Bennett B and MD Breed. 1985. On the association between *Pentaclethra macroloba* (Mimosaceae) and *Paraponera clavata* (Hymenoptera: Formicidae) colonies. *Biotropica* 17: 253-55.
8. Holldobler B and EO Wilson. 1990. Host tree selection by the Neotropical ant *Paraponera clavata* (Hymenoptera: Formicidae). *Biotropica* 22: 213-14.
9. Belk MC, HL Black, and CD Jorgensen. 1989. Nest tree selectivity by the tropical ant, *Paraponera clavata. Biotropica* 21: 173-77.
10. Dyer LA. 2002. A quantification of predation rates, indirect positive effects on plants, and foraging variation of the giant tropical ant, *Paraponera clavata. J. Insect Sci.* 2(18): 1-7.
11. Fritz G, A Stanley Rand, and CW dePamphilis. 1981. The aposematically colored frog, *Dendrobates pumilio*, is distasteful to the large, predatory ant *Paraponera clavata. Biotropica* 13: 158-59.
12. Harrison JF, JH Fewell et al. 1989. Effects of experience on use of rientation cues in the giant tropical ant. *Anim. Behav.* 37: 869-71.
13. Nelson CR, CD Jorgensen et al. 1991. Maintenance of foraging trails by the giant tropical ant *Paraponera clavata* (Insecta: Formicidae: Ponerinae). *Insect. Sociaux* 38: 221-28.
14. Fewell JH, JF Harrison et al. 1992. Distance effects on resource profitability and recruitment in the giant tropical ant, *Paraponera clavata. Oecologia* 92: 542-47.

15. Fewell JH, JF Harrison et al. 1996. Foraging energetics of the ant, *Paraponera clavata. Oecologia* 105: 419-27.
16. Thurber DK, MC Belk et al. 1993. Dispersion and mortality of colonies of the tropical ant *Paraponera clavata. Biotropica* 25: 215-21.
17. Barden A. 1943. Food of the basilisk lizard in Panama. *Copeia* 1943: 118-21.
18. Cott HB. 1936. Effectiveness of protective adaptations in the hive bee, illustrated by experiments on the feeding reactions, habit formation, and memory of the common toad (*Bufo bufo bufo*). *J. Zool. Lond.* 1936: 111-33.
19. Janzen DH and CR Carroll. 1983. *Paraponera clavata* (bala, giant tropical ant). In: *Costa Rican Natural History* (DH Janzen, ed.), pp. 752-53. Chicago: Univ. Chicago Press.
20. Brown BV and DH Feener. Behavior and host location cues of *Apocephalus paraponerae* (Diptera: Phoridae), a parasitoid of the giant tropical ant, *Paraponera clavata* (Hymenoptera: Formicidae). *Biotropica* 23: 182-87.
21. Feener DH, LF Jacobs, and JO Schmidt. 1996. Specialized parasitoid attracted to a pheromone of ants. *Anim. Behav.* 51: 61-66.
22. Schmidt JO. 2008. Venoms and toxins in insects. In *Encyclopedia of Entomology*, 2nd ed. (JL Capinera, ed.), pp. 4076-89. Heidelberg, Germany: Springer.
23. Schmidt JO, MS Blum, and WL Overal. 1984. Hemolytic activities of stinging insect venoms. *Arch. Insect Biochem. Physiol.* 1: 155-60.
24. Piek T, A Duval et al. 1991. Poneratoxin, a novel peptide neurotoxin from the venom of the ant, *Paraponera clavata. Comp. Biochem. Physiol.* 99C: 487-95.

11. 꿀벌과 인류

General interest references:

Crane E. 1990. *Bees and Beekeeping.* Ithaca, NY: Cornell Univ. Press.
Graham J, ed. 2015. *The Hive and the Honey Bee.* Hamilton, IL: Dadant & Sons.
Hepburn HR and SE Radloff. 2011. *Honeybees of Asia.* Heidelberg, Germany: Springer.
Wilson-Rich N, K Allin et al. 2014. *The Bee: A Natural History.* Princeton, NJ: Princeton Univ. Press.

1. Schmidt JO and SL Buchmann 1992. Other products of the hive. In: *The Hive and the Honey Bee* (J Graham, ed.), pp. 927-88. Hamilton, IL: Dadant & Sons.

2. Marlowe FW, JC Berbesque et al. 2014. Honey, Hadza, hunter-gatherers, and human evolution. *J. Human Evol.* 71: 119-28.

3. Morse RA and FM Laigo. 1969. *Apis dorsata* in the Philippines. *Monogr. Philippines Assoc. Entomol.*, no. 1: 1-97.

4. Seeley TD, JW Nowicke et al. 1985. Yellow rain. *Sci. Am.* 253(3): 128-37.

5. Matsuura M and SK Sakagami. 1973. A bionomic sketch of the giant hornet, *Vespa mandarinia*, a serious pest for Japanese apiculture. *J. Fac. Sci. Hokkaido Univ. Ser. VI, Zool.* 19: 125-60.

6. Ono M, T Igarashi et al. 1995. Unusual thermal defence by a honeybee against mass attack by hornets. *Nature* 377: 334-36.

7. Sugahara M and F Sakamoto. 2009. Heat and carbon dioxide generated by honeybees jointly act to kill hornets. *Naturwissenschaften* 96: 1133-36.

8. Vollrath F and I Douglas-Hamilton. 2002. African bees to control African elephants. *Naturwissenschaften* 89: 508-11.

9. McComb K, G Shannon et al. 2014. Elephants can determine ethnicity, gender, and age from acoustic cues in human voices. *PNAS* 111: 5433-38.

10. Schmidt JO and LV Boyer Hassen. 1996. When Africanized bees attack: What you and your clients should know. *Vet. Med.* 91: 923-28.

11. Schmidt JO. 1995. Toxinology of the honeybee genus *Apis*. *Toxicon* 33: 917-.27.

12. Schumacher MJ, JO Schmidt, and NB Egen. 1989. Lethality of "killer" bee stings. *Nature* 337: 413.

13. Smith ML. 2014. Honey bee sting pain index by body location. *Peer J.* 2:e338; doi:10.7717/peerj.338.

14. Schmidt JO. 2014. Evolutionary responses of solitary and social Hymenoptera to predation by primates and overwhelmingly powerful vertebrate predators. *J. Human Evol.* 71: 12-19.

15. Goodall J. 1986. *The Chimpanzees of Gombe: Patterns of Behavior.* Cambridge, MA: Harvard Univ. Press.

16. Wrangham RW. 2011. Honey and fire in human evolution. In: *Casting the Net Wide: Papers in Honor of Glynn Isaac and His Approach to Human Origins Research* (J Sept and D Pilbeam, eds.), pp. 149-67. Oxford: Oxbow Books.

17. Sanz CM and DB Morgan. 2009. Flexible and persistent tool-using strategies in honey-gathering by wild chimpanzees. *Int. J. Primatol.* 30: 411-27.

18. Buchmann SL. 2005. *Letters from the Hive.* New York: Random House.

독침의 비밀을 파헤친 곤충학자 S의 헌신

스팅, 자연의 따끔한 맛

1판 1쇄 펴냄 2021년 1월 15일
1판 2쇄 펴냄 2021년 11월 5일

지은이 | 저스틴 슈미트
옮긴이 | 정현창

펴낸이 | 박미경
펴낸곳 | 초사흘달
출판신고 | 2018년 8월 3일 제382-2018-000015호
주소 | (11624) 경기도 의정부시 의정로40번길 12, 103-702호
이메일 | 3rdmoonbook@naver.com
네이버포스트, 인스타그램, 페이스북 | @3rdmoonbook

ISBN 979-11-968372-4-2 03490